21 世纪全国应用型本科计算机案例型规划教材

C#程序开发案例教程

主　编　李挥剑　陈小全　钱　哨
副主编　李继哲　林　航　江冰冰　徐　静

内 容 简 介

本书采用案例教学的模式来讲解 C#语言的编程环境、基本语法、数据类型、面向对象编程、Winform 开发、Web 开发、文件操作、数据访问等技术知识。书中所涉及的案例和程序全部以 Visual Studio 2008 作为开发环境，并采用 C#语言开发，主要涉及"C#.NET 基础"、".NET Framework"、"Winform 编程"、"ASP.NET"和"ADO.NET"五个大方向的基础知识和技术要点。

本书可供高等院校基于.NET 方向软件开发专业的学生使用，也可供从事.NET 方向软件开发的程序员参考使用。

图书在版编目(CIP)数据

C#程序开发案例教程/李挥剑等主编. —北京：北京大学出版社，2012.5
 (21 世纪全国应用型本科计算机案例型规划教材)
 ISBN 978-7-301-20630-0

Ⅰ. ①C… Ⅱ. ①李… Ⅲ. ①C 语言—程序设计—高等学校—教材 Ⅳ. ①TP312

中国版本图书馆 CIP 数据核字(2012)第 090667 号

书　　　名：	C#程序开发案例教程
著作责任者：	李挥剑　陈小全　钱　哨　主编
策 划 编 辑：	郑　双
责 任 编 辑：	郑　双
标 准 书 号：	ISBN 978-7-301-20630-0/TP · 1220
出 　版 　者：	北京大学出版社
地　　　址：	北京市海淀区成府路 205 号　100871
网　　　址：	http://www.pup.cn　http://www.pup6.cn
电　　　话：	邮购部 62752015　发行部 62750672　编辑部 62750667　出版部 62754962
电 子 邮 箱：	pup_6@sohu.com　pup_6@163.com
印 　刷 　者：	北京富生印刷厂
发 　行 　者：	北京大学出版社
经 　销 　者：	新华书店
经 　销 　者：	787 毫米×1092 毫米　16 开本　21 印张　483 千字
经 　销 　者：	2012 年 5 月第 1 版　2012 年 5 月第 1 次印刷
定　　　价：	39.00 元

未经许可，不得以任何方式复制或抄袭本书之部分或全部内容。
版权所有，侵权必究　　举报电话：010-62752024
　　　　　　　　　　　电子邮箱：fd@pup.pku.edu.cn

21世纪全国应用型本科计算机案例型规划教材
专家编审委员会
(按姓名拼音顺序)

主　任　　刘瑞挺

副主任　　陈　钟　　蒋宗礼

委　员　　陈代武　　房爱莲　　胡巧多　　黄贤英
　　　　　　　江　红　　李　建　　娄国焕　　马秀峰
　　　　　　　祁亨年　　王联国　　汪新民　　谢安俊
　　　　　　　解　凯　　徐　苏　　徐亚平　　宣兆成
　　　　　　　姚喜妍　　于永彦　　张荣梅

信息技术的案例型教材建设

(代丛书序)

刘瑞挺

北京大学出版社第六事业部在 2005 年组织编写了《21 世纪全国应用型本科计算机系列实用规划教材》，至今已出版了 50 多种。这些教材出版后，在全国高校引起热烈反响，可谓初战告捷。这使北京大学出版社的计算机教材市场规模迅速扩大，编辑队伍茁壮成长，经济效益明显增强，与各类高校师生的关系更加密切。

2008 年 1 月北京大学出版社第六事业部在北京召开了"21 世纪全国应用型本科计算机案例型教材建设和教学研讨会"。这次会议为编写案例型教材做了深入的探讨和具体的部署，制定了详细的编写目的、丛书特色、内容要求和风格规范。在内容上强调面向应用、能力驱动、精选案例、严把质量；在风格上力求文字精练、脉络清晰、图表明快、版式新颖。这次会议吹响了提高教材质量第二战役的进军号。

案例型教材真能提高教学的质量吗？

是的。著名法国哲学家、数学家勒内·笛卡儿(Rene Descartes，1596—1650)说得好："由一个例子的考察，我们可以抽出一条规律。(From the consideration of an example we can form a rule.)" 事实上，他发明的直角坐标系，正是通过生活实例而得到的灵感。据说是在 1619 年夏天，笛卡儿因病住进医院。中午他躺在病床上，苦苦思索一个数学问题时，忽然看到天花板上有一只苍蝇飞来飞去。当时天花板是用木条做成正方形的格子。笛卡儿发现，要说出这只苍蝇在天花板上的位置，只需说出苍蝇在天花板上的第几行和第几列。当苍蝇落在第四行、第五列的那个正方形时，可以用(4，5)来表示这个位置……由此他联想到可用类似的办法来描述一个点在平面上的位置。他高兴地跳下床，喊着"我找到了，找到了"，然而不小心把国际象棋撒了一地。当他的目光落到棋盘上时，又兴奋地一拍大腿："对，对，就是这个图"。笛卡儿锲而不舍的毅力，苦思冥想的钻研，使他开创了解析几何的新纪元。千百年来，代数与几何，井水不犯河水。17 世纪后，数学突飞猛进的发展，在很大程度上归功于笛卡儿坐标系和解析几何学的创立。

这个故事，听起来与阿基米德在浴缸洗澡而发现浮力原理，牛顿在苹果树下遇到苹果落到头上而发现万有引力定律，确有异曲同工之妙。这就证明，一个好的例子往往能激发灵感，由特殊到一般，联想出普遍的规律，即所谓的"一叶知秋"、"见微知著"的意思。

回顾计算机发明的历史，每一台机器、每一颗芯片、每一种操作系统、每一类编程语言、每一个算法、每一套软件、每一款外部设备，无不像闪光的珍珠串在一起。每个案例都闪烁着智慧的火花，是创新思想不竭的源泉。在计算机科学技术领域，这样的案例就像大海岸边的贝壳，俯拾皆是。

事实上，案例研究(Case Study)是现代科学广泛使用的一种方法。Case 包含的意义很广：包括 Example 例子，Instance 事例、示例，Actual State 实际状况，Circumstance 情况、事件、境遇，甚至 Project 项目、工程等。

我们知道在计算机的科学术语中，很多是直接来自日常生活的。例如 Computer 一词早在 1646 年就出现于古代英文字典中，但当时它的意义不是"计算机"而是"计算工人"，即专门从事简单计算的工人。同理，Printer当时也是"印刷工人"而不是"打印机"。正是由于这些"计算工人"和"印刷工人"常出现计算错误和印刷错误，才激发查尔斯·巴贝奇(Charles Babbage，1791—1871)设计了差分机和分析机，这是最早的专用计算机和通用计算机。这位英国剑桥大学数学教授、机械设计专家、经济学家和哲学家是国际公认的"计算机之父"。

20世纪40年代，人们还用Calculator表示计算机器。到电子计算机出现后，才用Computer表示计算机。此外，硬件(Hardware)和软件(Software)来自销售人员。总线(Bus)就是公共汽车或大巴，故障和排除故障源自格瑞斯·霍普(Grace Hopper，1906—1992)发现的"飞蛾子"(Bug)和"抓蛾子"或"抓虫子"(Debug)。其他如鼠标、菜单……不胜枚举。至于哲学家进餐问题，理发师睡觉问题更是操作系统文化中脍炙人口的经典。

以计算机为核心的信息技术，从一开始就与应用紧密结合。例如，ENIAC用于弹道曲线的计算，ARPANET用于资源共享以及核战争时的可靠通信。即使是非常抽象的图灵机模型，也受到二战时图灵博士破译纳粹密码工作的影响。

在信息技术中，既有许多成功的案例，也有不少失败的案例；既有先成功而后失败的案例，也有先失败而后成功的案例。好好研究它们的成功经验和失败教训，对于编写案例型教材有重要的意义。

我国正在实现中华民族的伟大复兴，教育是民族振兴的基石。改革开放以来，我国高等教育在数量上、规模上已有相当的发展。当前的重要任务是提高培养人才的质量，必须从学科知识的灌输转变为素质与能力的培养。应当指出，大学课堂在高新技术的武装下，利用PPT进行的"高速灌输"、"翻页宣科"有愈演愈烈的趋势，我们不能容忍用"技术"绑架教学，而是让教学工作乘信息技术的东风自由地飞翔。

本系列教材的编写，以学生就业所需的专业知识和操作技能为着眼点，在适度的基础知识与理论体系覆盖下，突出应用型、技能型教学的实用性和可操作性，强化案例教学。本套教材将会有机融入大量最新的示例、实例以及操作性较强的案例，力求提高教材的趣味性和实用性，打破传统教材自身知识框架的封闭性，强化实际操作的训练，使本系列教材做到"教师易教，学生乐学，技能实用"。有了广阔的应用背景，再造计算机案例型教材就有了基础。

我相信北京大学出版社在全国各地高校教师的积极支持下，精心设计，严格把关，一定能够建设出一批符合计算机应用型人才培养模式的、以案例型为创新点和兴奋点的精品教材，并且通过一体化设计，实现多种媒体有机结合的立体化教材，为各门计算机课程配齐电子教案、学习指导、习题解答、课程设计等辅导资料。让我们用锲而不舍的毅力，勤奋好学的钻研，向着共同的目标努力吧！

刘瑞挺教授 本系列教材编写指导委员会主任、全国高等院校计算机基础教育研究会副会长、中国计算机学会普及工作委员会顾问、教育部考试中心全国计算机应用技术证书考试委员会副主任、全国计算机等级考试顾问。曾任教育部理科计算机科学教学指导委员会委员、中国计算机学会教育培训委员会副主任。PC Magazine《个人电脑》总编辑、CHIP《新电脑》总顾问、清华大学《计算机教育》总策划。

前　言

Visual Studio.NET(通常简称.NET)作为微软新一代软件开发平台，是微软.NET战略产品的重要部分。Visual Studio.NET集成了Visual Basic.NET、Visual C#.NET、Visual C++.NET、Visual J#.NET、ASP.NET等开发环境，并且微软第一次统一了Visual Basic和Visual C++的底层对象，使Visual Basic.NET和Visual C#.NET能够访问相同组件的属性和方法，使得编写C#和编写Visual Basic.NET程序同样的简单和高效。

近几年，根据微软的开发战略，C#将不可避免地崛起，在Windows平台上成为主角，而Visual Basic等语言将慢慢边缘化。尤其是Visual Studio 2008的出现，已经成为业界中的主流开发平台。

2009年以前的调查结果中，软件人才需求主要是以Java和.NET两大平台为主，两者各有千秋。2009年的调查结果中，.NET人才需求增大，呈现出上升趋势。在国内的招聘网站中使用.NET作为职位查询关键字，可以看到，仅在北京每个月需求1000人以上，但仍然求大于供，掌握.NET技术就意味着进入了高薪领域！

编者从事.NET方向教学多年，并一直辅导学生实训课程，在教学中发现很难找到一套与理论教学结合紧密又能使学生掌握足够开发经验的实训教材。为此，编者集中筛选了多年教学中使用的案例，并结合理论知识和开发经验，汇集成此书。

全书共10章。第1章介绍C#语言；第2、3章介绍C#语言的语法及数据类型；第4、5章介绍C#语言的面向对象程序设计；第6、7、8章介绍基于Winform开发、Web开发、文件操作中的C#应用；第9、10章介绍Winform高级编程和数据访问技术。

本书由交通运输部管理干部学院李挥剑、陈小全、钱哨、李继哲、林航、江冰冰和电子工业出版社徐静编写。其中李挥剑编写第3～5章、第7章、第8章，陈小全编写第9章、第10章，钱哨编写第6章，徐静编写第1、2章，林航、江冰冰负责案例程序及课后习题编写和课件的制作，李继哲负责校稿。参加本书编写的还有交通运输部管理干部学院黄少波、王克难、王华、李凤、李强、张光旦、北京工业大学赖见辉、高德软件公司田伟华、叶继久等同仁。

由于时间仓促、编者水平有限，本书错漏之处在所难免，欢迎广大读者批评指正。

编　者
2012年3月

目 录

第1章 C#概述 1
1.1 初识 C# 1
1.1.1 课程简介 2
1.1.2 本门课程体系定位 2
1.1.3 .NET 平台介绍 2
1.2 开发环境概述 5
1.2.1 安装 Visual Studio 2008 5
1.2.2 C#的开发环境 6
1.2.3 C#的特点 8
1.3 第一个 C#程序 8
本章小结 14
课后习题 14

第2章 C#数据类型与表达式 16
2.1 C#的基本语法 16
2.2 基本数据类型 17
2.2.1 C#数据类型的分类与区别 17
2.2.2 简单类型 21
2.2.3 枚举类型 22
2.2.4 结构类型 23
2.3 常量 25
2.4 变量 26
2.5 表达式 28
2.5.1 算术运算符 28
2.5.2 关系运算符 29
2.5.3 逻辑运算符 31
2.5.4 位运算符 32
2.5.5 赋值运算符 33
2.5.6 三元运算符 35
2.5.7 运算符的优先级 36
2.6 数据类型转换 37
2.6.1 数据类型转换的用途 37
2.6.2 数据类型的转换方法 37
2.6.3 简单的数据类型的转换 38
本章小结 39
课后习题 40

第3章 C#编程基础 41
3.1 选择语句 41
3.1.1 if 语句的使用 41
3.1.2 switch 语句的应用 43
3.1.3 三元运算符的应用 44
3.2 循环语句 46
3.2.1 while 语句 46
3.2.2 do…while 语句 48
3.2.3 for 语句 49
3.2.4 foreach 语句 51
3.3 跳转语句 53
3.3.1 break 语句 53
3.3.2 continue 语句 54
3.3.3 return 语句 56
3.4 数组 57
3.4.1 一维数组的声明和使用 57
3.4.2 多维数组的声明和使用 59
3.5 字符串 60
3.6 函数 63
3.6.1 值参数 64
3.6.2 输入引用参数 65
3.6.3 输出引用参数 66
3.6.4 数组型参数 67
3.6.5 局部变量与全局变量 68
3.6.6 Main()函数 70
3.6.7 结构函数 71
3.7 综合应用实例 72
本章小结 74
课后习题 74

第 4 章 面向对象编程基础 75

- 4.1 面向对象 75
  - 4.1.1 面向对象的基本概念 75
  - 4.1.2 类与对象 76
  - 4.1.3 面向对象主要特征 77
- 4.2 类 77
  - 4.2.1 字段 78
  - 4.2.2 构造函数 85
  - 4.2.3 构造函数的重载 89
  - 4.2.4 析构函数 90
- 4.3 方法 91
  - 4.3.1 静态方法与实例方法 93
  - 4.3.2 方法的重载 97
  - 4.3.3 方法的重写 101
- 4.4 属性 103
- 4.5 命名空间 105
- 本章小结 108
- 课后习题 108

第 5 章 深入了解 C#面向对象编程 110

- 5.1 C#继承机制 110
- 5.2 C#多态机制 117
  - 5.2.1 方法重写 118
  - 5.2.2 方法的隐藏 120
  - 5.2.3 抽象类和抽象方法 122
- 5.3 操作符重载 122
- 5.4 接口 127
- 5.5 委托 137
- 5.6 事件 141
- 5.7 索引器 145
- 5.8 异常处理 150
- 5.9 组件与程序集 159
- 本章小结 159
- 课后习题 160

第 6 章 Windows 编程基础 162

- 6.1 Windows 和窗体的基本概念 162
  - 6.1.1 Windows Forms 程序基本结构 162
  - 6.1.2 了解 Winform 程序的代码结构 163
- 6.2 Winform 中的常用控件 167
  - 6.2.1 简介 167
  - 6.2.2 基本控件使用 167
- 6.3 菜单和菜单组件 180
  - 6.3.1 菜单和菜单组件简介 180
  - 6.3.2 菜单的实践操作 181
- 6.4 多文档界面处理 182
  - 6.4.1 简介 182
  - 6.4.2 多文档界面设置及窗体属性 182
  - 6.4.3 多文档界面的窗体传值技术 186
- 6.5 窗体界面的美化 190
- 本章小结 191
- 课后习题 192

第 7 章 Web 应用程序开发 193

- 7.1 ASP.NET 简介 193
- 7.2 使用 ASP.NET 控件 195
  - 7.2.1 Label 控件 195
  - 7.2.2 TextBox 控件 195
  - 7.2.3 Button 控件 198
  - 7.2.4 HyperLink 控件 200
  - 7.2.5 DropDownList 控件 205
  - 7.2.6 ListBox 控件 208
  - 7.2.7 CheckBox 控件 211
- 本章小结 214
- 课后习题 214

第 8 章 文件处理技术 216

- 8.1 System.IO 命名空间 216
  - 8.1.1 System.IO 类介绍 216
  - 8.1.2 File 类的常用方法 217
  - 8.1.3 FileInfo 类的常用方法 220
  - 8.1.4 文件夹类 Directory 的常用方法 223
  - 8.1.5 DirectoryInfo 类的常见属性 226
- 8.2 FileStream 文件流类 230
  - 8.2.1 FileStream 文件流类简介 230

目　录

　　8.2.2　FileStream 文件流类常见属性
　　　　　和方法..................................230
　　8.2.3　FileStream 文件流类的创建....231
8.3　文本文件的流操作..............................235
　　8.3.1　StreamReader 和 StreamWriter
　　　　　类简介..................................235
　　8.3.2　StreamReader 类常见方法......235
　　8.3.3　StreamWriter 类常见属性和
　　　　　方法......................................237
8.4　读写二进制文件..................................240
　　8.4.1　二进制文件操作......................240
　　8.4.2　BinaryReader 类介绍..............240
　　8.4.3　BinaryWriter 类介绍...............242
本章小结..245
课后习题..245

第 9 章　Windows 高级控件.......................247

9.1　RadioButton.......................................247
9.2　PictureBox 控件..................................250
9.3　TabControl 控件.................................252
9.4　ProgressBar 控件................................255
9.5　ImageList 控件...................................257
9.6　StatusStrip 控件..................................260
9.7　Timer 控件...263
9.8　ListView 控件.....................................265
9.9　TreeView 控件....................................271

9.10　CheckedListBox 可选列表框控件.....274
9.11　NumericUpDown 按钮控件..............277
9.12　MonthCalendar 控件........................279
9.13　DataTimePicker 控件.......................282
9.14　为程序添加多媒体功能...................284
本章小结..286
课后习题..286

第 10 章　ADO.NET 数据库访问技术....288

10.1　ADO.NET 简介.................................288
　　10.1.1　ADO.NET 的主要对象........289
　　10.1.2　ADO.NET 对象的关系........290
10.2　ADO.NET 的对象的使用..................291
　　10.2.1　Connection 对象..................291
　　10.2.2　Command 对象....................294
　　10.2.3　DataReader 对象..................298
　　10.2.4　DataAdapter 对象.................300
　　10.2.5　DataSet 对象.........................303
10.3　DataGridView 控件...........................310
　　10.3.1　DataGridView 控件概述......310
　　10.3.2　DataGridView 控件与存储
　　　　　　过程..315
本章小结..318
课后习题..318

参考文献...320

C# 概 述

本章重点介绍 C#开发语言所需要的基础知识,如.NET Framework 的体系结构、C#语言特点、Visual Studio 2008 集成开发环境的安装及 Visual Studio 2008 集成开发环境初识。通过简要的介绍、简单实例和详细的步骤,让初学 C#的读者快速地了解学习该语言所必需的基础知识。

学习目标

(1) 了解 Microsoft .NET Framework
(2) 了解 C#的特点和开发环境
(2) 掌握 Visual Studio 2008 开发工具的安装
(3) 使用 Visual Studio 2008 开发工具
(4) 编写第一个应用程序

1.1 初 识 C#

C#(标准读音为 C sharp)是一种可以用于创建运行在.NET CLR 上的编程语言,是专门为.NET Framework(.NET 框架)而设计的。C#是从 C 和 C++语言派生衍化而来,吸收了 C 和 C++的优点,并解决了它们的问题,从而产生的一种简单、功能强大、类型安全,而且是面向对象的语言。C#凭借其诸多创新,在保持 C 样式语言的表示形式和优美特点的同时,实现了应用程序的快速开发。由于 C#使用.NET Framework,所以没有限制应用的类型。在这里简单了解几个常见的应用程序类型。

- Windows 应用程序,如 QQ、Microsoft Office 2010。
- Web 应用程序,如同 Web 浏览器查看的 ASP.NET 网页。
- Web 服务,如创建各种各样的分布式应用程序。
- 智能设备应用程序,如手机应用软件。

使用 Visual Studio 2008 为 C#开发环境,是通过 Visual Studio 2008 功能齐全的代码编辑器、项目模板、设计器、代码向导、功能强大且易于使用的调试器以及其他工具实现的。通过.NET Framework 类库,可以访问多种操作系统服务和其他有用的、精心设计的类,从而大大缩短应用程序开发的周期。

本书通过 Visual Studio 2008 集成开发环境构建了大量 C#应用程序实例,向读者详细阐述 C#的编程基础和抽象的软件设计思想，使读者能够更快地进入 C#程序设计领域，做到对理论知识的深刻理解和对 C#编程方法的熟练掌握。

1.1.1 课程简介

课程定位目标如下。
- 高等院校计算机相关专业。
- 基于 Visual Studio 2008 开发环境。
- 使用 C#语言开发的应用程序。
- 通过本课程学习，能够熟练地使用 C#开发应用程序。

开设本门课程的先修课程包括 C 程序设计基础、数据结构及算法、数据库基础理论、面向对象的程序设计等，要求学生能够编写简单的符合软件标准的规范代码。

学习完本门课程，学生应掌握以下基本知识点：C#数据类型与表达式，C#语言各类语句，数组、字符串、函数，面向对象编程基础，C#继承、多态机制，结构类型、枚举类型、接口、委托、事件、索引器，异常处理，组件，程序集，Windows 应用程序开发，文件操作与管理，Web 应用程序开发。

1.1.2 本门课程体系定位

本门课程绝非孤立存在，课程的开设必须建立在一整套课程体系的基础之上，具体课程体系定位如图 1.1 所示。

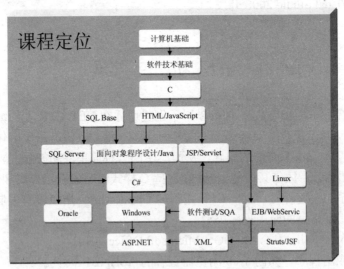

图 1.1 C#程序设计在课程体系中的地位

根据图 1.1，C#程序设计在整体课程体系中处于基础地位，C#程序设计是其他开发工具的基础，为 Winform 程序设计和 Web 程序设计提供语言支持。因而学好本门课程对于软件技术专业的学生意义重大。

1.1.3 .NET 平台介绍

.NET Framework 是一个富有革命性的新平台，在.NET Framework 下可以创建 Windows

程序、Web 程序、智能设备程序(如手机应用程序)和其他各类程序。同时在.NET Framework 下可以使用各种语言进行开发应用程序，如本书前边所提到的 C#、C++、Visual Basic 等。这主要得益于.NET Framework 是一种采用系统虚拟机运行，以公共语言运行时(Common Language Runtime，CLR)为基础的编程平台。

.NET Framework 旨在实现下列目标。
- 提供一个一致的面向对象的编程环境，而无论对象代码是在本地存储和执行，还是在本地执行但在 Internet 上分布，或者是在远程执行，都可以使用。
- 提供一个将软件部署和版本控制冲突最小化的代码执行环境。
- 提供一个可提高代码(包括由未知的或不完全受信任的第三方创建的代码)执行安全性的代码执行环境。
- 提供一个可消除脚本环境或解释环境性能问题的代码执行环境。
- 使开发人员的经验在面对类型大不相同的应用程序(如基于 Windows 的应用程序和基于 Web 的应用程序)时保持一致。
- 按照工业标准生成所有通信，以确保基于.NET Framework 的代码可与任何其他代码集成。

.NET Framework 两个主要组件如下。
- CLR。
- 统一的类库集。

由上述描述可知，CLR 是.NET Framework 的基础。用户可以将运行库看做一个在执行时管理代码的代理，它提供内存管理、线程管理和远程处理等核心服务，并且强制实施严格的类型安全，以及可提高安全性和可靠性的其他形式的代码准确性。事实上，代码管理的概念是运行库的基本原则。以运行库为目标的代码称为托管代码；而不以运行库为目标的代码称为非托管代码。

.NET Framework 的另一个主要组件是类库集。它是一个综合性的面向对象的可重用类型集合，用户可以使用它开发多种应用程序。这些应用程序包括传统的命令行或图形用户界面(Graphical User Interface，GUI)应用程序，也包括基于 ASP.NET 所提供的最新创新的应用程序(如 Web 窗体和 XML Web Services)。类库集包含的类库有线程、文件输入/输出(I/O)、数据库支持、XML 解析、数据结构等。

Microsoft .NET Framework 的体系结构如图 1.2 所示。可以看到，.NET Framework 基于操作系统之上，是 C#等各类语言程序运行的支撑架构。其中类库可以被各类语言调用。Microsoft .NET Framework 的组件如图 1.3 所示。

公共语言规范(Common Language Specification，CLS)是一组定义了一种语言的边界的标准，或者说是一种语言(与 CLS 兼容的)必须支持或遵循的一系列语言功能，从而使得其可以与其他的.NET 语言互操作。

通用类型系统(Common Type System，CTS)用于解决不同语言的数据类型不同的问题，确保这些语言可以相互传送数据，体现了.NET 语言之间的无缝互操作。

在对.NET Framework 的学习中，需要了解微软中间语言(Microsoft Intermediate Language，MSIL)和实时编译器(Just-In-Time，JIT)。MSIL 是一种介于高级语言和基于 Intel 的汇编语言的伪汇编语言。在编译和使用 FCL 的代码时，会先将代码编译为 MSIL 代码，产生的 MSIL

代码不属于任何专属的操作系统或者任何专属语言，它是一种中间语言。在.NET 的世界中可能出现下面的情况，即一部分代码可以用 EFFIL 实现；另一部分代码使用 C#或 Visual Basic.NET 完成，但是最后这些代码都将被转换为中间语言。这为程序员提供了极大的灵活性，程序员可以选择自己熟悉的语言，并且再也不用为学习不断推出的新语言而烦恼。

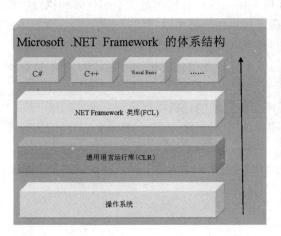

图 1.2　Microsoft .NET Framework 的体系结构　　　图 1.3　Microsoft .NET Framework 的组件

　　编译为托管代码时，编译器将源代码翻译为 MSIL，这是一组可以有效地转换为本机代码且独立于 CPU 的指令。MSIL 包括用于加载、存储和初始化对象以及对对象调用方法的指令，还包括用于算术和逻辑运算、控制流、直接内存访问、异常处理和其他操作的指令。要使代码可运行，必须先将 MSIL 转换为特定于 CPU 的代码，通常是通过 JIT 编译器来完成的。由于 CLR 为它支持的每种计算机结构都提供了一种或多种 JIT 编译器，因此同一组 MSIL 可以在所支持的任何结构上进行 JIT 编译和运行。

　　为了更清楚地了解 CLR 的作用，下面看一下模拟 CLR 和 MSIL 示意图，如图 1.4 所示。CLR 和 MSIL 的工作机理如图 1.5 所示。

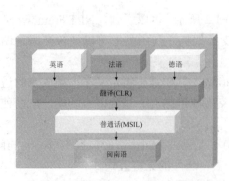 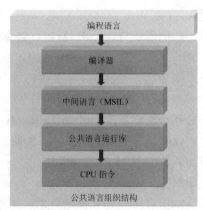

图 1.4　模拟 CLR 和 MSIL 示意图　　　　图 1.5　CLR 和 MSIL 的工作机理

- 有了 CLR，保证了.NET 中一种语言具有的功能，其他语言也都具有。
- MSIL 由一组特定的指令组成，这些指令指明如何执行代码。

- JIT 编译器的主要工作是将普通 MSIL 代码转换为可以直接由 CPU 执行的计算机代码。
- 验证进程可以轻松读取 MSIL 代码。

1.2 开发环境概述

1.2.1 安装 Visual Studio 2008

Visual Studio 2008 的安装步骤如下。

(1) 将 Visual Studio 2008 安装光盘放入光驱中,光盘自动播放,弹出 Visual Studio 2008 安装界面,如图 1.6 所示。(如果光盘未自动播放,打开光盘目录,运行 setup.exe 安装程序)

(2) 单击"安装 Visual Studio 2008"链接,进入 Visual Studio 2008 安装向导界面,如图 1.7 所示。

图 1.6　Visual Studio 2008 安装界面

图 1.7　Visual Studio 2008 安装向导界面

(3) 单击"下一步"按钮继续安装,进入如图 1.8 所示的界面,点选"我已阅读并接受许可条款"单选按钮,单击"下一步"按钮继续安装。

(4) 进入如图 1.9 所示的界面,选择安装方式和安装路径,可以查看所需的磁盘空间大小,单击"下一步"按钮继续安装。

图 1.8　Visual Studio 2008 许可协议界面

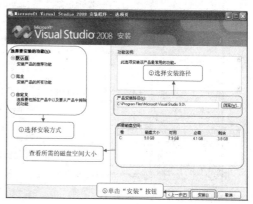
图 1.9　Visual Studio 2008 安装选项界面

(5) 进入如图 1.10 所示的界面，可以看到 Visual Studio 2008 正在安装的组件和安装进度。

(6) 进入如图 1.11 所示的界面，单击"完成"按钮，到此已经完成对 Visual Studio 2008 的安装。

图 1.10 Visual Studio 2008 安装过程界面

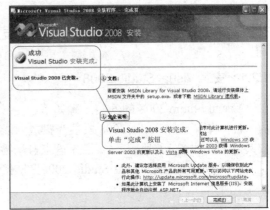

图 1.11 Visual Studio 2008 安装完成界面

小知识

在安装步骤 5 中，需要在"选择要安装的功能"选项组中点选"默认值"、"完全"或者"自定义"单选按钮。选择"默认值"将会安装常用的组件和功能；选择"完全"将会安装全部组件和功能；选择"自定义"将安装用户所选择的组件和功能。在本次安装中选择"默认值"，在通常状况下也只需要常用的组件和功能。

1.2.2 C#的开发环境

Visual Studio 2008 集成开发环境如图 1.12 所示。

图 1.12 Visual Studio 2008 集成开发环境

"新建项目"对话框如图 1.13 所示。可视化程序设计界面如图 1.14 所示。

图 1.13 "新建项目"对话框

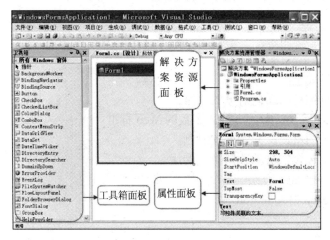

图 1.14 可视化程序设计界面

解决方案资源管理器面板提供了项目及项目文件的视图,并且提供了对项目和项目文件的快捷访问,如图 1.15 所示。"类视图"面板如图 1.16 所示。

图 1.15 "解决方案资源管理器"面板

图 1.16 "类视图"面板

"工具箱"面板如图 1.17 所示。"属性"面板如图 1.18 所示。

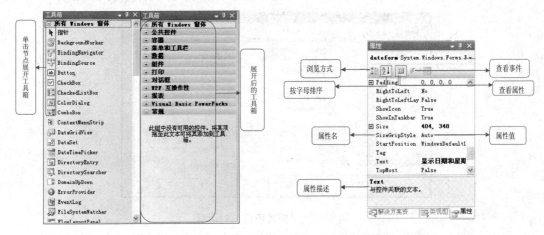

图 1.17 "工具箱"面板　　　　　　　图 1.18 "属性"面板

1.2.3 C#的特点

- C#是一种安全的、稳定的、简单的语言。
- C#是一种纯粹的面向对象的语言。
- C#与 Web 结合紧密，支持大多数的 Web 标准。
- C#有完善的错误、异常处理机制。
- C#是一种包含广泛的数据类型的语言。
- C#的语法比 Java 复杂。
- 支持 foreach 语句和 goto 语句。
- 支持指针。
- 支持运算符重载。
- C#在.NET Framework 中可以和其他语言互操作。

1.3　第一个 C#程序

案例学习：创建第一个 C#应用程序——今天几号？星期几？

本实验目标是通过编写 4 个不同类型的应用程序来初步了解 C#编程方法，即控制台程序、Winform 程序、Web 程序、智能设备(手机)程序。这 4 个程序可以向用户反映当前系统的日期和星期。

1) 控制台程序

- 实验步骤 1：

打开 Visual Studio 2008 集成开发环境，执行"文件→新建→项目"命令，弹出"新建项目"对话框，在左边的"项目类型"列表框中选择"Visual C#"选项，在右边的"模板"列表框中选择"控制台类型程序"选项。输入项目名称为 date，选择项目保存位置，单击"确定"按钮生成项目。

- 实验步骤 2：

输入控制台应用程序代码，代码如下。

```
using System;
using System.Collections.Generic;
using System.Linq;
using System.Text;          //使用using指令引入System.Text命名空间

namespace date              //声明data命名空间
{
    class Program
    {
        static void Main(string[] args)
        {
Console.WriteLine(DateTime.Now.ToShortDateString() + "   "
+DateTime.Now.DayOfWeek.ToString());    //使用Console.WriteLine输出日期和星期
            Console.ReadKey();             //按任意键退出
        }
    }
}
```

小知识

在 C#编程语言中可以使用"//"来进行代码的注释。

Visual Studio 2008 集成开发环境通过不同的代码颜色来区分代码。以下列出代码颜色所代表的含义。

- 深绿色代码：表示类名称，包括类库中已有的类和自定义的类。
- 浅绿色代码：表示代码的注释。
- 黑色代码：表示方法、属性、字段、变量、常量、命名空间的名称。
- 蓝色代码：表示C#开发语言保留的关键字。

按【F5】键调试、运行程序，输出结果，如图 1.19 所示。

2) Winform 程序

- 实验步骤 1：

打开 Visual Studio 2008 集成开发环境，执行"文件→新建→项目"命令，弹出"新建项目"对话框，在左边的"项目类型"列表框中选择"Visual C#"选项，在右边的"模板"列表框中选择"Windows 应用程序"选项。在"名称"文本框中输入项目名称为winform_showdate。在"位置"文本框中选择项目保存位置，单击"确定"按钮生成项目。

- 实验步骤 2：

从工具箱之中拖动 2 个 Label 控件和 1 个 Button 控件到 Form1 窗体上，将 Button 控件的 Text 属性改为"显示日期和星期"并且修改 label1 的 Text 属性为"今天几号？星期几？"，Label2 的 Name 属性为"DateWeeklb"，BackColor 属性为"LightBlue"，如图 1.20 所示。

图 1.19 输出结果　　　　　　　　　图 1.20 Form1 窗体设计

- 实验步骤 3：

双击 Button 控件，进入 Form1.cs 文件编辑状态，准备进行开发，代码如下。

```csharp
using System;
using System.Collections.Generic;
using System.ComponentModel;
using System.Data;
using System.Drawing;
using System.Linq;
using System.Text;
using System.Windows.Forms;

namespace Form_Date
{
    public partial class dateform : Form
    {
        public dateform()
        {
            InitializeComponent();
        }
        private void button1_Click(object sender, EventArgs e)
        {
DateWeeklb.Text = DateTime.Now.ToShortDateString() + "    " + DateTime.Now.DayOfWeek;
        }
    }
}
```

- 实验步骤 4：

按【F5】键调试、运行程序，单击"显示日期和星期"按钮，得到结果，如图 1.21 和图 1.22 所示。

图 1.21 Form 窗体运行　　　　　　　　图 1.22 输出结果

3) Web 程序
- 实验步骤 1：

打开 Visual Studio 2008 集成开发环境，执行"文件→新建→网站"命令，弹出"新建网站"对话框，在左边的"项目类型"列表框中选择"Visual C#"选项，在右边的"模板"列表框中选择"ASP.NET 网站"选项。在"名称"文本框中输入名称为 web_showdate。在"位置"文本框可以确定项目要存储的位置。单击"确定"按钮，生成网站及所在的解决方案。

- 实验步骤 2：

从工具箱之中拖动 2 个 Label 控件和 1 个 Button 控件到 showdate.aspx 窗体，将 Button 控件的 Text 属性改为"显示日期和星期"并且修改 label1 的 Text 属性为"今天几号？星期几？"，label2 的 Name 属性为"DateWeeklb"，BackColor 属性为"LightBlue"，如图 1.23 所示。

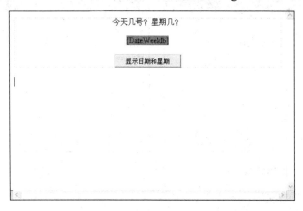

图 1.23 Showdate.aspx 窗体设计

- 实验步骤 3：

双击 Button 控件，进入 showdate.aspx.cs 文件编辑状态，准备进行开发，代码如下。

```
using System;
using System.Collections;
using System.Configuration;
using System.Data;
using System.Linq;
using System.Web;
using System.Web.Security;
```

```csharp
using System.Web.UI;
using System.Web.UI.HtmlControls;
using System.Web.UI.WebControls;
using System.Web.UI.WebControls.WebParts;
using System.Xml.Linq;
namespace dateweek__web
{
    public partial class _Default : System.Web.UI.Page
    {
        protected void Page_Load(object sender, EventArgs e)
        {
        }
        protected void Button1_Click(object sender, EventArgs e)
        {
DateWeeklb.Text = DateTime.Now.ToShortDateString() + "   " + DateTime.Now.DayOfWeek;
        }
    }
}
```

- 实验步骤4：

按【F5】键调试、运行程序，单击"显示日期和星期"按钮，得到结果，如图1.24和图1.25所示。

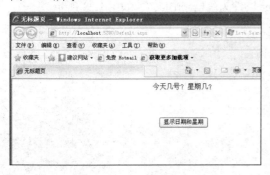

图1.24 输出结果

图1.25 输出结果

4) 智能设备(手机)程序

- 实验步骤1：

打开Visual Studio 2008集成开发环境，执行"文件→新建→智能设备"命令，弹出"智能设备"对话框，在左边的"项目类型"中列表框中选择"Visual C#"选项，在右边的"模板"列表框中选择"智能设备"项目。在"名称"文本框里输入名称为phone_showdate。在"位置"文本框可以确定项目要存储的位置。单击"确定"按钮，生成解决方案。

- 实验步骤2：

从工具箱之中拖动1个Label控件和1个Button控件到Form1界面上，将Button控件的Text属性改为"显示日期和星期"，并且修改Label的Name属性为"DateWeeklb"，如图1.26所示。

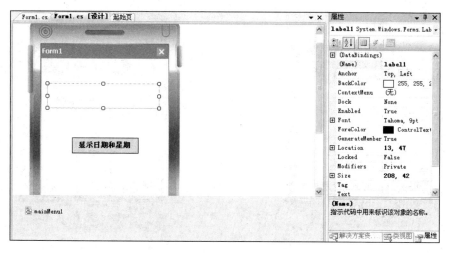

图 1.26　Form1 窗体设计

- 实验步骤 3：

双击 Button 控件，进入 Form1.cs 文件编辑状态，准备进行开发，代码如下。

```
using System;
using System.Linq;
using System.Collections.Generic;
using System.ComponentModel;
using System.Data;
using System.Drawing;
using System.Text;
using System.Windows.Forms;

namespace phone_showdate
{
    public partial class Form1 : Form
    {
        public Form1()
        {
            InitializeComponent();
        }
        private void button1_Click(object sender, EventArgs e)
        {
DateWeeklb.Text = DateTime.Now.ToShortDateString() + "    " +
DateTime.Now.DayOfWeek;
        }
    }
}
```

- 实验步骤 4：

按【F5】键调试、运行程序，单击"显示日期和星期"按钮，得到结果，如图 1.27 和图 1.28 所示。

图 1.27　手机窗体运行　　　　　　　　图 1.28　输出结果

本 章 小 结

- C#是一种可以用于创建运行在.NET CLR 上的编程语言，它是专门为.NET Framework 而设计的。
- .NET Framework 由 CLR 和统一的类库集两个主要组件组成。
- CLR 是管理用户代码执行的现在运行时环境，它提供 JIT 编译、内存管理、异常管理和调试等方面的服务。
- CTS 定义声明、定义和管理所有类型所遵循的规则，而无需考虑源语言。
- CLS 是所有针对.NET 的编译器都必须支持的一组最低标准，以确保语言的互操作性。
- JIT 将 MSIL 代码编译为特定于目标操作系统和计算机体系结构的本机代码。
- 使用 C#可以编写 Windows 应用程序、Web 应用程序、Web 服务、智能设备应用程序等。

课 后 习 题

一．单项选择题。

1．在 Visual Studio 2008 开发环境下，在(　　)窗口中可以查看当前项目的类和类型的层次。

　　A．资源视图　　　　　　　　　　B．属性
　　C．解决方案资源管理器　　　　　D．类视图

2．(　　)和 Java 虚拟机一样也是一个运行时环境，保证应用和底层操作系统之间必要的分离。

　　A．CLR　　　　B．CTS　　　　C．MSIL　　　　D．CLS

二．填空题。

1．在 Visual Studio 2008 开发环境下，可以开发_____、Web 应用程序、_____等其他各类应用程序。

2．Console.WriteLine("这个我的第一个程序");这段代码的运行将在屏幕上输出_____。

三．编程题。

创建一个简单的"Hello World!"控制台程序，要实现在控制台中显示"Hello World! 我的第一个程序！"。

按【F5】键调试、运行程序。输出结果，如图 1.29 所示。

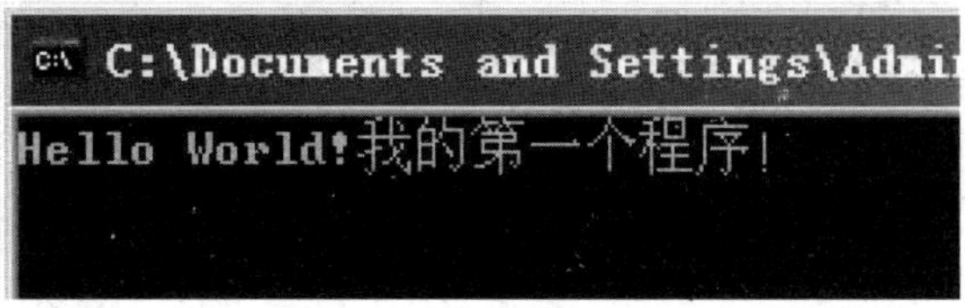

图 1.29　输出结果

第 2 章

C#数据类型与表达式

本章重点介绍 C#开发语言所涉及的数据类型和表达式，包括 C#的基本语法、基本数据类型、常量、变量和表达式、数据类型转换。通过简单实例，让致力于学习该语言的读者熟悉 C#开发语言所涉及的数据类型和表达式。

学习目标

(1) 了解 C#的基本语法
(2) 了解 C#的数据类型
(3) 熟练掌握各种运算符的使用规则
(4) 能够根据需要写出正确的表达式

2.1 C#的基本语法

C#代码是由一个个的语句组成的，每个语句都以分号结尾。代码的书写样式和操作方法与 C++和 Java 相似。在 C#编译器中，对空白符号(空格、回车符、Tab 符)都进行忽略，这样的特点使得 C#代码具有很大的自由度，但是在真正编写代码时往往会按照某一代码样式或某种规则进行编写，这样做的好处是使得程序代码更加易于理解，增强了代码的可读性。

C#的基本语法可以总结如下。

- using 关键字：用于引用 Microsoft .NET Framework 类库中的现有资源。这些资源以命名空间的形式存在。
- System 命名空间：提供了对构建应用程序所需的所有系统功能的访问。
- 类：C#应用程序最基本的编程单元。
- namespace 关键字：使用 namespace 关键字命名空间，可以把类组织成一个逻辑上相关联的层次结构。
- Main 方法：用来描述类的行为。
- 语句：是 C#程序中执行操作的指令，语句之间用分号分隔。语句可以写在一行，也可以写多行。
- 大括号"{"和"}"：用以标识代码块的开始和结束，必须配对使用。
- 缩进：用来指出语句所处的代码块。
- 区分大小写：C#语言区分大小写。例如，A 和 a 是不同的变量。
- 空白区：除了引号区，编译器会忽略所有的空白区，可以用空白区来改善代码格式。

- 注释：在程序中插入双斜杆"//",可以随后书写不跨行的注释；或者以"/*"开始，以"*/"结束。

小知识

关键字

关键字是对编译器的预定义保留标识符，代表有特定功能的一些英文单词，它们的字体颜色在 Visual Studio 2008 开发环境中特别明显。关键字不能在程序中用作变量名，除非它们有一个@前缀。例如，@if 是有效的标识符，但 if 不是，因为 if 是关键字。

C#语法中保留的关键字如表 2-1 所示。

表 2-1 保留关键字

abstract	as	base	bool
break	byte	case	catch
char	checked	class	const
continue	decimal	default	delegate
do	double	else	enum
event	explicit	extern	false
finally	fixed	float	for
foreach	goto	if	implicit
in	in (generic modifier)	int	interface
internal	is	lock	long
namespace	new	null	object
operator	out	out (generic modifier)	override
params	private	protected	public
readonly	ref	return	sbyte
sealed	short	sizeof	stackalloc
static	string	struct	switch
this	throw	true	try
typeof	uint	ulong	unchecked
unsafe	ushort	using	virtual
void	volatile	while	

2.2 基本数据类型

2.2.1 C#数据类型的分类与区别

- ◇ 值类型。
- 表示实际数据。
- 只是将值存放在内存中。
- 值类型都存储在堆栈中。
- 包括简单类型、枚举类型、结构。
- 值不能为空(null)，必须有一个确定的值。
- ◇ 引用类型。
- 表示指向数据的指针或引用。

- 是内存堆中对象的地址。
- 为 null，则表示未引用任何对象。
- 类、接口、数组和委托。
- 两个特殊的类 Object 与 String。
✧ 值类型与引用类型的区别。
- 值类型的变量本身包含它们的数据，它的实例分配在线程的堆栈上，它的变量直接包含变量的实例。
- 引用类型的变量包含的是指向包含数据的内存块的引用，它的实例重视从托管堆上分配内存，引用类型的变量通常包含一个指向实例的指针，变量通过该指针来引用实例。

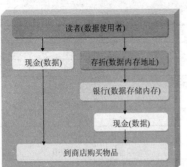

图 2.1 模拟说明

- 引用类型的实例分配在托管堆上，它的生命周期受到垃圾回收器的管理。
- 值类型直接分配在堆栈上，它的生命周期随堆栈的弹出而结束。
- 值类型是把自己的值复制一份传递给其他函数操作，无论复制的值怎么被改变，自身的值不会改变。
- 引用类型是把自己的内存地址传递给其他函数操作，操作的就是引用类型值本身，所以值已被函数改变。

下面通过生活中的一个例子来模拟它们的区别，如图 2.1 所示。

案例学习：了解值类型的用法

本实验目标是了解值类型的用法。

- 实验步骤 1：

建立一个名为"值类型演示"的控制台项目。

- 实验步骤 2：

在 Program.cs 文件中编写代码如下。

```
using System;
using System.Collections.Generic;
using System.Linq;
using System.Text;

namespace 值类型演示
{
    class Program
    {
        static void Main(string[] args)
        {
            //值类型变量
            int Num = 5;
            Console.WriteLine("Num的原值: " + Num);
            AddValue(Num);
```

```
            Console.WriteLine("Num的值没有被修改：" + Num);
            AddValue1(ref Num);
            Console.WriteLine("Num的值需要使用ref关键字来修改：" + Num);
            Console.ReadLine();
        }
        public static void AddValue(int Num)
        {
            Num += 2;
            Console.WriteLine("Num的值当参数被传递并修改之后：" + Num);
        }
        public static void AddValue1(ref int Num)
        {
            Num += 2;
        }
    }
}
```

从值类型演示控制台程序中可以看出，在代码中定义的 int 类型的变量 Num，int 类型属于值类型中的一种简单类型，对 Num 进行赋值 5，因此 Num 的实际数据为 5，5 被存放在内存的堆栈中。代码中构建了一个 AddValue 方法，调用 AddValue 将数据 5 复制到 AddValue 中的 Num，AddValue 中的 Num 的值无论如何变化，都不会改变 Main 中最初 Num 的值。要想在函数中对传进去的参数做真正的修改，需要借助于 ref 关键字，如示例中的 AddValue1 方法演示。

按【F5】键调试、运行程序，输出结果，如图 2.2 所示。

图 2.2　输出结果

int 是简单类型的一种，枚举类型、结构类型也是值类型。

案例学习：了解引用类型的用法

本实验目标是了解引用类型的用法。

- 实验步骤 1：

创建一个名为"引用类型演示"的控制台项目。

- 实验步骤 2：

在 Program.cs 文件中编写代码如下。

```
using System;
using System.Collections.Generic;
using System.Linq;
using System.Text;
```

```
namespace 引用类型演示
{
    class Program
    {
        class Num                              //创建一个内部类Num
        {
            public int NumValue = 0;           //声明一个公共int类型的变量NumValue
        }
        static void Main(string[] args)
        {
            int nv1 = 5;
            int nv2 = nv1;
            nv2 = 10;
            Num n1 = new Num();
            Num n2 = n1;
            n2.NumValue = 123;
            Console.WriteLine("变量nv1的值：{0},nv2的值：{1}",nv1,nv2);
            Console.WriteLine("引用对象变量n1的值：{0},n2的值：{1}",n1.NumValue,n2.NumValue);
            Console.ReadLine();      }
    }
}
```

从"引用类型演示"控制台应用程序中，可以看出在代码中定义了一个内部类 Num，在 Num 中建立了一个 int 类型的字段 NumValue，在 Main 中使用 new 关键字实例化引用对象 n1，将 n1 等于 n2，可以看做将引用地址复制给 n2，n2 通过调用 NumValue 字段修改了它的值的同时，n1.NumValue 的值也发生了变化，因为它们指向内存的同一区域，因此值相同，任何改变都会互相影响。

按【F5】键调试、运行程序，输出结果，如图 2.3 所示。

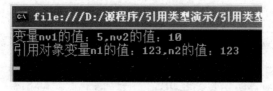

图 2.3　输出结果

小知识

两个特殊的类 Object 与 String

Object 类，支持.NET Framework 类层次结构中的所有类，并为派生类提供低级别服务。它是.NET Framework 中所有类的最终基类，是类型层次结构的根。语言通常不要求类声明从 Object 的继承，因为继承是隐式的。

因为.NET Framework 中的所有类均从 Object 派生，所以 Object 类中定义的每个方法可用于系统中的所有对象。派生类可以而且确实重写这些方法中的某些，其中包括以下几种。

Equals：支持对象间的比较。
Finalize：在自动回收对象之前执行清理操作。
GetHashCode：生成一个与对象的值相对应的数字以支持哈希表的使用。
ToString：生成描述类的实例的可读文本字符串。
String 类：表示文本，即一系列 Unicode 字符。

如前所述，C#的基本数据类型可以分为值类型与引用类型。值类型包括简单类型(如字符型、浮点型和整数型等)、枚举类型、结构类型。引用类型包括类、接口、委托、数组、字符串。C#基本数据类型结构如图 2.4 所示。

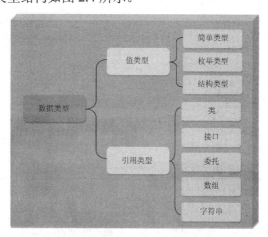

图 2.4　C#基本数据类型结构

2.2.2　简单类型

简单类型代表常见的数据类型，如数值、字符、布尔。绝大多数的简单类型的数据类型都是进行对数值的存储。简单类型不能有子类型和属性，种类如表 2-2 所示。

表 2-2　简单类型种类

类 型 名	值 范 围	示 例
sbyte	−128～127 之间的整数	sbyte value=1；
byte	−0～255 之间的整数	byte value=1；
short	−32768～32767 之间的整数	short value=1；
ushort	0～65535 之间的整数	ushort value=1；
int	−2147483648～2147483647 之间的整数	int value=21；
uint	0～4294967295 之间的整数	uint value=15； uint value=21U；
long	−9223372036854775808～9223372036854775808 之间的整数	long value=61； long value=34L；
float	$\pm 1.5 \times 10^{-45}$ 到 $\pm 3.4 \times 10^{38}$ 之间	float value=2.56F
double	$\pm 5.0 \times 10^{-324}$ 到 $\pm 1.7 \times 10^{308}$ 之间	double value=2.56D； double value=2.56；
bool	true 或 false	bool value=true； bool value=false；

2.2.3 枚举类型

由图 2.4 所示的 C#基本数据类型结构知道枚举类型(简称"枚举")属于值类型，它用于声明一组可以赋给变量的常数。枚举类型的声明包括名称、访问权限、内在的类型和枚举的成员，如图 2.5 所示。

现在来看一个简单的枚举类型的例子。第一个枚举类型名称为"Fruits"，在"Fruits"枚举类型下面定义 5 个枚举成员，分别叫做"apple"、"banana"、"grape"、"watermelon"、"cherry"，给枚举成员赋值，如图 2.6 所示。

图 2.5 枚举类型的声明语法

图 2.6 Fruits 枚举

使用枚举类型时，声明枚举类型，进行赋值操作，如图 2.7 所示。

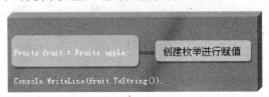

图 2.7 简单地使用枚举类型

枚举的注意事项如下。
- 枚举值默认为 int。
- 成员的取值必须和枚举声明的内在类型相同。
- 第一个枚举成员的默认值为 0。
- 枚举成员的访问权限默认为 public。
- 枚举类可以显式地声明它的内在类型是 sbyte、byte、short、ushort、int、uint、long、ulong。
- 成员的取值必须在内在类型的范围之内。
- 不要重复创建已有的枚举。例如，"DayOfWeek"、"ConsoleKey"。

使用枚举类型的好处如下。
- 使用枚举常量比直接使用整型数更容易理解。
- 对定义的类型进行检查，提高程序的可靠性。

案例学习：枚举的应用

本实验目标是掌握枚举类型的应用。要求建立一个表示水果名称的 Fruits 枚举，包含 5

个水果名称的成员。再用这个枚举去定义变量,然后赋值使用。

- 实验步骤 1:

创建一个名为"枚举类型演示"的控制台项目。

- 实验步骤 2:

在 Program.cs 文件中编写的代码如下。

```
using System;
using System.Collections.Generic;
using System.Linq;
using System.Text;

namespace 枚举类型演示
{
    class Program
    {
        enum Fruits
        {
            apple,banana,grape,watermelon,cherry
        }
        static void Main(string[] args)
        {
            Fruits fruit = Fruits.apple;
            Console.WriteLine("你选择的水果是: "+fruit.ToString());
            Console.ReadLine();
        }
    }
}
```

按【F5】键调试、运行程序,输出结果,如图 2.8 所示。

图 2.8 输出结果

2.2.4 结构类型

在日常生活中经常需要对一件事或一件物品进行描述,对这件事或物品的描述往往不止一种,因此需要将这些描述组织到一起,使描述更加清晰。在 C#代码的编写中也会经常碰到类似的情况,这时需要声明一个结构类型的数据类型,将有所关联的成员组成为一个集合,以减少程序的工作量,提高代码的直观性。

结构类型使用 struct 关键字定义,结构类型通过访问修饰符、类型和名称进行成员声明,成员可以包含构造函数、常数、字段、方法、属性、索引器、运算符和嵌套类型等,如图 2.9 所示。

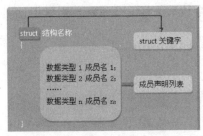

图 2.9 结构类型的定义语法

结构类型的特点如下。
- 自定义数据类型。
- 可以在其内部定义方法。
- 无法实现继承。
- 属于值类型。

使用结构类型，先声明结构类型——"结构变量名．成员名"对成员进行赋值等操作。

 案例学习：了解结构类型应用

本实验目标是了解结构类型的应用。要求定义一个 Fruits 的结构类型，包含成员有 name、color、number、taste 和一个 message 的方法。使用 Fruits 结构类型。

- 实验步骤 1：

创建一个名为"结构类型应用演示"的控制台项目。

- 实验步骤 2：

在 Program.cs 文件中编写代码如下。

```csharp
using System;
using System.Collections.Generic;
using System.Linq;
using System.Text;
namespace 结构类型应用演示
{
    struct Fruits
    {
        public string Name;
        public string color;
        public uint number;
        public string taste;
        public void message()
        {
            Console.WriteLine("水果的味道："+taste);
        }
    }
    class Program
    {
```

```
        static void Main(string[] args)
        {
            Fruits fruit;
            fruit.name = "apple";
            fruit.color = "red";
            fruit.number = 12;
            fruit.taste = "sweet";
            Console.WriteLine("水果的名字: "+fruit.name);
            Console.WriteLine("水果的颜色: "+fruit.color);
            Console.WriteLine("水果的数量: "+fruit.number.ToString());
            fruit.message();
            Console.ReadLine();
        }
    }
}
```

按【F5】键调试、运行程序，输出结果，如图 2.10 所示。

图 2.10　输出结果

注意相互赋值的必须是同一结构的变量，不同结构的变量即使有相同的成员也不允许相互赋值。

2.3　常　　量

常量是其值在使用过程中不会发生变化的变量，使用 const 关键字进行声明。
常量的声明语法如图 2.11 所示。

图 2.11　常量的声明语法

- ✧ 访问修饰符可以为 public、private、protected。
- ✧ 在程序中使用常量有以下几个优点。
- ● 增强代码的可读性。
- ● 便于程序的修改。
- ● 常量更容易避免程序出现错误。

案例学习：了解常量的应用

本实验目标是了解常量的应用。要求定义一个常量 PI，常量值为 3.14F。程序能够根据输入的半径计算出圆形的面积。
- 实验步骤 1：

创建一个名为"常量使用演示"的控制台项目。
- 实验步骤 2：

在 Program.cs 文件中编写代码如下。

```
using System;
using System.Collections.Generic;
using System.Linq;
using System.Text;

namespace 常量使用演示
{
    class Program
    {
        public const float PI = 3.14F;
        static void Main(string[] args)
        {
            Console.WriteLine("输入圆的半径计算圆的面积"+"\n"+"请半径输入并回车");
            int R = Convert.ToInt32(Console.ReadLine());
            float Area = PI * R * R;
            Console.WriteLine("圆面积为: " + Area.ToString());
            Console.ReadLine();
        }
    }
}
```

按【F5】键调试、运行程序，输出结果，如图 2.12 所示。

图 2.12　输出结果

2.4　变　　量

变量用于存储特定数据类型的值。

变量声明语法，如图 2.13 所示。

图 2.13　变量声明语法

- ◇ 访问修饰符可以为 public、private、protected 关键字用于声明变量。
- ◇ 数据类型可以是 int、string、double、float 等类型，也可以是用户自定义类型。
- ◇ 变量名命名规则如下。

- 变量名的第一个字符为字母、下划线(_)或@。
- 变量名第一个字符之后可以是字母、下划线(_)或数字。

例如：

    public int value

    private string value

    bool value

需要注意的是，C#是区分大小写的，所以在声明对象的时候要格外注意，如果在引用的时候字母大小写出错，编译就不能通过。例如，变量名 student 与 Student 是不同的。

案例学习：了解变量的应用

本实验目标是了解变量的应用。要求声明不同数据类型的变量，并将变量输出到屏幕上显示。

- 实验步骤1：

创建一个名为"变量使用演示"的控制台项目。

- 实验步骤2：

在 Program.cs 文件中编写代码如下。

```
using System;
using System.Collections.Generic;
using System.Linq;
using System.Text;

namespace 变量使用演示
{
    class Program
    {
        static void Main(string[] args)
        {
            //声明string、bool、int、float变量,对变量赋值
            string s = "变量使用";
            bool b = false;
            int i = 123456;
            float f = 12.3f;
            //显示变量值
            Console.WriteLine("字符串值 = " + s);
            Console.WriteLine("布尔值   = " + b);
            Console.WriteLine("整型值   = " + i);
            Console.WriteLine("浮点值   = " + f);
            Console.ReadLine();
        }
    }
}
```

按【F5】键调试、运行程序，输出结果，如图2.14所示。

图 2.14 输出结果

2.5 表达式

将常量、变量、函数等用运算符号按规则连接起来,产生具有意义的式子称为表达式。

运算符的范围很广泛,有简单的,也有复杂的,如算数运算符、关系运算符、逻辑运算符、位运算符、赋值运算符、条件运算符(又称三元运算符,是 C#中唯一一个三元运算符)。运算符和表达式如图 2.15 所示。

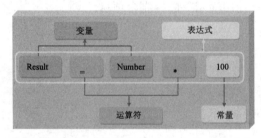

图 2.15 运算符和表达式

在一个表达式中把常量和变量称为操作数,即图 2.15 所示的运算符和表达式。图 2.15 中 Result、Number、100 都是操作数。通过运算符来对操作数进行计算和赋值。一个正确的表达式由操作数和运算符组成。

运算符可以分为 3 类:一元运算符,只有 1 个操作数;二元运算符,有 2 个操作数;三元运算符,有 3 个操作数。

2.5.1 算术运算符

算数运算符是最常用的运算符,几乎所有的运算都会涉及算术运算符。算术运算符包括四则运算(加、减、乘、除)等常见运算符。算术运算符如表 2-3 所示。

表 2-3 算数运算符

运算符类型	运 算 符	使 用 规 则	使 用 说 明
二元	+	value1 + value2	加法运算
二元	—	Value1 — value2	减法运算
二元	*	Value1 * value2	乘法运算
二元	/	Value1 / value2	除法运算
二元	%	Value1 % value2	获得余数
一元	++	Value++ 或 ++value	将 value 加 1
一元	——	value—— 或 ——value	将 value 减 1

案例学习：了解算数运算符的应用

本实验目标是了解算数运算符的应用。要求编写一个计算梯形面积的控制台应用程序，输入上底、下底和高，输出梯形面积。

- 实验步骤 1：

创建一个名为"算数运算符和表达式演示"的控制台项目。

- 实验步骤 2：

在 Program.cs 文件中编写代码如下。

```
using System;
using System.Collections.Generic;
using System.Linq;
using System.Text;
namespace 算数运算符和表达式演示
{
    class Program
    {
        static void Main(string[] args)
        {
            Console.Write("计算梯形面积"+"\n"+"输入上底：");
            int d1 = Convert.ToInt32(Console.ReadLine());
            Console.Write("输入下底：");
            int d2 = Convert.ToInt32(Console.ReadLine());
            Console.Write("输入高：");
            int h = Convert.ToInt32(Console.ReadLine());
//在此使用了"+"、"*"、"/"运算符,同时使用"()"改变优先级
            int Area = ((d1 + d2) * h) / 2;
            Console.WriteLine(Area.ToString());
            Console.ReadLine();
        }
    }
}
```

按【F5】键调试、运行程序，输出结果，如图 2.16 所示。

图 2.16 输出结果

2.5.2 关系运算符

关系运算符是对两个操作数进行比较，返回一个布尔值。关系运算符如表 2-4 所示。

表 2-4 关系运算符

运算符	使用规则	使用说明
==	Value1 == value2	比较是否等于
>	Value1 > value2	比较是否大于
<	Value1 <value2	比较是否小于
>=	Value1>= value2	比较是否大于等于
<=	Value1 <= value2	比较是否小于等于
!=	value!= value	比较是否不等于

案例学习：了解关系运算符的应用

本实验目标是了解关系运算符的应用。要求编写比较两个整型数大小关系的控制台应用程序，输入两个数，输出大小关系。

- 实验步骤 1：

创建一个名为"关系运算符和表达式演示"的控制台项目。

- 实验步骤 2：

在 Program.cs 文件中编写代码如下。

```
using System;
using System.Collections.Generic;
using System.Linq;
using System.Text;
namespace 关系运算符和表达式演示
{
    class Program
    {
        static void Main(string[] args)
        {
            Console.Write("比较两个整型数的大小关系"+"\n"+"请输入第一个数：");
            int A = Convert.ToInt32(Console.ReadLine());//获得第一个数赋值给A
            Console.Write("请输入第二个数：");
            int B = Convert.ToInt32(Console.ReadLine());
            if (A == B)                                  //比较两个数是否相同
                Console.Write(A.ToString()+"等于"+B.ToString());
            if (A > B)                                   //比较A是否大于B
                Console.Write(A.ToString() + "大于" + B.ToString());
            if (A < B)                                   //比较A是否小于B
                Console.Write(A.ToString() + "小于" + B.ToString());
            Console.ReadLine();
        }
    }
}
```

按【F5】键调试、运行程序，输出结果，如图 2.17 所示。

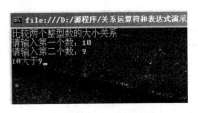

图 2.17　输出结果

2.5.3　逻辑运算符

逻辑运算(又称布尔运算)主要用于程序的条件判断，返回一个布尔值。例如，true&&false 返回 "false"。逻辑运算符如表 2-5 所示。

表 2-5　逻辑运算符

运算符	使用规则	使用说明
||	value1|| value2	一个为真即为真
&&	value1&& value2	一个为假即为假
!	! value 1	求反，非真为假 非假为真
^	value1^value2	真^假=真 假^真=真 假^假=假 真^真=假

案例学习：了解逻辑运算符的应用

本实验目标是了解逻辑运算符的应用。要求声明两个布尔型变量，使用逻辑运算符判断，输出结果。

- 实验步骤 1：

创建一个名为 "逻辑运算符和表达式演示" 的控制台项目。

- 实验步骤 2：

在 Program.cs 文件中编写代码如下。

```
using System;
using System.Collections.Generic;
using System.Linq;
using System.Text;
namespace 逻辑运算符和表达式演示
{
    class Program
    {
        static void Main(string[] args)
        {
            bool value1 = true, value2 = false;
            Console.WriteLine("value1 = true, value2 = false");
            if (value1 == true || value2 == true)
```

```
                Console.WriteLine("value1 == true || value2 = true等于true");
            if (value1==true&&value2==true)
                Console.WriteLine("value1==true&&value2==true等于true");
            if (value1 != false)
                Console.WriteLine("value1!=false等于true");
            if (value1 ^ value2)
                Console.WriteLine("value1^value2等于true");
            Console.ReadLine();
        }
    }
}
```

按【F5】键调试、运行程序，输出结果，如图2.18所示。

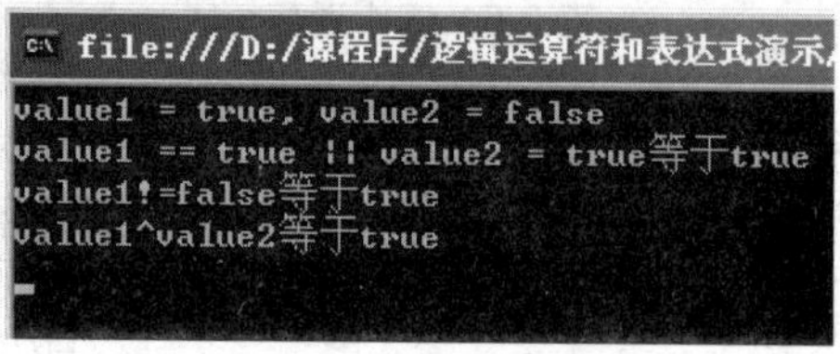

图2.18 输出结果

2.5.4 位运算符

计算机中所有的数据都以二进制的方式存储，位运算符可以看做对二进制数据进行直接的操作。位运算符如表2-6所示。

表2-6 位运算符

运算符	使用规则	使用说明
&	value1 & value2	1与1等于1，1与0等于0
|	value1 | value2	1或1等于1，1或0等于1
^	value1 ^ value2	相同得0，相异得1
~	~ value1	对运算对象的值进行非运算
>>	value1 >> n	整个数按位右移若干位，右移后空出的部分填0
<<	value1 << n	整个数按位左移若干位，左移后空出的部分填0

案例学习：了解位运算符的应用

本实验目标是了解位运算符的应用。要求使用位运算符进行运算，输出结果。

● 实验步骤1：

创建一个名为"位运算符和表达式演示"的控制台项目。

● 实验步骤2：

在Program.cs文件中编写代码如下。

```
using System;
using System.Collections.Generic;
using System.Linq;
using System.Text;
```

```
namespace 位运算符和表达式演示
{
    class Program
    {
        static void Main(string[] args)
        {
            int x = 40;
            Console.WriteLine(x);
//40的二进制数为101000,2的二进制数为000010,101000&000010=000000所以y=0
            int y = x & 2;
            Console.WriteLine(y);
            y = x | 2;
            Console.WriteLine(y);
            y = x ^ 2;
            Console.WriteLine(y);
            y = ~x;
            Console.WriteLine(y);
            y = x >> 2;
            Console.WriteLine(y);
            y = x << 2;
            Console.WriteLine(y);
            Console.ReadLine();
        }
    }
}
```

按【F5】键调试、运行程序，输出结果，如图2.19所示。

图2.19 输出结果

2.5.5 赋值运算符

赋值的作用是把某个常量、变量或者表达式的值赋给另外一个变量。赋值运算符如表2-7所示。

表2-7 赋值运算符

运算符	使用规则	使用说明
=	value1 = value2	进行赋值
+=	value1 += value2	value1=value1+value2

续表

运 算 符	使 用 规 则	使 用 说 明
-=	value 1-=value 2	value1=value1-value2
*=	value 1*=value 2	value1=value1*value2
/=	value 1/= value 2	value1=value1/value2
%=	value1%= value2	value1=value1%value2
|=	value1|=value2	value1=value1|value2
&=	value1&=value2	value1=value1&value2

赋值运算符语法表达式如图 2.20 所示。

图 2.20 赋值运算符语法表达式

  案例学习：了解赋值运算符的应用

本实验目标是了解赋值运算符的应用。要求使用赋值运算符进行运算，输出结果。

- 实验步骤 1：

创建一个名为"赋值运算符和表达式演示"的控制台项目。

- 实验步骤 2：

在 Program.cs 文件中编写代码如下。

```csharp
using System;
using System.Collections.Generic;
using System.Linq;
using System.Text;
namespace 赋值运算符和表达式演示
{
    class Program
    {
        static void Main(string[] args)
        {
            string value1 = "C#";
            Console.WriteLine(value1);
            value1 += value1;
            Console.WriteLine(value1);
            int value2 = 10,value3=0;
            value3 -= value2;
            Console.WriteLine(value3);
            value3 *= value2;
            Console.WriteLine(value3);
            value3 /= value2;
            Console.WriteLine(value3);
            value3 |= value2;
            Console.WriteLine(value3);
```

```
            value3 &= value2;
            Console.WriteLine(value3);
            value3 %= value2;
            Console.WriteLine(value3);
            Console.ReadLine();
        }
    }
}
```

按【F5】键调试、运行程序，输出结果，如图 2.21 所示。

图 2.21 输出结果

2.5.6 三元运算符

C#三元运算符(?:)可以实现 if…else 条件判断的功能。三元运算符如表 2-8 所示。

表 2-8 条件运算符

运算符	使用规则	使用说明
?:	表达式? value1 : value2	根据布尔值返回两值之一

从表 2-8 中，可以知道条件运算符语法表达式，如图 2.22 所示。

图 2.22 三元运算符语法表达式

案例学习：了解三元运算符的应用

本实验目标是了解三元运算符的应用。要求使用三元运算符编写模拟登入系统，输出登入情况。

- 实验步骤 1：

创建一个名为"三元运算符和表达式演示"的控制台项目。

- 实验步骤 2：

在 Program.cs 文件中编写代码如下。

```
using System;
using System.Collections.Generic;
using System.Linq;
using System.Text;
```

```
namespace 条件运算符和表达式演示
{
    class Program
    {
        static void Main(string[] args)
        {
            string username = "admin";
            string password = "123456";
            Console.Write("模拟登入系统"+"\n"+"请输入用户名：");
            string un = Convert.ToString(Console.ReadLine());
            Console.Write("请输入密码：");
            string pw = Convert.ToString(Console.ReadLine());
            //如果()中的表达式为true,message等于"成功登入"；如果为false,message等于"登入失败"
            string message = (un == username && password == pw) ? "成功登入" : "登入失败";
            Console.WriteLine(message);
            Console.ReadLine();
        }
    }
}
```

按【F5】键调试、运行程序，输出结果，如图 2.23 所示。

图 2.23 输出结果

2.5.7 运算符的优先级

当表达式中含有多个运算符时，应用程序会按照运算符优先级的高低进行运算，优先级较高的比优先级较低的先执行。例如：

value1= value3*value4+value2;

"*"运算符的优先级高于"+"运算符，所以首先执行"*"运算符，其次执行"+"运算符，最后执行"="运算符。

有的时候想要先执行优先级较低的运算符，然后再执行优先级较高的运算符时，需要使用到"()"，"()"内的运算符将会被优先执行。例如：

value1=value3*(value4+value2);

在表达式中运算符优先级相同的状况下运算符按照从左到右的顺序进行计算。图 2.24 所示为 C#中的部分常用运算符的优先级。

图 2.24 C#中的部分常用运算符的优先级

2.6 数据类型转换

2.6.1 数据类型转换的用途

在编写代码的时候，经常要处理不同数据类型的操作数的运算，例如，int 类型的变量和 double 类型的变量相加，然后将结果赋值给一个 double 类型的变量，这样的不同类型之间的运算是可以完成的，因为编译器自动完成了一个数据类型的转换，即隐式转换。如果没有数据类型的转换这些操作将无法完成。

2.6.2 数据类型的转换方法

在 2.6.1 节中简单地使用了隐式转换，要完成隐式转换必须满足两个条件。
- 两种数据类型要兼容。
- 目标类型大于源类型。

可以通过一个生活例子来模拟隐式转换。假设现在有两个球，一个乒乓球、一个篮球，有两个可调节管道，一大一小，大的能够通过篮球，小的能够通过乒乓球。在未调节的状态下乒乓球可以通过大管道，而篮球无法通过小管道。此例用来说明用户不需要自己编写代码进行转换，编译器直接自动完成了转换工作。可以进行隐式类型转换的数据类型之间的关系，如表 2-9 所示。

表 2-9 可以进行隐式类型转换的数据类型之间的关系

数 据 类 型	隐式数值转换
sbyte	short、int、long、float、double 或 decimal
byte	short、ushort、int、uint、long、ulong、float、double 或 decimal
short	int、long、float、double 或 decimal
ushort	int、uint、long、ulong、float、double 或 decimal
int	long、float、double 或 decimal
uint	long、ulong、float、double 或 decimal
long	float、double 或 decimal
ulong	float、double 或 decimal
char	ushort、int、uint、long、ulong、float、double 或 decimal
float	double

在某种状态下不能使用隐式类型转换，需要在代码中明确指定目标类型，称为显式转换(又称强制类型转换)，显式转换具有一定的风险，不能确保数据的正确性。例如，string value1="1234"，将它进行显式转换为 int，(int)value1。

2.6.3 简单的数据类型的转换

在这里简单地介绍两种数据转换的方法：使用 Parse()方法转换；使用 Convert 类转换。Parse()用来将字符串类型转换成其他类型。

案例学习：了解 Parse()的应用

本实验目标是了解 Parse()的应用。要求输入两个数，计算两数之和。

- 实验步骤 1：

创建一个名为"Parse_的应用演示"的控制台项目。

- 实验步骤 2：

在 Program.cs 文件中编写代码如下。

```csharp
using System;
using System.Collections.Generic;
using System.Linq;
using System.Text;

namespace Parse__的应用演示
{
    class Program
    {
        static void Main(string[] args)
        {
            Console.WriteLine("两数之和");
            Console.Write("输入第一个数：");
            int a = int.Parse(Console.ReadLine());
            Console.Write("输入第二个数：");
            int b = int.Parse(Conscle.ReadLine());
Console.WriteLine(a.ToString()+"+"+b.ToString()+"="+(a+b).ToString());
            Console.ReadLine();
        }
    }
}
```

按【F5】键调试、运行程序，输出结果，如图 2.25 所示。

图 2.25 输出结果

Convert 类为每种数据类型都提供了一个静态的方法。常见的转换有 Convert.ToInt32()、Convert.ToDouble()、Convert.ToString()。

案例学习：了解 Convert 的应用

本实验目标是了解 Convert 的应用。要求输入两个数，计算两数之和。

- 实验步骤 1：

创建一个名为"Convert 的应用演示"的控制台项目。

- 实验步骤 2：

在 Program.cs 文件中编写代码如下。

```
using System;
using System.Collections.Generic;
using System.Linq;
using System.Text;

namespace Convert的应用演示
{
    class Program
    {
        static void Main(string[] args)
        {
            Console.WriteLine("使用Convert进行转换——两数之和");
            Console.Write("输入第一个数：");
            int a = Convert.ToInt32(Console.ReadLine());
            Console.Write("输入第二个数：");
            int b = Convert.ToInt32(Console.ReadLine());
            Console.WriteLine(a.ToString() + "+" + b.ToString() + "=" + (a + b).ToString());
            Console.ReadLine();
        }
    }
}
```

按【F5】键调试、运行程序，输出结果，如图 2.26 所示。

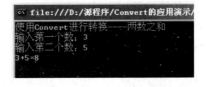

图 2.26　输出结果

本 章 小 结

- C#代码是由一个个的语句组成的，每个语句都以分号结尾。
- 变量是存放特定数据类型的值的容器，而常量也存放特定数据类型的值，但常量在整个程序中都保持一致。
- 变量名的第一个字符为字母、下划线(_)或@。
- 枚举是一组已命名的可赋值数值常量。
- 值类型的变量本身包含它们的数据，引用类型的变量包含的是指向包含数据的内存块的引用。
- 表达式是产生给定类型值的变量、运算符、函数和常量值的任意组合。
- 显式转换不安全，可能造成数据丢失。

课 后 习 题

一．单项选择题。

1．下面是合法的变量名的是(　　)。
　　A．7apple　　　　B．apple！　　　　C．_apple　　　　D．apple-1
2．在 C#语言中，表示三元运算符的是(　　)。
　　A．?:　　　　　 B．>>　　　　　　C．||　　　　　　D．!=
3．在 C#程序中，声明一个整型变量的是(　　)。
　　A．char value　　　　　　　　　　B．double value
　　C．bool value　　　　　　　　　　D．int value
4．算术表达式是(　　)进行运算的。
　　A．自右至左　　　　　　　　　　　B．按照优先级由低向高
　　C．按照运算符优先级规则　　　　　D．自左至右

二．填空题。

1．在 C#中唯一一个三元运算符是_____。
2．运算符可以分为三类：_____，_____，_____。

三．编程题。

1．编写一个控制台应用程序，要求用户输入 2 个 int 类型的值，并显示它们的乘积。
按【F5】键调试、运行程序，输出结果，如图 2.27 所示。
2．编写一个简单的银行利息计算器，银行利率为 0.5%，输入存款金额和存款天数，显示本息合计。
按【F5】键调试、运行程序，输出结果，如图 2.28 所示。

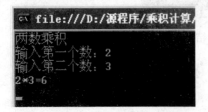
图 2.27　输出结果

图 2.28　输出结果

第 3 章

C#编程基础

本章重点介绍 C#开发语言各类语句语法以及数组、函数、字符串中的概论及其相关应用。通过一一对应的案例,详细地演示了各个语句的使用方法。从而使读者能够快速地理解概论,并且熟练掌握本章中各个语句的使用。

学习目标

(1) 了解选择语句
(2) 掌握各种选择语句的使用
(3) 了解循环语句
(4) 掌握循环语句的使用
(5) 了解各类数组间的异同
(6) 掌握函数的使用
(7) 掌握字符串的使用

3.1 选择语句

在日常生活中经常需要作出一些选择,如学习 C#还是学习 Java,当我们最终选择 C#语言的时候,将展开对 C#语言的学习。同样的道理可以迁移到 C#的编程上来,在 C#中有条件选择语句将根据条件进行判断,从而进入相应的逻辑分支中去执行。

选择语句(又称分支语句),包括以下 3 种:if 语句;switch 语句;三元运算符。

3.1.1 if 语句的使用

if 语句(if…else),通过条件表达式得到的布尔值 true 或者 false 来决定执行哪个分支的语句块。if 语句流程如图 3.1 所示。

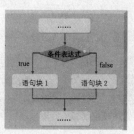

图 3.1 if 语句流程

if 语句的语法格式如下。

if (条件) {分支一}   else {分支二}

 案例学习：了解 if 语句的应用

本实验目标是了解 if 语句的应用。要求输入年份，判断是否是闰年。

- 实验步骤 1：

创建一个名为"if 语句的应用演示"的控制台项目。

- 实验步骤 2：

在 Program.cs 文件中编写代码如下。

```csharp
using System;
using System.Collections.Generic;
using System.Linq;
using System.Text;

namespace if语句的应用演示
{
    class Program
    {
        static void Main(string[] args)
        {
            Console.WriteLine("输入一个年份，判断是不是闰年");
            Console.Write("请输入年份: ");
            int Y = int.Parse(Console.ReadLine());   //获取输入的年份
            // 普通年能被4整除而不能被100整除的为闰年
            // 世纪年能被400整除而不能被3200整除的为闰年
            // 对于数值很大的年份能整除3200,但同时又能整除172800则是闰年
            if ((Y % 400 == 0 && Y % 3200 != 0)
               || (Y % 4 == 0 && Y % 100 != 0)
               || (Y% 3200 == 0 && Y % 172800 == 0))
            {
                Console.WriteLine(Y + "是闰年。");   //能被整除,输出年份是闰年
            }
             else                                    //否则,输出年份不是闰年
            {
                Console.WriteLine(Y + "不是闰年。");
            }
            Console.ReadLine();
        }
    }
}
```

按【F5】键调试、运行程序，输出结果，如图 3.2 所示。

图 3.2　输出结果

3.1.2 switch 语句的应用

switch 语句(switch…case)，把 switch 中指定的变量与 case 中指定的变量进行对比，来决定所要执行哪个分支的语句块。switch 语句流程如图 3.3 所示。

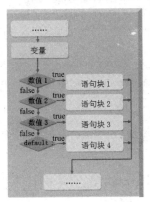

图 3.3　switch 语句流程

语法格式如下。

```
switch（选择变量）
{
case 值1：
break；
case 值2：
break；
case 值3：
break；
default：
}
```

案例学习：了解 switch 语句的应用

本实验目标是了解 switch 语句的应用。要求输入水果名称，输出相应水果的数量。

- 实验步骤 1：

创建一个名为"switch 语句的应用演示"的控制台项目。

- 实验步骤 2：

在 Program.cs 文件中编写代码如下。

```
using System;
using System.Collections.Generic;
using System.Linq;
using System.Text;

namespace switch语句的应用演示
{
    class Program
```

```
        {
            static void Main(string[] args)
            {
                Console.WriteLine("水果超市管理系统");
                Console.Write("请输入水果名称: ");
                string FruitName = Console.ReadLine();//获得输入的水果名称
                switch (FruitName)//设置switch中要对比的变量
                {
                    case "apple":                          //对比变量值是否相等
                        Console.WriteLine("数量为998个。");
                        break;                             //通过break跳出switch
                    case "banana":
                        Console.WriteLine("数量为268个。");
                        break;
                    case "grape":
                        Console.WriteLine("数量为320个。");
                        break;
                    case "watermelon":
                        Console.WriteLine("数量为102个。");
                        break;
                    case "cherry":
                        Console.WriteLine("数量为744个。");
                        break;
                    default:                               //使用default关键字在上述没有符合
条件时执行default语句块
                        Console.WriteLine("你输入的水果还未入库！");
                        break;
                }
                Console.ReadLine();
            }
        }
    }
```

按【F5】键调试、运行程序，输出结果，如图3.4所示。

图3.4　输出结果

3.1.3　三元运算符的应用

在第2章的学习中，已经大致了解了三元运算符的使用方法，当条件表达式为true，其计算结果为第一个表达式；当条件表达式为false，其计算结果为第二个表达式。从图3.5可以清楚地看出三元运算符的运算流程。三元运算符语句流程如图3.5所示。

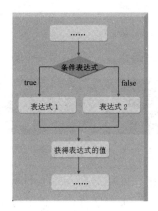

图 3.5　三元运算符语句流程

三元运算符的语法格式如下。

```
condition ? first_expression : second_expression;
```

 案例学习：了解三元运算符的应用

本实验目标是了解三元运算符的应用。要求输入年份，判断是否是闰年。

- 实验步骤 1：

创建一个名为"三元运算符的应用演示"的控制台项目。

- 实验步骤 2：

在 Program.cs 文件中编写代码如下。

```csharp
using System;
using System.Collections.Generic;
using System.Linq;
using System.Text;
namespace 三元运算符的应用演示
{
    class Program
    {
        static void Main(string[] args)
        {
            Console.WriteLine("使用三元运算符，判断输入年份是否是闰年");
            Console.Write("请输入年份：");
            int Y = Convert.ToInt32(Console.ReadLine());
            //当()中的条件语句为true时将"是闰年"赋值给message,为false时将"不是闰年"赋值给message
            string message = ((Y % 400 == 0 && Y % 3200 != 0)
            || (Y % 4 == 0 && Y % 100 != 0)
            || (Y % 3200 == 0 && Y % 172800 == 0)) ? "是闰年" : "不是闰年";
            Console.WriteLine(Y.ToString()+message);
            Console.ReadLine();
        }
```

        }
   }

按【F5】键调试、运行程序，输出结果，如图 3.6 所示。

图 3.6 输出结果

从上面的案例学习中可以看出三元运算符与 if…else 实现的功能基本相同，同样可以很好地实现所有条件分支的代码，三元运算符在某种情况下代替 if…else，让代码更简捷的作用。

3.2 循环语句

循环就是重复执行一些类似的语句，例如，在编程过程中经常需要将一连串的数值储存在数组中，或者是从数组中读取数值，在未使用循环语句的情况下，写入和读取将变得繁琐而重复。因此需要使用循环语句来便捷地完成重复任意多次的任务，而不需要每次都编写相同的代码。

循环语句用于对一组命令执行一定的次数或反复执行一组命令，直到指定的条件为真。

循环语句的类型有以下 4 种：while 语句；do…while 语句；for 语句；foreach 语句。

3.2.1 while 语句

while 语句中的条件表达式的布尔值决定循环语句块的执行次数，可以是零次或者多次。如果条件表达式布尔值为 true 时进入循环。每当循环语句块执行完成后，都会重新查看条件表达式是否符合条件，如果符合条件再次执行，直到条件表达式的布尔值为 false 时跳出循环。while 语句流程如图 3.7 所示。

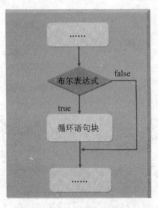

图 3.7 while 语句流程

while 语句的语法格式如下。

```
while (条件)
{
循环执行的语句;
}
```

案例学习：使用 while 循环显示 fruits 列表

本实验目标是了解 while 循环的应用。要求从数值中使用 while 循环读取出 fruits 数组中的字符串，并显示在屏幕上。

- 实验步骤 1：

创建一个名为"while 语句的应用演示"的控制台项目。

- 实验步骤 2：

在 Program.cs 文件中编写代码如下。

```
using System;
using System.Collections.Generic;
using System.Linq;
using System.Text;
namespace while语句的应用演示
{
    class Program
    {
        static void Main(string[] args)
        {
            Console.WriteLine("水果列表：");
            //声明fruits的字符串数组,并初始化
            string[] Fruits = new string[5]
            { "apple", "banana", "grape", "watermelon", "cherry" };
            int s = 0;
            while (s<5)//当s<5时执行
            {
                Console.WriteLine(s+": "+Fruits[s]);
                s++;//等同于s=s+1,s自增
            }
            Console.ReadLine();
        }
    }
}
```

按【F5】键调试、运行程序，输出结果，如图 3.8 所示。

图 3.8　输出结果

在"while 语句的应用演示"控制台应用程序中,声明了一个 s 的整型变量,并初始化为 0,s 的作用是记录循环次数,每次执行循环语句块是程序对 s 进行自增。当 s 自增到 5 的时候,while 条件语句(s<5)的布尔值为 false,这时程序跳出循环后面的其他程序代码。

while 循环注意事项如下。
- break 语句可用于退出循环。
- continue 语句可用于跳过当前循环并开始下一循环。

3.2.2 do…while 语句

do…while 与 while 非常相似,while 循环语句先判断再执行循环语句块,而 do…while 语句则是先执行循环语句块,然后再判断,因此循环语句块至少执行一次。do…while 语句流程如图 3.9 所示。

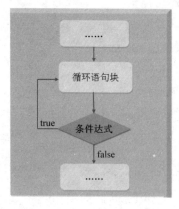

图 3.9 do…while 语句流程

do…while 语句的语法格式如下。

```
do
{
//语句
}while(条件)
```

案例学习:使用 do…while 循环显示 fruits 列表

本实验目标是了解 do…while 循环的应用。要求从数值中使用 do…while 循环读取出 fruits 数组中的字符串,并显示在屏幕上。

- 实验步骤 1:

创建一个名为"@do._.while 的使用演示"的控制台项目。

- 实验步骤 2:

在 Program.cs 文件中编写代码如下。

```
using System;
using System.Collections.Generic;
using System.Linq;
using System.Text;
```

```
namespace @do._.while的使用演示
{
    class Program
    {
        static void Main(string[] args)
        {
            Console.WriteLine("使用do…while显示水果列表：");
            //声明字符串数组fruits,并初始化
            string[] Fruits = new string[5]
            { "apple", "banana", "grape", "watermelon", "cherry" };
            int s = 0;
            do
            {
                Console.WriteLine(Fruits[s]);
                s++;          //对s进行自增
            } while (s<5);//设置条件
            Console.ReadLine();
        }
    }
}
```

按【F5】键调试、运行程序，输出结果，如图3.10所示。

图 3.10　输出结果

在 "do._.while 语句的使用演示"控制台应用程序中，程序首先运行一次循环语句块，其次通过 s 的自增来记录循环语句块的执行次数，最后通过 while 中的条件语句绑定是否执行循环，false 是退出循环。

3.2.3　for 语句

for 语句可以设置循环次数。可以先初始化表达式的值，通过条件表达式的布尔值判断是否符合条件，再通过迭代表达式计算循环次数。for 循环流程如图 3.11 所示。

For 语句的语法格式如下。

```
for (初始表达式;条件表达式;迭代表达式)
{
//语句
}
```

for 循环注意事项如下。
- for循环对特定条件进行判断后才允许执行循环。
- for循环在需要指定循环次数的情况下使用。

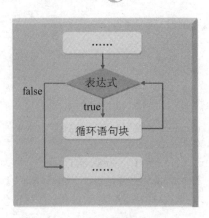

图 3.11 for 循环流程

案例学习：使用 for 循环计算 1 到输入数的和

本实验目标是了解 for 循环的应用。要求计算 1 到输入数的和，并显示在屏幕上。

- 实验步骤 1：

创建一个名为"for 语句的使用演示"的控制台项目。

- 实验步骤 2：

在 Program.cs 文件中编写代码如下。

```csharp
using System;
using System.Collections.Generic;
using System.Linq;
using System.Text;

namespace for语句的使用演示
{
    class Program
    {
        static void Main(string[] args)
        {
            Console.WriteLine("计算1到输入数的和");
            Console.Write("请输入整型数：");
            int length = int.Parse(Console.ReadLine());//获得输入的值
            int m = 0;
            for (int i = 1; i <= length; i++)//使用for语句进行循环,直到条件不满足时
            {
                m = m+i;                              //进行累加
            }
            Console.WriteLine("1到"+length+"的和为："+m);
            Console.ReadLine();
        }
    }
}
```

按【F5】键调试、运行程序，输出结果，如图 3.12 所示。

图 3.12　输出结果

在"for 语句的使用演示"控制台应用程序中，使用 length 来记录输入的数值，声明一个 m 变量来记录结果，通过 for 语句来逐个进行累加。

在 for 语句的使用中，可以将初始表达式设置在 for 表达式之外或将迭代表达式写到循环语句块中。对 for 语句的使用演示控制台代码进行修改如下。

```
static void Main(string[] args)
    {
        Console.WriteLine("计算1到输入数的和");
        Console.Write("请输入整型数：");
        int length = int.Parse(Console.ReadLine());//获得输入的值
        int m = 0;
        int i = 1;
        for (; i <= length;)//使用for语句进行循环,直到条件不满足时
        {
            m = m+i;           //进行累加
            i++;
        }
        Console.WriteLine("1到"+length+"的和为："+m);
        Console.ReadLine();
    }
```

按【F5】键调试、运行程序，输出结果，如图 3.13 所示。

图 3.13　输出结果

3.2.4　foreach 语句

foreach 循环语句用来遍历一个集合的元素，并且将集合中的元素执行一次循环语句块。为了避免程序出现不可预知的错误，不应该将 foreach 应用于改变集合内容。foreach 循环会按着对象在集合中的顺序将对象一一处理，直到最后一个对象完成。用户不需要对它编写判断条件语句，程序会自动加入默认判断是否到集合最后一个对象。foreach 语句流程如图 3.14 所示。

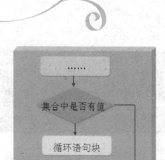

图 3.14 foreach 语句流程

foreach 语句的语法格式如下。

```
foreach(数据类型  迭代变量名  in 集合或者数组)
{
//语句
}
```

声明一个局部迭代变量,通过 foreach 语句在遍历过程中,将集合或数组中的元素取出赋值给迭代变量。迭代变量的数据类型与集合中的元素数据类型可以进行显示转换。集合或数组不能为 null,否则会出现异常。

 案例学习:foreach 循环应用

本实验目标是了解 foreach 循环应用。输入书名,显示是否有该书。
- 实验步骤 1:

创建一个名为"foreach 语句的使用演示"的控制台项目。
- 实验步骤 2:

在 Program.cs 文件中编写代码如下。

```csharp
using System;
using System.Collections.Generic;
using System.Linq;
using System.Text;
namespace foreach语句的使用演示
{
    class Program
    {
        static void Main(string[] args)
        {
            Console.WriteLine("图书搜索系统");
            Console.Write("请输入书名: ");
            string[] BN = new string[4]
            {"水浒传","三国演义","西游记","红楼梦" };//声明BN图书名字符数组,并初始化
            string BookName = Console.ReadLine();//获取输入的书名
```

```
            string message = "系统中没有《"+BookName+"》这本书！";
            foreach (string name in BN)//使用foreach遍历BN所有的图书名
            {
               if (name==BookName)       //判断是否有此书
               {
                  message = "系统有《" + BookName + "》这本书！";//显示查找结果信息
               }
            }
            Console.WriteLine(message);//显示结果信息
            Console.ReadLine();
        }
    }
}
```

按【F5】键调试、运行程序，输出结果，如图3.15所示。

图 3.15 输出结果

在"foreach 语句的使用演示"控制台应用程序中，声明 BN 字符数组用来存储所有的图书名，通过 foreach 语句遍历 BN 中的所有书名，并赋值给 name 迭代变量。然后通过 foreach 中的循环语句块的 if 语句，将当前迭代值 name 与输入的书名进行比对，比对成功后使用 message 来存储查找结果信息。最后显示信息到屏幕。

3.3 跳 转 语 句

在选择语句 switch 的实例学习中，可以看到 break 命令的使用，我们会有这样的疑问，break 命令有什么作用呢？其实 break 命令的作用很简单，就是立即终止跳转到后面的语句，因此称 break 语句为跳转语句。在 C#中，不是只有一种跳转语句，还有其他跳转语句。常见的跳转语句有以下 4 种：break 语句；continue 语句；return 语句；goto 语句(在此处不进行介绍)。

3.3.1 break 语句

break 语句可以应用于 switch、while、do…while、for 和 foreach 语句，break 语句可以退出循环，进入循环后面的第一行代码。

 案例学习：了解 break 语句的应用

本实验目标是了解 break 语句的应用。要求使用 break 语句跳出 for 循环。

- 实验步骤1：

创建一个名为"break语句的使用演示"的控制台项目。

- 实验步骤2：

在Program.cs文件中编写代码如下。

```csharp
using System;
using System.Collections.Generic;
using System.Linq;
using System.Text;
namespace break语句的使用演示
{
    class Program
    {
        static void Main(string[] args)
        {
            for (int i = 0; i < 1000; i++)
            {
                if (i>500)
                {
                    break;
                }
                Console.WriteLine(i.ToString());
            }
            Console.WriteLine("使用break语句退出for循环");
            Console.ReadLine();
        }
    }
}
```

按【F5】键调试、运行程序，输出结果，如图3.16所示。

图3.16 输出结果

在"break语句的使用演示"控制台应用程序中，设置for循环次数1000次，当循环到501次时，if中的布尔表达式为true，执行了break语句，中断了循环，执行循环后的第一行代码。

3.3.2 continue语句

continue语句可以应用于while、do…while、for和foreach语句，用于立即结束当前循环,并且执行下一个循环。

案例学习:了解 continue 语句的应用

本实验目标是了解 continue 语句的应用。要求使用 continue 跳出当前循环,并执行下一个循环。

● 实验步骤 1:

创建一个名为"continue 语句的应用演示"的控制台项目。

● 实验步骤 2:

在 Program.cs 文件中编写代码如下。

```csharp
using System;
using System.Collections.Generic;
using System.Linq;
using System.Text;
namespace continue语句的应用演示
{
    class Program
    {
        static void Main(string[] args)
        {
            int i = 0;
            while (i<10)
            {
                i++;
                if (i==5)
                    continue;//使用continue跳出当前循环,并执行下一个循环
                Console.WriteLine(i.ToString());
            }
            Console.ReadLine();
        }
    }
}
```

按【F5】键调试、运行程序,输出结果,如图 3.17 所示。

图 3.17 输出结果

在"continue 语句的应用演示"控制台应用程序中,使用 while 语句循环执行 10 次,通过 i 的自增,记录循环次数,当 i 的值等于 5 时,执行 continue 语句跳出当前循环,执行下一个循环,因此可以从图 3.17 中看到输出值没有 5。

3.3.3 return 语句

return 语句使用在方法当中，目的是退出当前类的方法，将控制交还给调用它的函数或方法，并将值返回。如果该方法返回值类型为 void(即没有返回值)，则方法中不应使用 return 语句，或者可以返回 return 空值；若函数有返回值，那么就要求返回值数据类型和函数定义的数据类型一致。

案例学习：了解 return 语句的应用

本实验目标是了解 return 语句的应用。要求使用 return 返回 bookname 值。
- 实验步骤 1：

创建一个名为"return 语句的使用演示"的控制台项目。
- 实验步骤 2：

在 Program.cs 文件中编写代码如下。

```csharp
using System;
using System.Collections.Generic;
using System.Linq;
using System.Text;

namespace return语句的使用演示
{
    class Program
    {
        static void Main(string[] args)
        {
            Console.WriteLine( BookName());//调用方法,并且显示返回值
            Console.ReadLine();
        }
        //定义了一个名为BookName的返回值为string的静态方法
        static string BookName()
        {
            string bookname="三国演义";
            return bookname;                    //使用return返回数值
        }
    }
}
```

按【F5】键调试、运行程序，输出结果，如图 3.18 所示。

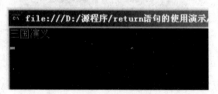

图 3.18 输出结果

3.4 数　　组

在大多数的编程语言中，如 C#、C++、Visual Basic、Java 都有对于数组的概念。数组通过将若干个相同类型的数据组织在一起，并使用数组的索引、下标来快速地管理、访问其中的数据。数组是一个存储一系列元素位置的对象。数组中的变量称为数组元素。数组所能容纳的数组元素数量叫做数组长度。

数组的基本特性如下。

- 所有数组元素必须为同一数据类型。
- 数组中的每个元素都对应唯一的索引。
- 数组元素可以通过索引进行访问。
- 数组的索引从零开始。

使用数组之前要对数组进行定义，定义需要包括：元素类型；数组维度；维度上下限。

数组中的元素类型可以是任意类型，包括数组类型。数组类型是派生于 system.array 类型的引用类型，system.array 可以通过显示引用转换成任意的数组类型，任意的数组类型都可以通过隐式引用转换成 system.array 类型。可以将数组大体分为一维数组和多维数组。以下通过对一维数组和二维数组的使用演示来详细了解数组的使用方法。

3.4.1 一维数组的声明和使用

一维数组的声明语法格式如下。

```
type[] name ;
```

type 为数据类型，name 为数组名。

数组声明完成后，在使用之前还需要对数组进行初始化。例如：

```
int[] i ;
i=new int[6]{1,2,3,4,5,6} ;
```

数组中元素通过数组下标来读取。例如：

```
int[] i ;
i=new int[6]{1,2,3,4,5,6} ;
int temp = i[3] ;
console.write(temp.tostring()) ;
```

 案例学习：一维数组的使用

本实验目标是了解一维数组的使用。要求使用 fruits 的字符串数组记录输入的水果名字。

- 实验步骤 1：

创建一个名为"一维数组的使用演示"的控制台项目。

- 实验步骤 2：

在 Program.cs 文件中编写代码如下。

```csharp
using System;
using System.Collections.Generic;
using System.Linq;
using System.Text;

namespace 一维数组的使用演示
{
    class Program
    {
        static void Main(string[] args)
        {
            Console.WriteLine("水果入库系统");
            Console.Write("请输入入库的水果数：");
            int num = int.Parse(Console.ReadLine());
            string[] fruits =new string[num];        //声明字符串数组fruits
            for (int i = 0; i < num; i++)
            {
                Console.Write(i+1+"输入水果名：");
                fruits[i] = Console.ReadLine();      //向数组中添加元素
            }
            Console.WriteLine("已入库水果名");
            int b=0;
            foreach (string fruitname in fruits)//使用foreach遍历fruits数组
            {
                b++;
                Console.WriteLine("("+b+"): "+fruitname);
            }
            Console.ReadLine();

        }
    }
}
```

按【F5】键调试、运行程序，输出结果，如图 3.19 所示。

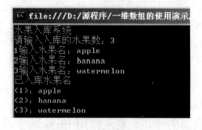

图 3.19　输出结果

在"一维数组的使用演示"控制台应用程序中，声明了一个 num 的整型变量用来记录输入的水果数量的值，并且将这个值作为 fruits 字符串数组的数组长度。使用 for 循环语句向 fruits 数组添加元素。最后通过 foreach 遍历输出所有的数组元素。

3.4.2 多维数组的声明和使用

由于二维数组为简单的多维数组,此处以二维数组为例进行讲解。

多维数组的声明语法格式如下。

```
type [ , ] name ;
```

type 为数据类型,name 为数组名。

声明一个 2 行 2 列的数组例子如下。

```
string[,] i=string int[2,2] ;
```

多维数组声明完成后,在使用之前还需要对数组进行初始化。例如:

```
string[,] i ;
i=new string[2,2]{{value1,name1},{value2,name2}} ;
```

多维数组中元素通过数组下标来读取。例如:

```
string[,] i ;
i=new string[2,2]{{value1,name1},{value2,name2}} ;
string temp =i[1,2]
console.write(temp) ;
```

案例学习:二维数组的使用

本实验目标是了解二维数组的使用。要求使用 fruits 的字符串数组记录输入的水果名字。

- 实验步骤 1:

创建一个名为"二维数组的使用演示"的控制台项目。

- 实验步骤 2:

在 Program.cs 文件中编写代码如下。

```csharp
using System;
using System.Collections.Generic;
using System.Linq;
using System.Text;

namespace 二维数组的使用演示
{
    class Program
    {
        static void Main(string[] args)
        {
            Console.WriteLine("水果入库系统");
            Console.Write("请输入入库的水果种类数:");
            int num = int.Parse(Console.ReadLine());
            string[,] fruits = new string[num,2];//声明字符串二维数组fruits
            for (int i = 0; i < num; i++)          //通过for向二维数组添加元素
            {
```

```
                Console.Write(i + 1 + "输入水果名：");
                fruits[i, 0] = Console.ReadLine();
                Console.Write("输入" + "水果数量：");
                fruits[i, 1] = Console.ReadLine();
            }
            Console.WriteLine("已入库水果名"+"          "+"水果数量");
            for (int i = 0; i < num; i++)//使用for读取数组元素
            {
Console.WriteLine(fruits[i, 0] + "                    " + fruits[i, 1]);
            }
            Console.ReadLine();
        }
    }
}
```

按【F5】键调试、运行程序，输出结果，如图 3.20 所示。

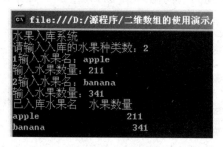

图 3.20 输出结果

在"二维数组的使用演示"控制台应用程序中，声明了一个二维数组 fruits 用来储存水果的名字和水果的数量，又声明了 num 的整型变量用来记录输入的水果种类数量的值，并且将这个值作为 fruits 字符串数组的行数。使用 for 循环语句向 fruits 数组添加元素。

数组常用方法如下。

- Sort：对数组元素进行排序(静态)。
- Clear：将元素设置为默认输出值 0 或 null(静态)。
- Clone：创建数组的复制(返回 object)。
- GetLength：获取数组指定维的元素个数。
- IndexOf：某个值在数组中首次出现的索引(静态)。

具体应用实例请参见 MSDN。

3.5 字 符 串

在 C#语法中，字符串是 string 类型的对象，它是由一系列的 Unicode 格式编码的字符组成的。由于字符串末尾没有空终止符号，因此字符串中可以有任意多个空字符。

字符串的种类和声明如下。

1. 规则字符串

规则字符串的语法格式如下。

string 字符串变量名[=字符串初值];

规则字符串的简单声明初始化例子如下。

string value="hello world";

2. 逐字字符串

逐字字符串的语法格式如下。

string 字符串变量名[=@字符串初值];

逐字字符串的简单声明初始化例子如下。

string value=@"hello \n world";

使用逐字字符串后，不再需要使用"转义序列"就可以指定特殊字符。

案例学习：了解字符串的应用

本实验目标是了解字符串的使用。要求声明初始化字符串。

- 实验步骤1：

创建一个名为"字符串的使用演示"的控制台项目。

- 实验步骤2：

在 Program.cs 文件中编写代码如下。

```
using System;
using System.Collections.Generic;
using System.Linq;
using System.Text;

namespace 字符串的使用演示
{
    class Program
    {
        static void Main(string[] args)
        {
            char c = '*';
            string s = new string(c,20);            //向字符串中添加字符,并重复20次
            string m = "C#是一门有趣的程序语言！";   //声明并初始化字符串
            Console.WriteLine(s);                   //显示字符串
            Console.WriteLine(m);
            Console.ReadLine();
        }
    }
}
```

按【F5】键调试、运行程序，输出结果如图 3.21 所示。

在"字符串的使用演示"控制台项目中，定义了两个 string 类型的变量 string s 和 string m，它们都作为字符串使用。实例化过程略有不同，string s 用 new 实例化，并且是将一个字符串数组转换成一个字符串，string m 用字符串值直接赋值的形式实例化。最后，两个字符串的变量被读取输出在屏幕上。

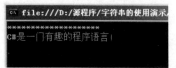

图 3.21 输出结果

在前面的学习中对字符串的操作只有简单地通过"+"连接两个字符串。真正的程序开发过程中，经常需要对字符串进行较为复杂的操作，如对字符串的查找，字符串的比较，字符串的截取，字符串的格式化，字符串的插入等。现在通过一个例子来了解字符串的查找操作，其他字符串操作参见 MSDN。

 案例学习：了解字符串的查找应用

本实验目标是了解字符串的使用。要求使用 IndexOf 查找字符串。

- 实验步骤 1：

创建一个名为"字符串的查找演示"的控制台项目。

- 实验步骤 2：

在 Program.cs 文件中编写代码如下。

```csharp
using System;
using System.Collections.Generic;
using System.Linq;
using System.Text;

namespace 字符串的查找演示
{
    class Program
    {
        static void Main(string[] args)
        {
            Console.WriteLine("查找第一个字符串是否包含有第二个字符串的值");
            Console.Write("输入第一个字符串txt1: ");
            string txt1 =Console.ReadLine();
            Console.Write("输入第一个字符串txt2: ");
            string txt2 = Console.ReadLine();
            if (txt1.IndexOf(txt2)>-1)//使用IndexOf进行查找
            {
                Console.WriteLine("txt1中有txt2的值");
            }
            else
            {
                Console.WriteLine("txt1中没有txt2的值");
            }
            Console.ReadLine();
```

```
        }
    }
}
```

按【F5】键调试、运行程序，输出结果，如图 3.22 所示。

图 3.22　输出结果

在"字符串的查找演示"控制台应用程序中，使用了 IndexOf 方法来查找匹配字符 txt1 返回在 txt1 中的索引位置，如果返回的数字大于-1，表示存在匹配项，反之，不存在匹配项。

3.6　函　　数

在编写代码的时候，可能需要在不同位置多次编写相同功能的代码，对于程序员来讲，这是相当繁重的，同时也影响了程序的可读性，容易造成不必要的错误。为了解决这种问题，可以使用函数(又称方法)，函数是由可重复执行的、有着一定功能实现的代码块组成的，它使代码变得简洁，增强了代码的可读性。函数可以分为两类：实例函数(不使用 static 声明修饰符)；静态函数(使用 static 声明修饰符)。

函数声明语法如下。

```
[访问修饰符][声明修饰符] 返回类型 方法名([形式化参数表])
{
语句块或空语句
}
```

C#常用的访问修饰符有 private、public、protected、internal，声明修饰符有 static、new、override、sealed、abstract、partial、extern。

函数的调用分为实例函数的调用和静态函数的调用。

实例函数的调用语法如下。

```
对象名.方法名([实际参数列表])
```

调用实例函数的例子，如有一个名为 myclass 的内部类，类中定义了一个方法 message，调用代码如下。

```
myclass mc=new myclass();
mc.message();
```

静态函数的调用语法如下。

```
类名.方法名([实际参数列表])
```

调用静态函数例子，有一个名为 myclass 的内部类，类中定义了一个方法 message，调用代码如下。

```
myclass.message();
```

函数的返回值。函数可以返回各种形式的值，常用的格式如下。

```
static return-type function-name()
{
return return-data;
}
```

函数的参数是一种变量，用来控制随其变化而变化的其他的量。函数参数类型，如表 3-1 所示。

表 3-1　函数参数类型

参 数 类 型	说　　明
值参数	不使用任何修饰符
输入引用参数	使用 ref 修饰符声明
输出引用参数	使用 out 修饰符声明
数组型参数	使用 params 修饰符声明

3.6.1　值参数

值参数，当函数被调用时实际参数(以下简称"实参")将值传给形式参数(以下简称"形参")，函数中运行改变形参的值不会改变实参的值。因此函数的作用不会影响实参。

 案例学习：了解值参数的应用

本实验目标是了解值参数的应用。要求使用函数，值参数计算两数之和。

● 实验步骤 1：

创建一个名为"参数的应用演示"的控制台项目。

● 实验步骤 2：

在 Program.cs 文件中编写代码如下。

```
using System;
using System.Collections.Generic;
using System.Linq;
using System.Text;

namespace 参数的应用演示
{
    class Program
    {
        static void Main(string[] args)
        {
            Console.WriteLine("计算两数之和");
            Console.Write("输入第一个数：");
            int num1 = int.Parse(Console.ReadLine());
            Console.Write("输入第二个数：");
```

```
            int num2 = int.Parse(Console.ReadLine());
            fruit(num1,num2);                    //调用方法传入值参数
            Console.ReadLine();
        }
        static void fruit(int num1,int num2)//声明fruit静态的无返回值方法
        {
            Console.WriteLine(num1.ToString()+"+"+num2.ToString()
                +"="+(num1+num2).ToString());
        }
    }
}
```

按【F5】键调试、运行程序，输出结果，如图3.23所示。

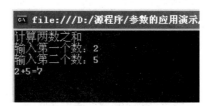

图 3.23　输出结果

3.6.2　输入引用参数

输入引用参数，引用参数并不开辟新的内存区域，对方法的数据传递是通过实际值的内存地址来传递的，所以它的改变将影响到它实际的内存地址，即影响到参数的值。

案例学习：了解输入引用参数的应用

本实验目标是了解输入引用参数的应用。要求使用函数，引用参数计算两数之和。

- 实验步骤 1：

创建一个名为"输入引用参数演示"的控制台项目。

- 实验步骤 2：

在 Program.cs 文件中编写代码如下。

```
using System;
using System.Collections.Generic;
using System.Linq;
using System.Text;

namespace 输入引用参数演示
{
    class Program
    {
        static void Main(string[] args)
        {
            Console.WriteLine("输入引用参数—计算两数之和");
            Console.Write("输入第一个数：");
```

```
            int value1 = int.Parse(Console.ReadLine());
            Console.Write("输入第二个数: ");
            int value2 = int.Parse(Console.ReadLine());
            add(ref value1,ref value2);
            Console.WriteLine("和为: {0}",value1.ToString());
            Console.ReadLine();
        }
        public static void add(ref int num1,ref int num2)
        {
            num1 = num1 + num2;
        }
    }
}
```

按【F5】键调试、运行程序，输出结果，如图 3.24 所示。

图 3.24　输出结果

3.6.3　输出引用参数

输出引用参数与输入引用参数一样也不开辟新的内存区域，但在调用方法前无需对变量进行初始化。在方法返回后，传递的变量必须被初始化。

　案例学习：了解输出引用参数的应用

本实验目标是了解输出引用参数的应用。

- 实验步骤 1：

创建一个名为"输出引用参数演示"的控制台项目。

- 实验步骤 2：

在 Program.cs 文件中编写代码如下。

```
using System;
using System.Collections.Generic;
using System.Linq;
using System.Text;

namespace 输出引用参数演示
{
    class Program
    {
        static void Main(string[] args)
        {
            Console.WriteLine("输出引用参数演示");
```

```
            int value1, value2;
            add(out value1,out value2);
            Console.WriteLine("value1={0},value2={1}",value1,value2);
            Console.ReadLine();
        }
        public static void add(out int num1, out int num2)
        {
            num1 = 100;
            num2 = 530;
        }
    }
}
```

按【F5】键调试、运行程序，输出结果，如图 3.25 所示。

图 3.25　输出结果

3.6.4　数组型参数

数组型参数，可以使用 params 关键字来定义，参数个数不定。

 案例学习：了解数组型参数的应用

本实验目标是了解数组型参数的应用。
- 实验步骤 1：

创建一个名为"数组型参数演示"的控制台项目。
- 实验步骤 2：

在 Program.cs 文件中编写代码如下。

```
using System;
using System.Collections.Generic;
using System.Linq;
using System.Text;
namespace 数组型参数演示
{
    class Program
    {
        static void Main(string[] args)
        {
            Console.WriteLine("数组型参数演示");
            int[] value = new int[7]
            {20,7,16,4,56,74,12 };          //声明初始化数组value
            int addvalue = add(value);//调用add方法传入数组参数,得到返回值
```

```
            Console.WriteLine(addvalue);
            Console.ReadLine();
        }
        public static int add(int[] num)//创建add方法
        {
            int temp = 0;
            for (int i = 0; i < num.Length; i++)
            {
                temp = temp + num[i];
            }
            return temp;
        }
    }
}
```

按【F5】键调试、运行程序，输出结果，如图 3.26 所示。

图 3.26　输出结果

3.6.5　局部变量与全局变量

变量可以通过它们的作用域的不同分为局部变量和全局变量。作用域决定了变量的可见性和生命周期。下面将对局部变量与全局变量进行详细的实例说明。

1. 局部变量

局部变量是只在特定过程或函数中可以访问的变量，是相对于全局变量而言的。

　案例学习：了解局部变量的应用

本实验目标是了解局部变量的应用。

- 实验步骤 1：

创建一个名为"局部变量的应用"的控制台项目。

- 实验步骤 2：

在 Program.cs 文件中编写代码如下。

```
using System;
using System.Collections.Generic;
using System.Linq;
using System.Text;
namespace 局部变量的应用
{
    class Program
    {
```

```
        static void Main(string[] args)
        {
            //main()函数中的局部变量
            string message = "程序语言有C#，C++,java等等";
            Console.WriteLine("main中的message:"+message);
            show();
            Console.ReadLine();
        }
        static void show()//show方法中的局部变量
        {
            string message = "C#是一门有趣的程序语言";
            Console.WriteLine("show中的message:"+message);
        }
    }
}
```

按【F5】键调试、运行程序，输出结果，如图3.27所示。

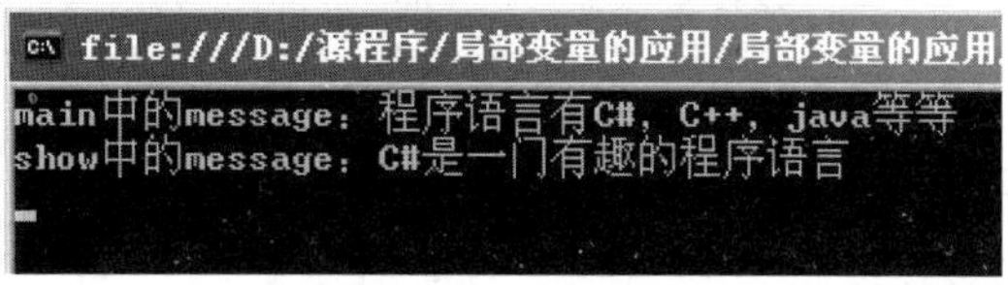

图3.27 输出结果

2. 全局变量

全局变量又称外部变量，它是在函数外部定义的变量。

 案例学习：了解全局变量的应用

本实验目标是了解全局变量的应用，要求通过设置全局变量PI，计算数圆形的面积。
- 实验步骤1：

创建一个名为"全部变量的应用演示"的控制台项目。
- 实验步骤2：

在Program.cs文件中编写代码如下。

```
using System;
using System.Collections.Generic;
using System.Linq;
using System.Text;

namespace 全部变量的应用演示
{
    class Program
    {
        public static double PI = 3.14;
        static void Main(string[] args)
        {
```

```
            int r = 6;
            double ar = PI * r * r;
            area();
            Console.WriteLine("main中的圆面积: "+ar);
            Console.WriteLine("PI的值: " + PI);
            Console.ReadLine();
        }
        static void area()
        {
            int r = 3;
            double ar = PI * r * r;
            Console.WriteLine("area中的圆面积: "+ar);
        }
    }
}
```

按【F5】键调试、运行程序，输出结果，如图 3.28 所示。

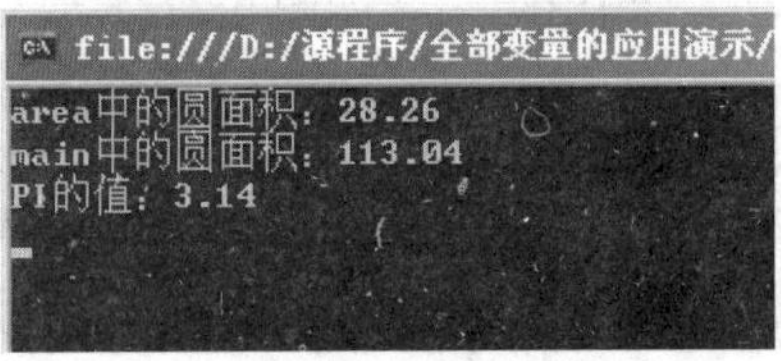

图 3.28 输出结果

3.6.6 Main()函数

Main()函数是程序的入口点，在一个程序中，程序只有从 Main()函数开始创建对象和调用方法。程序开始执行 Main()执行，Main()执行完成程序运行完毕。创建一个程序，使 Main()函数自动生成，代码如下。

```
static void Main(string[] args)
{
}
```

除了上面 Main()函数之外还有以下 3 种不同情况。

```
static void Main()
{
}
static int Main()
{
}
static int Main(string[] args)
{
}
```

返回值为 int 类型时，所返回的数值代表了程序的终止情况；返回值为 0 时，代表程序正常关闭。Main()函数中的字符数组参数 args 表示可以传入的下一命令行参数。

3.6.7 结构函数

结构函数通常用于封装一系列相关变量，如三角形的高和宽。结构函数中可以包含函数、常量、字段、属性。

结构函数的声明语法如下。

```
[结构修饰符] struct 构造名
{
变量、函数……;
}
```

简单的结构函数例子，代码段如下。

```
struct People
{
    public string name, sex;
}
```

案例学习：了解结构函数的应用

本实验目标是了解结构函数的应用，要求通过结构函数计算三角形面积。

- 实验步骤 1：

创建一个名为"结构函数的使用演示"的控制台项目。

- 实验步骤 2：

在 Program.cs 文件中编写代码如下。

```
using System;
using System.Collections.Generic;
using System.Linq;
using System.Text;
namespace 结构函数的使用演示
{
    class Program
    {
        static void Main(string[] args)
        {
            triangle tr1 = new triangle();
            triangle tr2;//实例化结构
            Console.WriteLine("使用结构函数计算三角形面积");
            Console.Write("输入三角形的高: ");
            double h = double.Parse(Console.ReadLine());
            Console.Write("输入三角形的底: ");
            double w = double.Parse(Console.ReadLine());
            tr1.Height = h;//赋值高
            tr1.Width = w;  //赋值底边长
            tr2.Height = h;
            tr2.Width = w;
```

```
            Console.WriteLine("使用new实例化，面积为：{0}",tr1.area());
            Console.WriteLine("不使用new实例化，面积为：{0}",tr2.area());
            Console.ReadLine();
        }
        public struct triangle
        {
            public double Height;
            public double Width;
            public double area()
            {
                return (Height * Width) / 2;
            }
        }
    }
}
```

按【F5】键调试、运行程序，输出结果，如图3.29所示。

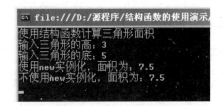

图3.29 输出结果

3.7 综合应用实例

案例学习：综合应用

本实验目标是了解综合应用，要求用到变量、数组、字符串、循环、结构、函数等技术知识。

- 实验步骤1：

创建一个名为"综合应用演示"的控制台项目。

- 实验步骤2：

在Program.cs文件中编写代码如下。

```
using System;
using System.Collections.Generic;
using System.Linq;
using System.Text;

namespace 综合使用演示
{
    class Program
    {
```

```csharp
        static string[,] fruits;
        static void Main(string[] args)
        {
            fruitslist();
            Console.WriteLine("水果列表");
            fruit r = new fruit();
            for (int i = 0; i < fruits.Length/2; i++)
            {
                r.name=fruits[i,0];
                r.color = fruits[i, 1];
                r.showfruits();
            }
            Console.ReadLine();
        }
        static void fruitslist()
        {
            Console.Write("请输入入库的水果数：");
            int num =int.Parse( Console.ReadLine());
            fruits = new string[num, 2]; //声明字符串二维数组fruits
            for (int i = 0; i < num; i++)//通过for向二维数组添加元素
            {
                Console.Write(i + 1 + "输入水果名：");
                fruits[i, 0] = Console.ReadLine();
                Console.Write("输入" + "水果颜色：");
                fruits[i, 1] = Console.ReadLine();
            }
        }
    }
    public struct fruit
    {
        public string name;
        public string color;
        public void showfruits()
        {
            Console.WriteLine("水果名：{0}，水果颜色：{1}",name,color);
        }
    }
}
```

按【F5】键调试、运行程序，输出结果，如图3.30所示。

图3.30　输出结果

本 章 小 结

- C#提供了选择语句，如 if 语句、if…else 语句、三元运算符。
- C#提供了循环语句，如 while 语句、do 语句、for 语句、foreach 语句。
- 数组是可将同一类型的多个数据元素作为单个实体存放的一种数据结构。
- 字符串是 string 类型的对象，它是由一系列的 Unicode 格式编码的字符组成的。
- 函数是由可重复执行的、有着一定功能实现的代码块组成的，它使代码变得简洁，增强了代码的可读性。
- C#中的结构可以在其内部定义方法并可包括一个构造函数。
- 在一个类里定义的方法提供针对类里的变量所运行的一些操作。

课 后 习 题

一．单项选择题。

1．下列语句中，能够跳出当前循环，进入下一个循环的是(　　)。
  A．goto　　　　B．return　　　　C．continue　　　　D．break
2．如果想要遍历一个整型数组，应该使用的语句是(　　)。
  A．foreach 语句　　　　　　　　B．for 语句
  C．while 语句　　　　　　　　　D．switch 语句
3．新建字符串变量 value，并将字符串"Let's GO"赋值给 value，则应该使用(　　)。
  A．string str = " Let's GO ";　　　　B．string str = " Let\'s GO ";
  C．string str("Let\'s GO ");　　　　D．string str("Let's GO ");

二．填空题。

1．常见的跳转语句有＿＿＿＿、＿＿＿＿、＿＿＿＿、＿＿＿＿。
2．用＿＿＿＿的方法可以进行字符串的查找。
3．数组按照维度可以分为＿＿＿＿、＿＿＿＿。

三．编程题。

某酒店有不同类别的房间。例如，普通间 100 元/天、标准间 150 元/天、商务间 200 元/天。现在请为这家酒店设计收银系统，输入房间类型，再输入入住天数，得到客人要付的住店费用。

提示：根据实际需要选择 switch 语句或 if 语句。

按【F5】键调试、运行程序，输出结果，如图 3.31 所示。

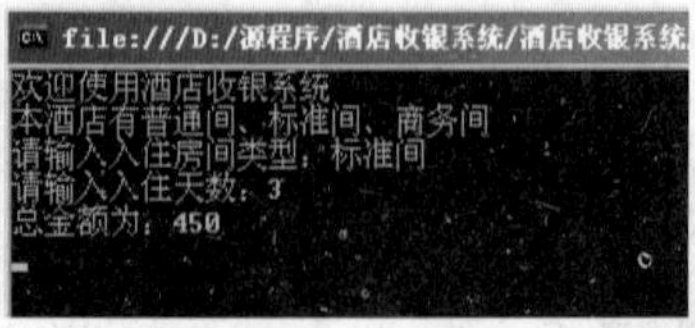

图 3.31　输出结果

第 4 章

面向对象编程基础

本章重点介绍 C#开发语言所涉及的面向对象的基本概念，类、字段、方法、属性的定义及使用。通过简单实例，让致力于学习该语言的读者开始认识C#语言的面向对象编程基础。

学习目标

(1) 熟练掌握类的定义与使用
(2) 熟练掌握类的字段
(3) 熟练掌握类的构造函数
(4) 熟练掌握类的方法的定义和使用
(5) 掌握类属性的定义和使用

4.1 面向对象

20 世纪 70 年代流行的面向过程的软件设计方法，主要强调程序的模块化和自顶向下的功能分解。随着人们对程序的各种要求逐渐增加，软件应用不再只是局限在科学研究领域等相对较小的范围，而是渗透到生活的方方面面，因此面向过程的设计方法逐渐暴露出了许多缺点，如下所示。

- 功能和数据的分离使功能和数据很难相容，也不符合现实世界的认识。
- 基于模块的设计方式，使软件的修改很困难。
- 自顶向下的设计方法，降低了开发效率，增加了开发周期，同时也使得软件维护变得困难。

为了解决这些问题，面向对象的技术应运而生。面向对象的技术将数据和对数据的操作作为整体，将现实世界问题进行简单化和抽象。它符合现实世界人们对问题的处理思维习惯，同时有助于对软件复杂性的控制，从而提高了软件开发效率，减少了开发周期。面向对象的技术已经得到了广泛应用，成为目前主流的软件开发方法之一。下面将对面向对象进行详细的介绍。

4.1.1 面向对象的基本概念

面向对象采用基于对象的概念建立模型，是模拟实际问题分析、设计、实现软件的办法。对象(Object)：具有一些属性或方法的实体，可以表示具体的事物，也可以表示抽象的事物。对象的属性表示事物的状态；对象的方法用来改变对象的状态，实现特定的功能。例如，苹果有名称、味道和颜色等状态；贾宝玉是一个人，他具有名字、体重、身高等状态，同时他也有吃饭、睡觉、说话等动作，而吃饭可以增加体重，即改变了体重这个状态。这些状态与动作就是上面所说的属性和方法。对象模拟示意如图 4.1 所示。

由于对象是现实世界中某个具体实体在程序逻辑中的映射，所以属性即变量，表示某个数据；行为即方法，表示实现某个功能。

类(Class)：具有相似属性和方法的对象抽象的集合，即一个类所包含的方法和数据描述一组对象的共同属性和行为。例如，苹果、香蕉都有名字且都是水果，因此它们可以归到水果类中。类是对象的抽象，对象是类的实例。类可以有层次结构，即类可有其派生类，也可有其他类。类模拟示意如图 4.2 所示。

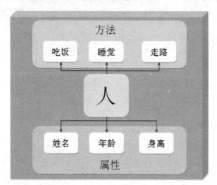
图 4.1 对象模拟示意

图 4.2 类模拟示意

可以看出，犬科相当于一个类，它包含了像狼、狐狸、狗等对象共同的特征，是那些对象的抽象。狼相当于一个对象，是犬科这个类的一个实例。

消息(message)：对象之间进行通信的结构。一个消息主要由 5 部分组成，即发送对象名、接收对象名、传递方法、消息内容、反馈。其中至少要包括发送对象名、接收对象名。

4.1.2 类与对象

类是 C#中的一种结构，是具有相同数据结构和相同操作的对象的集合，实例如下：

```
class people
{
string name;      // 成员变量
int age;
public void run()// 成员方法
{
                  // 语句块
}
}
```

C#程序中类与对象的关系：对象是类的实例，类是对象的抽象。

实例化操作如下。

```
people tom;
tom = new people();
```

这个例子用前面定义的类 people 来定义一个对象 tom，并用 new 进行实例化。

4.1.3　面向对象主要特征

面向对象具有封装性、继承性、多态性等特征，下面是对这些特征的详细介绍。

封装性：类是封装的最基本单位。封装使数据更安全，是面向对象的重要特性。面向对象的类是封装良好的模块，类定义用户可见的外部接口与用户不可见的内部实现显式地分开，即把对象的设计者和对象者的使用者分开，使用者不需要知道方法实现的细节，只需用设计者提供的消息来访问该对象，其内部实现按其具体定义的作用域提供保护。封装使数据和加工该数据的函数封装为一个整体，以实现独立性很强的模块，防止了程序因相互依赖而带来的牵一发而动全身的影响。

继承性：将现有类的所有功能，在无需重新编写原有的类的情况下对这些类的功能进行修改和扩充。继承创建的新类称为"子类"或"派生类"。被继承的类称为"基类"或"父类"。例如，B 类继承了 A 类，而 C 类又继承了 B 类，则可以说，C 类在继承了 B 类的同时，也继承了 A 类，C 类中的对象可以实现 A 类中的方法，体现了继承具有传递性和单根性。类的对象是各自封闭的，如果没继承性机制，则类对象中数据、方法就会出现大量重复。继承支持系统的可重用性，从而达到减少代码量的作用，而且还促进系统的可扩充性。一个类只能够同时继承另外一个类，而不能同时继承多个类，通常所说的多继承是指一个类在继承基类的同时，实现其他接口。

多态性：同一操作作用于不同的类的实例对象，不同的类将进行不同的解释，最后产生不同的执行结果，这种现象称为多态性。利用多态性，用户可发送一个通用的信息，而将所有的实现细节都留给接受消息的对象自行决定。多态性的实现受到继承性的支持，利用类继承的层次关系，把具有通用功能的协议存放在类层次中尽可能高的层次，而将实现这一功能的不同方法置于较低层次，这样，在这些低层次上生成的对象就能给通用消息以不同的响应。在面向对象程序设计(Object-oriented Programming Language，OOPL)中可通过在派生类中定义重载函数或虚函数来实现多态性。

由以上对面向对象主要特征的详细介绍，了解到面向对象开发方法(Object Oriented，OO)中，对象和传递消息分别表现事物及事物间相互联系的概念。类和继承是适应人们一般思维方式的描述范式。方法是允许作用于该类对象上的各种操作。对象的封装性和类的继承性是这种对象、类、消息和方法的程序设计模式的基础。通过封装能将对象的定义和对象的实现分开，通过继承能体现类与类之间的关系，以及由此带来的动态联编和实体的多态性，从而构成了面向对象的基本特征。

4.2　类

类实际上是对某种类型的对象定义变量和方法的原型。类是一种数据结构，这种数据结构可以包含数据成员、函数成员等类型。其中数据成员类型有常量和事件；函数成员类型有方法、属性和索引器等。

定义类的语法如下。

```
[修饰符] class 类名 [:基类]
{
……
}
```

类声明中的修饰符，如表 4-1 所示。

表 4-1 类声明中的修饰符

修 饰 符	说　　明
interal(默认)	在同一个程序集中可以访问
public	任何地方都可以访问
abstract(抽象类)	不能实例化
sealed(密封类)	不能被继承
static(静态)	不能实例化、继承
new	new 修饰符适用于嵌套类
Private	访问范围限定于它所在的类型

类声明中的修饰符除了访问修饰符外还有其他的修饰符。类的成员，如表 4-2 所示。

表 4-2 类的成员

类　成　员		说　　明
数据成员	数量	常量值
	字段	变量
函数成员	方法	类中的函数，实现特定的功能
	属性	对类的字段提供安全访问
	事件	发生其关注的事情时用来提供通知的方式
	索引器	类的实例按照与数组相同的方式进行索引
	运算符	定义类所特有的运算
	构造函数和析构函数	对类的实例进行初始化和销毁

4.2.1 字段

字段是在类或结构中声明的任何类型的变量。
字段的声明语法如下。

```
[修饰符] 数据类型 字段名
```

字段声明例子：定义了一个类 fruits，在 fruits 中定义了 3 个成员变量：字符串类型的 name、color 和整型的 num，代码段如下。

```
class fruits//创建一个类名为fruits
{
    public string name;
```

```
        public string color;
        public int num;
}
```

将这 3 个成员变量称为字段。对于字段的访问，需要通过实例化对象，然后在使用成员操作符"."来访问。

成员修饰符语法如下。

对象.字段

使用例子，代码段如下。

```
fruits fruit = new fruits();//实例化fruits类的对象fruit
fruit.name = "apple";//使用"对象.字段名"来访问字段,为字段赋值
```

字段的类型可以是 C#中任何数据类型。前面提到的访问修饰符对字段都适用，默认为 private。

一个程序中类 A 中的字段是否可以被类 B 中的代码使用，需要看字段的访问修饰符是哪个。具体能否访问，如图 4.3 所示。

图 4.3　访问修饰符控制示意

类 B 中的代码不能随意访问类 A 中访问修饰符为 private 和 protected 的字段，但可以访问修饰符为 public 和 internal 的字段。不过有两个特例。①如果类 B 派生于类 A，类 A 中的 protected 修饰符的字段可以被类 B 中的代码访问。②如果类 A 与类 B 不在同一个程序集中，类 A 中的 internal 修饰符的字段不能被类 B 中的代码访问。所以，对字段及其他类成员的访问修饰符的总结如表 4-3 所示。

表 4-3　对字段及其他类成员的访问修饰符

修饰符	说明
public	都可以访问
internal	当前程序集可以访问
private	只有所属类的成员访问
protected internal	访问限于此程序或类派生的类型
protected	所属类或派生自所属类的类型可以访问

案例学习：了解字段的应用

本实验目标是了解字段的应用。

- 实验步骤1：

创建一个名为"字段的应用演示"的控制台项目。

- 实验步骤2：

在 Program.cs 文件中编写代码如下。

```csharp
using System;
using System.Collections.Generic;
using System.Linq;
using System.Text;

namespace 字段的应用演示
{
    class Program
    {
        static void Main(string[] args)
        {
            Console.WriteLine("字段的使用演示——水果信息的显示");
            fruits fruit = new fruits();//实例化fruits类的对象fruit
            fruit.name = "apple";        //使用"对象.字段名"来访问字段,为字段赋值
            fruit.color = "red";
            fruit.num = 280;
            Console.WriteLine("水果名字：{0},水果颜色:{1},水果数量:{2}",
                fruit.name,fruit.color,fruit.num);
            Console.ReadLine();
        }
    }
    class fruits                          //创建一个类名为fruits
    {
        public string name;
        public string color;
        public int num;
    }
}
```

按【F5】键调试、运行程序，输出结果，如图4.4所示。

图4.4 输出结果

字段可以分为静态字段和非静态字段。在一个类中可以有静态字段或者非静态字段，也可以同时拥有这两种字段。以下将对静态字段和非静态字段进行实例使用说明，同时演示对字段进行初始化。

1. 静态字段

在修饰符中使用 static 修饰符，说明它是静态字段，其语法如下。

[修饰符] static 数据类型 字段名

静态字段声明例子：定义了一个类 fruits，在 fruits 中使用了 static 修饰符定义了 3 个成员变量：字符串类型的 name、color 和整型的 num，代码段如下。

```
class fruits
{
public static string name;//使用static修饰符,声明静态字段
public static string color;
public static int num;
}
```

只能通过类来访问，而不能通过对象实例来访问。

静态字段调用语法如下。

类名.字段名

使用例子，代码段如下。

```
fruits.name = "apple";
fruits.color = "red";
fruits.num = 280;
fruits.name = "banana";
fruits.color = "yellow";
fruits.num = fruits.num+100;//静态字段的访问
```

案例学习：了解静态字段的应用

本实验目标是了解静态字段的应用。

- 实验步骤 1：

创建一个名为"静态字段的使用演示"的控制台项目。

- 实验步骤 2：

在 Program.cs 文件中编写代码如下。

```
using System;
using System.Collections.Generic;
using System.Linq;
using System.Text;

namespace 静态字段的使用演示
{
    class Program
    {
        static void Main(string[] args)
```

```
        {
            Console.WriteLine("静态字段的使用——水果信息显示");
            fruits.name = "apple";
            fruits.color = "red";
            fruits.num = 280;
            Console.WriteLine("水果名称:{0},水果颜色:{1},水果数量:{2}",
                fruits.name,fruits.color,fruits.num);
            fruits.name = "banana";
            fruits.color = "yellow";
            fruits.num = fruits.num+100;//静态字段的访问
            Console.WriteLine("水果名称:{0},水果颜色:{1},水果数量:{2}",
                fruits.name, fruits.color, fruits.num);
            Console.ReadLine();
        }
    }
    class fruits
    {
        public static string name;         //使用static修饰符,声明静态字段
        public static string color;
        public static int num;
    }
}
```

按【F5】键调试、运行程序，输出结果，如图4.5所示。

图4.5 输出结果

2. 非静态字段

静态字段与非静态字段的区别：静态字段使用static修饰符，非静态字段不使用；静态字段属于类，是类的所有对象所共用的，非静态字段(实例字段)属于对象，是某个特定对象专用的；静态字段通过类名调用，非静态字段通过对象名调用。

非静态字段声明例子：定义了一个类fruits，在fruits中定义了3个成员变量：字符串类型的name、color，使用了static修饰符和整型的num，不使用static修饰符，代码段如下。

```
class fruits
{
public static string name;
public static string color;
public int num;
}
```

静态字段通过类名来访问。非静态字段通过对象实例来访问，代码段如下。

```
fruits f1=new fruits();
fruits.name = "apple";
fruits.color = "red";
f1.num = 570;
```

 案例学习：了解非静态字段的应用

本实验目标是了解非静态字段的应用。
- 实验步骤 1：

创建一个名为"非静态字段的使用演示"的控制台项目。
- 实验步骤 2：

在 Program.cs 文件中编写代码如下。

```
using System;
using System.Collections.Generic;
using System.Linq;
using System.Text;
namespace 非静态字段的使用演示
{
    class Program
    {
        static void Main(string[] args)
        {
            fruits f1 = new fruits();
            fruits f2 = new fruits();
            Console.WriteLine("非静态字段的使用——水果信息显示");
            fruits.name = "apple";
            fruits.color = "red";
            f1.num = 570;
            Console.WriteLine("水果名称:{0},水果颜色:{1},水果数量:{2}",
                fruits.name, fruits.color, f1.num);
            fruits.name = "banana";
            fruits.color = "yellow";
            f2.num = f2.num + 100;
            Console.WriteLine("水果名称:{0},水果颜色:{1},水果数量:{2}",
                fruits.name, fruits.color, f2.num);
            Console.ReadLine();
        }
    }
    class fruits
    {
        public static string name;
        public static string color;
        public int num;
    }
}
```

按【F5】键调试、运行程序，输出结果，如图 4.6 所示。

图 4.6　输出结果

3．字段的初始化

字段的初始化，无论是静态字段还是非静态字段的初始值都是字段的类型的默认值。因此不会出现未初始化的字段。

字段例子：定义了一个类 student，在 student 中定义了 3 个成员变量：整型变量的 int、字符串变量 name，使用了 static 修饰符和整型的 count，不使用 static 修饰符，代码段如下。

```
public class student
  {
      public static int id;
      public string name;
      public int count;
  }
```

字段在使用前被初始化，代码段如下。

```
student.id = 10;
Console.WriteLine("学生ID:{0}\n", student.id);
student s1 = new student();
s1. count = 140;
Console.WriteLine("学生人数:{0}\n", s1.count);
```

案例学习：了解字段初始化的应用

本实验目标是了解字段初始化的应用。

● 实验步骤 1：

创建一个名为"字段的初始化演示"的控制台项目。

● 实验步骤 2：

在 Program.cs 文件中编写代码如下。

```
using System;
using System.Collections.Generic;
using System.Linq;
using System.Text;

namespace 字段的初始化演示
{
    class Program
    {
        static void Main(string[] args)
        {
```

```
            Console.WriteLine("字段的初始化——显示学生ID和学生人数");
            student.id = 30;
            Console.WriteLine("学生ID:{0}", student.id);
            student student1 = new student();
            student1.count = 140;
            Console.WriteLine("学生人数:{0}", student1.count);
            Console.ReadLine();
        }
    }
    public class student
    {
        public static int id;
        public string name;
        public int count;
    }
}
```

按【F5】键调试、运行程序，输出结果，如图 4.7 所示。

图 4.7　输出结果

4.2.2　构造函数

C#构造函数是在创建给定类型的对象时执行的类方法，即每次创建类的实例时都有调用。通常初始化新对象的数据成员。

构造函数相关特点如下。

- 构造函数名必须和类名相同。
- 构造函数无返回值类型，参数可选。
- 对类实例化时，构造函数自动调用，构造函数不能显式调用。
- 构造函数可以重载。
- 非静态类中未定义构造函数，声明类对象时系统自动生成默认构造函数，构造函数的函数体为空。
- 用()：base()方法引用基类构造。
- 使用()：this(int para)引用自身重载的构造。

1．默认构造函数

默认构造函数是类在实例化成对象的时候进行初始化的函数,实例化时系统自动调用。构造函数语法如下。

```
[访问修饰符] <类名> ()
{
//构造函数体
}
```

构造函数声明例子如下。

```
class fruits
{
    public string name;
    public fruits()//创建构造函数fruits
    {
        name = "apple";
    }
}
```

默认构造函数的相关特点如下。

- 规则：类至少要有一个构造函数。编译器通过强制添加默认构造函数来保证类至少要有一个构造函数。
- 默认构造函数的特点：无参；调用基类的无参构造函数。
- 使用默认构造函数的条件：没有为类编写构造函数；基类中存在无参的构造函数。

案例学习：了解默认构造函数的应用

本实验目标是了解默认构造函数的应用。

- 实验步骤1：

创建一个名为"构造函数的使用演示"的控制台项目。

- 实验步骤2：

在Program.cs 文件中编写代码如下。

```
using System;
using System.Collections.Generic;
using System.Linq;
using System.Text;

namespace 构造函数的使用演示
{
    class Program
    {
        static void Main(string[] args)
        {
            fruits apple = new fruits();
            Console.WriteLine("构造函数的使用——水果信息");
            Console.WriteLine("水果名称：{0} 水果颜色：{1} 水果数量：{2}",
                apple.name,apple.color,apple.num);
            Console.ReadLine();
```

```
        }
    }
    class fruits
    {
        public string name,color;
        public int num;
        public fruits()//创建构造函数fruits
        {
            name = "apple";
            color = "red";
            num = 100;
        }
    }
}
```

按【F5】键调试、运行程序,输出结果,如图 4.8 所示。

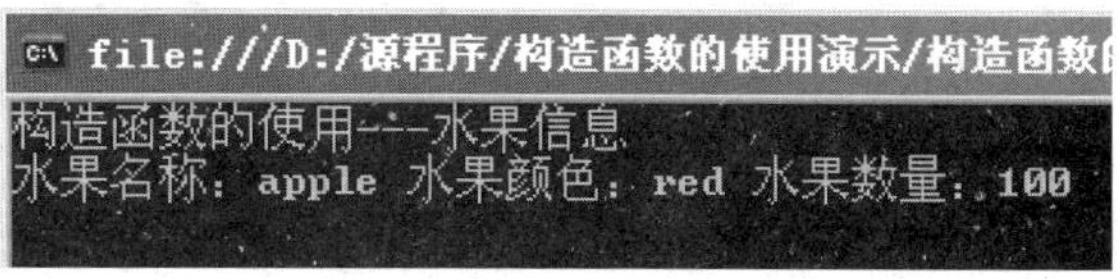

图 4.8 输出结果

2. 参数化构造函数

参数化构造函数语法如下。

```
[访问修饰符]  <类名> ( [参数类型 参数名1,参数类型 参数名2,……] )
{
//构造函数体
}
```

构造函数声明例子:定义了一个类 fruits,在 fruits 中定义了一个成员变量,即字符串变量 name,创建了一个带参的构造函数,代码段如下。

```
class fruits
    {
        public string name;
        public fruits(string _name)//创建构造函数fruits
        {
            name = _name;
        }
    }
```

参数化构造函数与默认构造函数一样,是类在实例化成对象的时候进行初始化的函数;区别是要为函数提供对应的实参,代码段如下。

```
fruits banana = new fruits("banana");
```

案例学习：了解参数化构造函数的应用

本实验目标是了解参数化构造函数的应用。

- 实验步骤1：

创建一个名为"带参的构造函数使用演示"的控制台项目。

- 实验步骤2：

在 Program.cs 文件中编写代码如下。

```csharp
using System;
using System.Collections.Generic;
using System.Linq;
using System.Text;

namespace 带参的构造函数使用演示
{
    class Program
    {
        static void Main(string[] args)
        {
            Console.WriteLine("带参的构造函数使用——香蕉信息");
            // 调用参数化构造函数
            fruits banana = new fruits("banana", "yellow", 112);
            Console.WriteLine("水果名称：{0} 水果颜色：{1} 水果数量：{2}",
                banana.name, banana.color, banana.num);
            Console.ReadLine();
        }
    }
    class fruits
    {
        public string name, color;
        public int num;
        // 参数化构造函数
        public fruits(string na, string co, int nu)
        {
            name = na;
            color = co;
            num = nu;
        }
    }
}
```

按【F5】键调试、运行程序，输出结果，如图 4.9 所示。

图 4.9　输出结果

4.2.3 构造函数的重载

构造函数的重载是指在同一个类中有两个或者多个构造函数,每个构造函数的参数都不相同。编译器自动判断调用哪个构造函数。调用关系如图 4.10 所示。

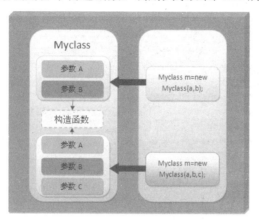

图 4.10 调用关系

 案例学习:了解构造函数的重载的应用

本实验目标是了解构造函数的应用。
- 实验步骤 1:

创建一个名为"构造函数的重载演示"的控制台项目。
- 实验步骤 2:

在 Program.cs 文件中编写代码如下。

```
using System;
using System.Collections.Generic;
using System.Linq;
using System.Text;

namespace 构造函数的重载演示
{
    class Program
    {
        static void Main(string[] args)
        {
            Console.WriteLine("构造函数的重载——水果信息");
            fruits apple = new fruits();
            apple.name = "apple";
            apple.color = "red";
            apple.num = 123;
            Console.WriteLine("水果名称:{0} 水果颜色:{1} 水果数量:{2}",
                apple.name, apple.color, apple.num);
            fruits banana = new fruits("banana");
            banana.color = "yellow";
            banana.num = 234;
```

```
            Console.WriteLine("水果名称:{0} 水果颜色:{1} 水果数量:{2}",
                banana.name, banana.color, banana.num);
            fruits watermelon = new fruits("watermelon","green");
            watermelon.num = 245;
            Console.WriteLine("水果名称:{0} 水果颜色:{1} 水果数量:{2}",
                watermelon.name, watermelon.color, watermelon.num);
            fruits peach = new fruits("peach", "red", 345);
            Console.WriteLine("水果名称:{0} 水果颜色:{1} 水果数量:{2}",
                peach.name,peach .color,peach.num);
            Console.ReadLine();
        }
    }
    class fruits
    {
        public string name,color;
        public int num;
        public fruits()
        { }
        public fruits(string _name)
        {
            name = _name;
        }
        public fruits(string _name, string _color)//重载构造函数
        {
            name = _name;
            color = _color;
        }
        public fruits(string _name, string _color, int _num)
        {
            name = _name;
            color = _color;
            num = _num;
        }
    }
}
```

按【F5】键调试、运行程序，输出结果，如图 4.11 所示。

图 4.11　输出结果

4.2.4　析构函数

析构函数和构造函数作用正好相反，构造函数进行初始化；析构函数进行对象的清除工作。它们都由编译器自动完成。

析构函数语法如下。

```
~ <类名> ( )
{
    // 析构函数体
}
```

例如，前面提到的 fruits 类，它的析构函数代码段如下。

```
…
~ fruits ()
{
    //清除操作
}
…
```

析构函数的相关特点如下。
- 只能在类创建析构函数。
- 一个类只能有一个析构函数。
- 析构函数无法进行继承或重载。
- 不能显式的调用析构函数，只能自动调用。
- 析构函数不能有修饰符或者参数。

4.3 方 法

方法是由一系列语句块组成的，它实现某种特定的功能。在 C#中任何一条语句都是在方法的上下文中完成的。可以通过一个模拟例子理解，如图 4.12 所示。

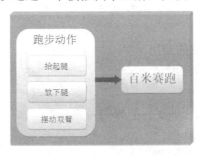

图 4.12　方法描述对象行为的示意

可以看出，跑步动作相当于一个方法，方法中有 3 个操作。调用这个方法完成了百米赛跑。

声明方法的语法如下。

```
[访问修饰符] 返回类型 <方法名>([参数列表])
{
// 方法主体
}
```

方法声明例子如下。

```
public void Mymethod()
{
    Console.WriteLine("法的声明！";
}
```

方法有以下注意点。
- 访问修饰符(可选)默认情况下为 private。
- 返回值类型可以是 void 或者其他数据类型。
- 需要使用 return 语句返回值。
- 可有参数，也可无参数。
- 方法名首字母只能为字母或者下划线。

方法的参数。在前面的学习中介绍过很多参数方面的实例，同样在方法中的参数也分为形参和实参。方法定义时设置形参，方法调用时使用的是实参。下面是形参和实参的 4 个类型，如表 4-4 所示。

表 4-4　形参和实参的 4 个类型

方　　法	说　　明
值参数	形参是实参的一份副本，形参的改变不影响实参
引用型参数 ref	形参是实参的地址，形参的改变将影响实参
输出参数 out	与引用型参数类似，但实参不需初始化
数组型参数 params	参数个数可以不确定

对于引用类型的值参数，形参是实参的内存地址的副本，形参的内存地址改变不影响实参地址。如果形参与实参的地址都指向同一个内容，任何一个变化，另一个也会同时发生变化。

 案例学习：了解方法的应用

本实验目标是了解方法的应用。
- 实验步骤 1：

创建一个名为"方法的使用演示"的控制台项目。
- 实验步骤 2：

在 Program.cs 文件中编写代码如下。

```
using System;
using System.Collections.Generic;
using System.Linq;
using System.Text;

namespace 方法的使用演示
{
    class Program
    {
        static void Main(string[] args)
```

```
        {
            message n = new message();
            n._message();
            Console.ReadLine();
        }
    }
    public class message
    {
        public void _message()
        {
            Console.WriteLine("方法的声明和调用");
        }
    }
}
```

按【F5】键调试、运行程序，输出结果，如图 4.13 所示。

图 4.13　输出结果

方法可以分为静态方法和实例方法。在方法的声明中使用 static 修饰符，那么该方法是静态方法；如果在方法的声明中没有使用 static 修饰符，那么该方法就是实例方法。以下对静态方法和实例方法进行详细的介绍。

4.3.1　静态方法与实例方法

1. 静态方法

静态方法与类相关联，调用静态方法时使用类名调用。定义静态方法时需要使用 static 修饰符。

声明静态方法的语法如下。

```
[修饰符] static 返回类型 <方法名>([参数列表])
{
// 方法主体
}
```

方法声明例子如下。

```
public static void Mymethod()
{
    Console.WriteLine("方法的声明！");
}
```

对于静态方法的调用，采用"类名.方法名"的方式。

```
Mymethod.met();
```

 案例学习：了解静态方法的应用

本实验目标是了解静态方法的应用。
- 实验步骤1：

创建一个名为"静态方法的使用演示"的控制台项目。
- 实验步骤2：

在 Program.cs 文件中编写代码如下。

```
using System;
using System.Collections.Generic;
using System.Linq;
using System.Text;

namespace 静态方法的使用演示
{
    class Program
    {
        static void Main(string[] args)
        {
            Console.WriteLine("水果超市收银系统");
            Console.WriteLine("苹果 编号:1 单机:2元;");
            Console.WriteLine("桃子 编号:2 单机:3元;");
            Console.WriteLine("西瓜 编号:3 单机:1元;");
            Console.WriteLine("樱桃 编号:4 单机:5元;");
            Console.Write("请输入水果编号:");
            int num = int.Parse(Console.ReadLine());
            Console.Write("请输入购买数量:");
            int qua = int.Parse(Console.ReadLine());
            myclass.total(num,qua);
            Console.ReadLine();
        }
    }
    class myclass
    {
        public static void total(int num,int qua)
        {
            int _total = 0;
            switch (num)
            {
                case 1:
                    _total = 2 * qua;
                    break;
                case 2:
                    _total = 3 * qua;
                    break;
```

```
            case 3:
                _total = 1 * qua;
                break;
            case 4:
                _total = 5 * qua;
                break;
            default:
                break;
        }
        Console.WriteLine("总额为:{0}",_total);
    }
  }
}
```

按【F5】键调试、运行程序，输出结果，如图 4.14 所示。

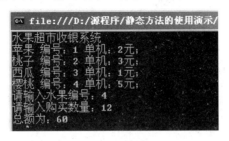

图 4.14　输出结果

2．实例方法

实例方法对类的一个给定实例进行操作，即通过对象名进行调用。声明实例方法时不使用 static 修饰符。对于实例方法的调用，采用"对象名．方法名"的方式。例子如下：有一个 Mymethod 的类，类中有个 met 的方法。代码段如下。

```
Mymethod method=new Mymethod();
method.met();
```

 案例学习：了解实例方法的应用

本实验目标是了解实例方法的应用。

- 实验步骤 1：

创建一个名为"实例方法使用演示"的控制台项目。

- 实验步骤 2：

在 Program.cs 文件中编写代码如下。

```
using System;
using System.Collections.Generic;
using System.Linq;
using System.Text;

namespace 实例方法使用演示
```

```csharp
{
    class Program
    {
        static void Main(string[] args)
        {
            Console.WriteLine("实例方法使用——水果超市收银系统");
            Console.WriteLine("苹果 编号:1 单机:2元；");
            Console.WriteLine("桃子 编号:2 单机:3元；");
            Console.WriteLine("西瓜 编号:3 单机:1元；");
            Console.WriteLine("樱桃 编号:4 单机:5元；");
            Console.Write("请输入水果编号：");
            int num = int.Parse(Console.ReadLine());
            Console.Write("请输入购买数量：");
            int qua = int.Parse(Console.ReadLine());
            myclass mc = new myclass();//实例化对象mc
            mc.total(num, qua);        //通过对象调用方法
            Console.ReadLine();
        }
    }
    class myclass
    {
        public void total(int num, int qua)
        {
            int _total = 0;
            switch (num)
            {
                case 1:
                    _total = 2 * qua;
                    break;
                case 2:
                    _total = 3 * qua;
                    break;
                case 3:
                    _total = 1 * qua;
                    break;
                case 4:
                    _total = 5 * qua;
                    break;
                default:
                    break;
            }
            Console.WriteLine("总额为：{0}", _total);
        }
    }
}
```

按【F5】键调试、运行程序，输出结果，如图4.15所示。

图 4.15 输出结果

静态方法与实例方法注意事项如下。
- 静态方法的定义用 static 关键字。
- 方法的调用格式：类名．静态方法；对象名．实例方法；静态方法中不能使用实例成员。
- 静态方法属于类所有，实例方法属于类定义的对象所有。
- 实例方法可以访问类中包括静态成员在内的所有成员；而静态方法只能访问类中的静态成员。

4.3.2 方法的重载

方法重载是指一个类中定义多个具有相同方法名的方法，但是每个方法都有不同的参数列表，如参数的个数不同、参数的类型不同、参数的排列顺序不同。因此方法重载需要满足以下 3 点：在同一个类中，方法名相同，参数列表不同。为了更好地理解方法重载，下面通过生活例子来模拟方法重载，如图 4.16 所示。

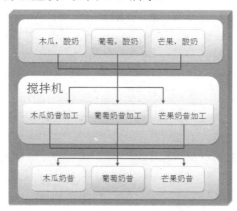

图 4.16 方法重载实现处理不同数据类型的示意

可以看到搅拌机相当于方法名，当调用搅拌机方法传入不同的参数时，编译器自动判断调用那个方法。

对于图 4.16，程序编写应该具有对不同数据执行相似的功能。模拟代码段如下。

```
public 奶昔 搅拌机(木瓜，酸奶)
{
    return 木瓜奶昔;
}
public 奶昔 搅拌机(葡萄，酸奶)
{
```

```
        return 葡萄奶昔;
}
```

 案例学习：了解方法的重载一

本实验目标是了解不同数量的参数方法重载的应用。
- 实验步骤1：

创建一个名为"不同数量的参数方法重载演示"的控制台项目。
- 实验步骤2：

在Program.cs文件中编写代码如下。

```
using System;
using System.Collections.Generic;
using System.Linq;
using System.Text;
namespace 不同数量的参数方法重载演示
{
    class Program
    {
        static void Main(string[] args)
        {
            Console.WriteLine("不同数量的参数方法重载——二元三元四元加法运算");
            Console.WriteLine("二元加法运算");
            Console.Write("输入第一个数:");
            int v1 = int.Parse(Console.ReadLine());
            Console.Write("输入第二个数:");
            int v2 = int.Parse(Console.ReadLine());
            con c = new con();
            c.con1(v1, v2);            //调用方法
            Console.WriteLine("三元加法运算");
            Console.Write("输入第一个数:");
            v1 = int.Parse(Console.ReadLine());
            Console.Write("输入第二个数:");
            v2 = int.Parse(Console.ReadLine());
            Console.Write("输入第三个数:");
            int v3 = int.Parse(Console.ReadLine());
            c.con1(v1, v2, v3);        //调用方法
            Console.WriteLine("四元加法运算");
            Console.Write("输入第一个数:");
            v1 = int.Parse(Console.ReadLine());
            Console.Write("输入第二个数:");
            v2 = int.Parse(Console.ReadLine());
            Console.Write("输入第三个数:");
            v3 = int.Parse(Console.ReadLine());
            Console.Write("输入第三个数:");
            int v4 = int.Parse(Console.ReadLine());
```

```
            c.con1(v1, v2, v3,v4);//调用方法
            Console.ReadLine();
        }
    }
    class con
    {
        public void con1(int value1, int value2)
        {
            Console.WriteLine(value1+"+"+value2+"={0}",value2+value1);
        }
        public void con1(int value1, int value2,int value3)    //重载con1方法
        {
            Console.WriteLine(value1 + "+" + value2
+"+"+value3+"={0}",value3+value2 + value1);
        }
        public void con1(int value1, int value2, int value3,int value4)
//重载con1方法
        {
            Console.WriteLine(value1 + "+" + value2 + "+" + value3
+"+"+value4+"={0}",value3 + value2 + value1+value4);
        }
    }
}
```

按【F5】键调试、运行程序，输出结果，如图 4.17 所示。

图 4.17　输出结果

案例学习：了解方法的重载二

本实验目标是了解不同类型参数的方法重载的应用。

- 实验步骤 1：

创建一个名为"不同类型参数的方法重载演示"的控制台项目。

- 实验步骤 2：

在 Program.cs 文件中编写代码如下。

```
using System;
using System.Collections.Generic;
using System.Linq;
```

```
using System.Text;
namespace 不同类型参数的方法重载演示
{
    class Program
    {
        static void Main(string[] args)
        {
            Console.WriteLine("不同类型参数的方法重载——整型数加法、双精度浮点数加法");
            Console.WriteLine("整型数加法");
            Console.Write("输入第一个整型数:");
            int v1 = int.Parse(Console.ReadLine());
            Console.Write("输入第二个整型数:");
            int v2 = int.Parse(Console.ReadLine());
            con c = new con();
            c.con1(v1, v2);//调用方法
            Console.WriteLine("双精度浮点数加法");
            Console.Write("输入第一个浮点数:");
            double v3 = double.Parse(Console.ReadLine());
            Console.Write("输入第二个浮点数:");
            double v4 = double.Parse(Console.ReadLine());
            c.con1(v3, v4);//调用方法
            Console.ReadLine();
        }
    }
    class con
    {
        public void con1(int value1, int value2)
        {
            Console.WriteLine(value1+"+"+value2+"={0}",value2+value1);
        }
        public void con1(double value1, double value2)//重载con1方法
        {
            Console.WriteLine(value1 + "+" + value2 + "={0}", value2 + value1);
        }
    }
}
```

按【F5】键调试、运行程序，输出结果，如图4.18所示。

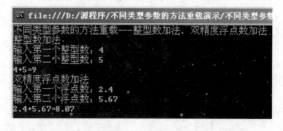

图4.18　输出结果

小知识

方法签名

方法签名由方法名称和一个参数列表(方法的参数的顺序和类型)组成。

方法签名应该如下所示，相应的可变参数分别使用 String 和 Exception 声明：

Log.log (String message,Exception e,Object... objects) {...}

public void A (int p1,int p2){}和 public void B (int q1,int q2){}的签名相同,而 public int C (int m1,int m2){}则和方法 A 签名不同,因为 C 的返回值为 int。

方法重载的注意事项如下。
- 方法重载中，方法名相同；参数类型、顺序或个数不同。
- 仅是函数返回值类型不同，并不是方法重载。
- 由方法的名称和它的形参表组成。
- 形参按从左到右的顺序比较类型、种类和个数。

4.3.3 方法的重写

方法重写(又称方法覆盖)是将基类在派生类中进行重新编写。即派生类中的方法与基类中的方法具有相同的方法名、返回类型和参数表的方法，通过新方法将旧方法重新编写。

方法重写的注意点事项：对基类同名方法，用关键字 virtual 修饰，即虚方法；对派生类同名方法，用关键字 override 修饰。

案例学习：了解方法重写的应用

本实验目标是了解方法重写的应用。
- 实验步骤 1：

创建一个名为"方法重写演示"的控制台项目。
- 实验步骤 2：

在 Program.cs 文件中编写代码如下。

```
using System;
using System.Collections.Generic;
using System.Linq;
using System.Text;
namespace 方法重写演示
{
    class Program
    {
        static void Main(string[] args)
        {
            Console.WriteLine("方法重写——咖啡列表");
            Coffee coffee = new Coffee();
            coffee._coffee();
```

```csharp
            Coffee klcoffee = new kl();
            klcoffee._coffee();

            bm bmcoffee =new bm();
            bmcoffee._coffee();

            m mcoffee = new m();
            mcoffee._coffee();
            Console.ReadLine();
        }
    }
    class Coffee
    {
        public virtual void _coffee()
        {
            Console.WriteLine("咖啡");
        }
    }
    class kl: Coffee
    {
        public override void _coffee()
        {
            Console.WriteLine("麝香猫咖啡");
        }
    }
    class bm: Coffee
    {
        public override void _coffee()
        {
            Console.WriteLine("蓝山咖啡");
        }
    }
    class m: Coffee
    {
        public override void _coffee()
        {
            Console.WriteLine("摩卡咖啡");
        }
    }
}
```

按【F5】键调试、运行程序，输出结果，如图 4.19 所示。

图 4.19 输出结果

在"方法重写演示"控制台项目中，类 Coffee 是基类，里面定义了一个方法_coffee，使用了 virtual 修饰符。在派生类 kl、bm 和 m 中继承了 Coffee，在派生类同样定义了_coffee 方法，它们与基类中的方法_coffee 在参数个数、数据类型及方法的返回类型等方面一致，使用 override 修饰符覆盖基类的方法，让基类的方法以派生类的内容实现。

4.4 属　　性

从前面的学习中，可以知道要对类中的变量进行访问，将类定义为公有的，且将变量使用 public 修饰符设置为共有的。这样一来就可以对变量进行任何操作，但是这样的公开将会带来很多安全上的问题。如何在保护数据的安全前提下又能很好的访问数据呢？

属性通过访问器(Accessors)进行数据访问，而不直接读取和写入。属性本身不存储任何的实值，它是字段的扩展，以此来提供对类中字段的保护，充分体现了面向对象的封装性。

访问器可以根据程序逻辑在读、写字段时进行适当的检查。

属性的声明语法如下。

```
[访问修饰符] 数据类型 属性名
{
get{ };//get访问器,读取数据
set{ };//set访问器,写入数据
}
```

属性声明例子，代码段如下。

```
class People
{
    private string name;
    public string Name
    {
    get {return name;}
    set {name = value;}
    }
}
```

对于只读、只写属性可以通过 get 和 set 访问器来控制：get 访问器用来 return 与属性类型一致的值；set 访问器用来设置与属性类型相同的隐式参数 value。

案例学习：了解属性的应用

本实验目标是了解属性的用法。
- 实验步骤 1：

创建一个名为"属性的使用演示"的控制台项目。
- 实验步骤 2：

在 Program.cs 文件中编写代码如下。

```csharp
using System;
using System.Collections.Generic;
using System.Linq;
using System.Text;

namespace 属性的使用演示
{
    class Program
    {
        static void Main(string[] args)
        {
            Console.WriteLine("属性的使用——学生信息");
            student stud = new student();
            stud.Name = "Tom";
            stud.Age = 18;
            stud.Id = "A2011080501";
            Console.WriteLine("学生姓名：{0} 学生年龄：{1} 学生编号：{2}",
                stud.Name,stud.Age,stud.Id);
            stud.Name = "Bob";
            stud.Age = 19;
            stud.Id = "A2011080502";
            Console.WriteLine("学生姓名：{0} 学生年龄：{1} 学生编号：{2}",
                stud.Name, stud.Age, stud.Id);
            Console.ReadLine();
        }
    }
    class student
    {
        private string name = "";
        private int age = 0;
        private string id = "";
        public string Name
        {
            get
            {
                return name;
            }
            set
            {
                name = value;
            }
        }
        public int Age
        {
            get
            {
                return age;
```

```
            }
            set
            {
                age = value;
            }
        }
        public string Id
        {
            get
            {
                return id;
            }
            set
            {
                id = value;
            }
        }
    }
}
```

按【F5】键调试、运行程序,输出结果,如图 4.20 所示。

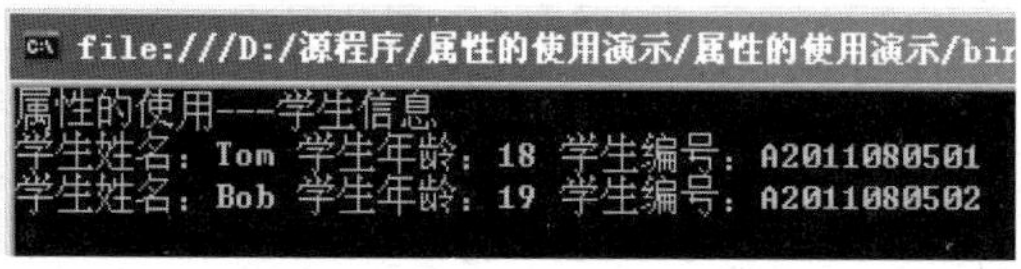

图 4.20 输出结果

4.5 命 名 空 间

通常编写一个软件项目会包含成百上千个类,如果出现了两个类同名那该怎么办?在 C#中利用命名空间将类组织起来。命名空间提供了一种从逻辑上组织类的方式,可以防止命名冲突。

通过一个生活例子来模拟命名空间的作用,如图 4.21 所示。

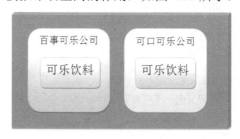

图 4.21 命名空间举例

可以看出有两个可乐饮料,但是它们的生产公司不同,一个是百事可乐公司;一个是可口可乐公司。我们进入商店购买可乐饮料时,总是说百事可乐或者可口可乐。虽然它们都是可乐，但我们可以很好地区分它们，因为使用了不同公司的前缀。

命名空间的语法如下。

```
namespace 命名空间的名称
{
  //该名称空间的所有类都放在这里
}
```

命名空间例子,定义了一个名为 Coke 的命名空间,在 Coke 命名空间中定义了一个 Cola 类,在类里面定义了一个名为 showcola 的方法。代码段如下。

```
namespace Coke
{
        class Cola
        {
            public void showcola()
            {
                Console.WriteLine("可口可乐");
            }
        }
}
```

如果要调用某个命名空间里的类或方法时，可以先使用 using 命令引入命名空间，从而用户可以自己使用导入的类型的标识符，而不必写出它们的完全限定名。

using 命令语法如下。

```
using 命名空间名
```

using 命令使用例子，代码段如下。

```
using system;
using coke;
```

 案例学习：命名空间管理类的应用

本实验目标是了解命名空间管理类的应用。

- 实验步骤 1：

创建一个名为"命名空间的演示"的控制台项目。

- 实验步骤 2：

在 Program.cs 文件中编写代码如下。

```
using System;
using System.Collections.Generic;
using System.Linq;
using System.Text;
using message;                                          //使用using引入命名空间
using Coke;
using Pepsi;
```

```
namespace 命名空间的演示
{
    class Program
    {
        static void Main(string[] args)
        {
            mess message = new mess();
            message._message();
            Coke.Cola cola = new Coke.Cola();        //通过前缀来进行区分
            cola.showcola();                         //调用方法
            Pepsi.Cola cola1 = new Pepsi.Cola();
            cola1.showcola();
            Console.ReadLine();
        }
    }
}
namespace message                                    //创建命名空间message
{
    class mess
    {
        public void _message()
        {
            Console.WriteLine("命名空间的演示");
        }
    }
}
namespace Coke                                       //创建命名空间Coke
{
    class Cola
    {
        public void showcola()
        {
            Console.WriteLine("可口可乐");
        }
    }
}
namespace Pepsi                                      //创建命名空间Pepsi
{
    class Cola
    {
        public void showcola()
        {
            Console.WriteLine("百事可乐");
        }
    }
}
```

按【F5】键调试、运行程序，输出结果，如图 4.22 所示。

图 4.22　输出结果

本 章 小 结

- 类是 C#中的一种结构，用于在程序中模拟现实生活的对象。
- 字段(成员变量)表示对象的特征。
- 方法表示对象可执行的操作。
- 如果类中未定义构造函数，则由运行库提供默认构造函数。
- 析构函数不能重载，并且每个类只能有一个析构函数。
- 可以根据不同数量的参数或不同数据类型的参数对方法进行重载，不能根据返回值进行方法重载。
- 命名空间用来界定类所属的范围，类似于 Java 中的包。

课 后 习 题

一．单项选择题。

1. 定义一个静态方法需要使用(　　)修饰符。
   A．static　　　　　　　　　　B．public
   C．string　　　　　　　　　　D．private
2. 在定义类中使用(　　)描述了该类的对象的行为。
   A．类名　　　　　　　　　　B．方法
   C．字段　　　　　　　　　　D．私有域
3. 下列关于构造函数的描述正确的是(　　)。
   A．构造函数不能带参数　　　　B．构造函数不可以用 public 修饰
   C．构造函数可以声明返回类型　　D．构造函数必须与类名相同
4. 分析下列程序。

```
class myclass
{
public static void class ()
{
Console.WriteLine("C#是一个");
}
}
```

下面选项中对静态方法调用正确的是(　　)。

  A．myclass.class();   B．class();

  C．myclass mc=new myclass;mc.class();   D．myclass.class;

5．分析下列程序：

```
class people
{
private string name = "";
public string Name{set{name = value;}}
}
```

在 Main()函数中，在成功创建该类的对象"TOM"后，以下语句正确的是(　　)。

  A．Console.WriteLine(TOM.Name);   B．TOM.Name=tom;

  C．TOM.Name = 251   D．TOM.name=tom

二．填空题。

1．类的访问修饰符中的_____是只限于本类成员访问。

2．面向对象的特性有_____、_____、_____。

3．方法的参数可以分 4 种类型，分别为_____、_____、_____、_____。

4．控制只读、只写属性可以通过访问器_____和_____。

三．编程题。

1．定义一个 Car 类，具有以下字段、属性和功能。

字段：品牌

属性：车牌号，颜色

动作：启动行驶

2．使用面向对象的思想编写一个项目名为"简单的计算器"的控制台应用程序，要求完成四则运算。

  提示：编写一个计算器，通过 switch 来判断运算类型。

  按【F5】键调试、运行程序，输出结果如图 4.23 所示。

图 4.23　输出结果

第 5 章

深入了解 C#面向对象编程

本章重点介绍 C#面向对象编程的核心技术，包含继承机制、多态机制、操作符的重载、接口、委托、事件、索引器、异常处理、组件与程序集等内容。通过简单实例、详细的解说，让读者由浅及深地学习 C#语言的面向对象编程技术。

学习目标

(1) 理解 C#的继承性和多态性
(2) 掌握操作符重载的方法
(3) 掌握接口的定义与使用
(4) 掌握委托的使用
(5) 初步掌握事件的机制
(6) 掌握索引器的定义与使用
(7) 理解异常处理机制
(8) 初步理解组件和程序集

5.1 C#继承机制

在前面的学习中知道了继承是面向对象的主要特征之一，继承能够实现代码的重用，提高软件的开发效率，从而缩短程序开发周期。在继承与类之间建立一种相交关系，相交关系由基类和派生类组成，派生类的实例可以继承已有的基类的属性和方法，并且可以加入新的行为或者是修改已有的行为。下面通过一个生活模拟来简单地认识继承，如图 5.1 所示。

图 5.1 继承模拟

可以看到有西瓜和柚子，它们都属于水果。水果的基本属性有"植物果实"、"可食用"、"含有较多水分"，西瓜是水果，它同样也就有这些属性特征，可以说西瓜从水果中继承了那些属性特征。同时西瓜也具有它自己的属性特征。例如，"果肉多汁内无核"、"果皮绿色"，即我们可以将水果看做基类，西瓜为派生类，西瓜继承了水果的特性，并具有自己的属性。

在C#的继承机制具有以下特性。

- 派生类只能有一个直接基类，即派生类只能继承一个基类，不能同时继承多个类。可以通过接口实现多重继承。
- 派生类从基类继承除了构造函数和析构函数之外的所有可访问的成员。
- 在基类中派生类可访问成员使用 public、protected 修饰符声明。protected 修饰符声明的基类成员只有派生类可以访问，其他的类都不可以访问。
- 可以在类声明虚方法、虚属性以及虚索引指示器，在派生类能够对这些成员重载。
- 继承是可传递的，即 C 类继承于 B 类，B 类继承于 A 类。
- 基类与派生类之间可以转换。
- 派生类应当是对基类的扩展。派生类可以添加新的成员，但不能除去已经继承的成员的定义。

继承的语法格式如下。

```
class DerivedClass: BaseClass { }
```

继承例子：创建一个 Animal 类，其中有一个 value 变量和一个 Animal_Methods 方法。再创建一个 Pig 类并继承 Animal 类。代码段如下。

```
class Animal
{
    private int value;
    public void Animal_Methods()
    {
        Console.WriteLine("基类中定义的方法");
    }
}
class Pig: Animal
{
    public int name;
    public void Pig_Methods()
    {
        Console.WriteLine("派生类中定义的方法");
    }
}
```

派生类 Pig 继承基类 Animal 后，基类的一部分成员就可以被派生类使用，如基类中的 Animal_Methods 方法，在派生类中无需再定义。实例化派生类 Pig 的对象 pig 可以直接通过 pig.Animal_Methods 来使用基类中定义的方法，代码段如下。

```
Pig pig = new Pig();
pig.Animal_Methods();//基类中的方法
```

```
pig.name = "派生类中的变量";
pig.Pig_Methods();
```

在C#的继承机制不允许实现多重继承,但允许多重接口实现。多重继承指的是一个类拥有多个直接基类,如A类继承B类,同时又继承C类。如果C类和B类在成员上存在着矛盾,将造成严重的错误,所以不允许实现多重继承。而接口不需要实现它的成员,只要在继承的类里面去实现具体成员,不会出现冲突,所以允许多重接口实现。多重继承错误例子代码段如下。

```
//C#的继承机制中不允许多重继承,但允许多重接口实现
    class Pig : Animal,Mammals
    {
        public int name;
        public void Pig_Methods()
        {
            Console.WriteLine("派生类中定义的方法");
        }
    }
```

下面通过两个案例对继承的使用方法进行详细的演示。

案例学习:类的继承

本实验目标是了解类的继承。要求编写一个加减法计算器,程序中定义Calculate类,同时定义了add、Subtract类它们都继承于Calculate类。

- 实验步骤1:

创建一个名为"类的继承演示"的控制台项目。

- 实验步骤2:

在Program.cs文件中编写代码如下。

```
using System;
using System.Collections.Generic;
using System.Linq;
using System.Text;

namespace 类的继承演示
{
    class Program
    {
        static void Main(string[] args)
        {
            Console.WriteLine("简单的加减法计算器");
            Console.Write("请输入运算符: ");
            switch (Console.ReadLine())
            {
                case "+":
                    Add ad = new Add();
                    ad.GetInfo();
                    ad._add();
```

```csharp
            break;
        case"-":
            Subtract s = new Subtract();
            s.GetInfo();
            s._sub();
            break;
        default:
            break;
        }

        Console.ReadLine();
    }
}
class Calculate
{
    protected double var1;
    protected double var2;
    public void GetInfo()
    {
        Console.Write("请输入第一个数字:");
        var1 = double.Parse(Console.ReadLine());
        Console.Write("请输入第二个数字:");
        var2 = double.Parse(Console.ReadLine());
    }
}
class Add:Calculate            //继承Calculate
{
    public void _add()
    {
        Console.WriteLine("计算结果为：{0}",var1+var2);
    }
}
class Subtract : Calculate //继承Calculate
{
    public void _sub()
    {
        Console.WriteLine("计算结果为：{0}", var1 - var2);
    }
}
}
```

按【F5】键调试、运行程序，输出结果，如图5.2所示。

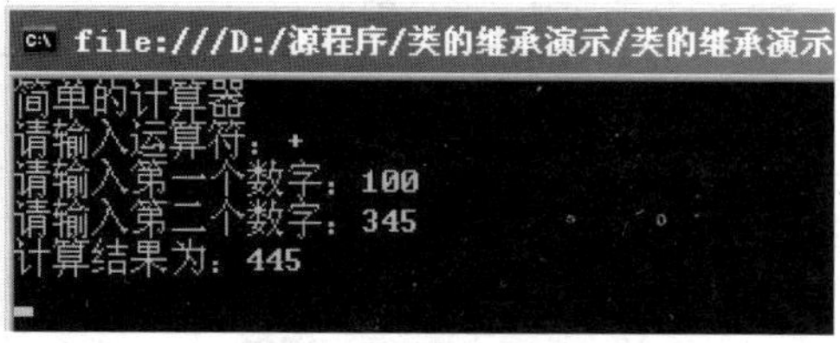

图 5.2 输出结果

从"类的继承演示"控制台应用程序中,可以看出 Calculate 类中定义了方法"GetInfo"来接收数据。Add 和 Subtract 实现计算。Add 和 subtract 从 Calculate 继承到了 var1 和 var2,并调用了 GetInfo 为它们赋值,然后调用 Add 中的_add 方法或者调用 Subtract 中的_sub 方法进行计算并输出结果。

案例学习:类的继承的传递性

本实验目标是了解类的继承的传递性。要求编写一个加法计算器,程序中定义 Calculate、add、showadd。

- 实验步骤 1:

创建一个名为"继承传递性演示"的控制台项目。

- 实验步骤 2:

在 Program.cs 文件中编写代码如下。

```
using System;
using System.Collections.Generic;
using System.Linq;
using System.Text;
namespace 继承传递性演示
{
    class Program
    {
        static void Main(string[] args)
        {
            Console.WriteLine("继承传递性——加法计算器");
            showadd sa = new showadd();
            sa.GetInfo();
            sa._add();
            sa.show();
            Console.ReadLine();
        }
    }
    class Calculate
    {
        protected double var1;
        protected double var2;
        public void GetInfo()
        {
            Console.Write("请输入第一个数字:");
            var1 = double.Parse(Console.ReadLine());
            Console.Write("请输入第二个数字:");
            var2 = double.Parse(Console.ReadLine());
        }
    }
    class add : Calculate
```

```
    {
        protected double addvar;
        public void _add()
        {
            addvar = var1 + var2;
        }
    }
    class showadd : add
    {
        public void show()
        {
            Console.WriteLine(var1+"+"+var2+"={0}",addvar);
        }
    }
}
```

按【F5】键调试、运行程序，输出结果，如图5.3所示。

图5.3 输出结果

从"继承传递性演示"控制台应用程序中，可以看出 add 类继承于 Calculate。showadd 继承于 add。这种继承的层次关系表现了继承具有传递的特性。

在继承过程中，经常会遇到一个关键字 base。它的作用是用于从派生类中访问基类成员。可以使用 base 关键字调用基类的构造函数。

调用 base 构造函数例子，代码段如下。

```
class baseclass
{
    protected int value;
    public baseclass(int _value)
    {
        value = _value;
        Console.Write("baseclass:{0}", value);
    }
}
class derivedclass : baseclass
{
    public derivedclass(int value, string message)
        : base(value)
    {
        Console.Write("信息：{0}", message);
    }
}
```

案例学习：base 的应用

本实验目标是了解 base 的应用。要求编写一个显示学生信息程序，程序中定义 People、student。

- 实验步骤 1：

创建一个名为"base 的应用演示"的控制台项目。

- 实验步骤 2：

在 Program.cs 文件中编写代码如下。

```
using System;
using System.Collections.Generic;
using System.Linq;
using System.Text;
namespace base的应用演示
{
    class Program
    {
        static void Main(string[] args)
        {
            Console.WriteLine("base的应用演示——学生信息显示");
            student Tom = new student("Tom", 19, "软件技术");
            Console.ReadLine();
        }
    }
    class People
    {
        protected string name;
        protected int age;
        public People(string _name,int _age)
        {
            name = _name;
            age = _age;
            Console.Write("姓名：{0}  年龄：{1} ", name, age);
        }
    }
    class student : People
    {
        public student(string name, int age ,string message)
            :base(name,age)
        {
            Console.Write("信息：{0}",message);
        }
    }
}
```

按【F5】键调试、运行程序，输出结果，如图 5.4 所示。

图 5.4 输出结果

从"base 的应用演示"控制台应用程序中,将 student 构造函数参数 name 和 age 的值传递给通过 base 调用的 People 构造函数,从而完成了对基类 People 中的 name、age 等信息的赋值工作。

在编程当中可能需要对基类与派生类间进行相互的转换,这里就涉及了隐式转换和显式转换。下面就对隐式转换和显式转换进行了解。

1. 隐式转换

隐式转换,即派生类到基类的转换。隐式转换例子,代码段如下。

```
student stu = new student();
People p = stu;
```

2. 显式转换

显示转换,即基类到派生类(有条件)的转换。基类转换为派生类没有那么简单,不能通过隐式转换的方式进行转换。基类转换为派生类的错误演示代码段如下。

```
People p = new People();
student stu = p;
```

上述的代码无法通过编译,需要进行改造,代码段如下。

```
People p = new People();
student stu = (student)p;
```

通过显式转换后,程序可以通过编译,然而在运行过程中会抛出 InvalidCastException 异常错误。我们再进一步进行修改,代码段如下。

```
People p = new student();
student stu = (student)p;
```

通过上面的改造,程序既能通过编译,调试运行时又不会抛出异常。

5.2　C#多态机制

在第 4 章的学习中知道了同一操作作用于不同的类的实例对象,不同的类将进行不同的解释,最后产生不同的执行结果,这种现象称为多态性。利用多态性用户可发送一个通用的信息,而将所有的实现细节都留给接受消息的对象自行决定,即多态机制使具有不同内部结构的对象可以共享相同的外部接口。

C#中有两种实现多态的方法:通过继承实现多态;通过重载实现多态。

通过继承有两种方法来实现多态：重写基类的虚方法(虚方法重写)；重写基类的抽象方法。

多态的实现方法如图 5.5 所示。

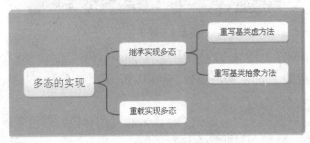

图 5.5　多态的实现方法

多态性分为两种，即运行时多态性和编译时多态性。

运行时的多态性是通过继承和虚成员来实现的。运行时的多态性是指系统在编译时不确定选用哪个重载方法，而是直到程序运行时，运行时的多态性直指到系统运行时，编译器根据实际情况决定实现何种操作。编译时的多态性具有运行速度快的特点，而运行时的多态性则具有极大的灵活性。根据传递的参数、返回的类型等信息决定实现何种操作。

在使用重写基类的虚方法实现多态时，需要注意以下几点。

- 基类的方法必须使用 virtual 修饰符定义为虚方法，派生类必须使用 override 修饰符重写该方法。
- 基类中的虚方法和派生类中重写方法，要方法名相同、对应的参数相同、返回值相同。
- 由对象变量所引用的对象来决定执行哪一个方法，而与对象变量本身的类型无关。
- 方法重写是实现多态的一种方法。

5.2.1　方法重写

案例学习：基类虚方法的重写的应用

本实验目标是了解基类虚方法的重写的应用。

- 实验步骤 1：

创建一个名为"基类虚方法的重写演示"的控制台项目。

- 实验步骤 2：

在 Program.cs 文件中编写代码如下。

```
using System;
using System.Collections.Generic;
using System.Linq;
using System.Text;
```

```
namespace 基类虚方法的重写演示
{
    class Program
    {
        static void Main(string[] args)
        {
            Console.WriteLine("基类虚方法的重写——简单加减计算器");
            Console.Write("请输入运算符:");
            switch (Console.ReadLine())
            {
                case "+":
                    add ad = new add();
                    ad.ShowRes();
                    break;
                case "-":
                    Subtract sub = new Subtract();
                    sub.ShowRes();
                    break;
                default:
                    break;
            }
            Console.ReadLine();
        }
    }
    class Calculate
    {
        protected double var1;
        protected double var2;
        public void GetDate()
        {
            Console.Write("请输入第一个数字:");
            var1 = double.Parse(Console.ReadLine());
            Console.Write("请输入第二个数字:");
            var2 = double.Parse(Console.ReadLine());
        }
        public virtual void ShowRes()
        {
            Console.WriteLine();
        }
    }
    class add:Calculate
    {
        public override void ShowRes()
        {
            base.GetDate();
            Console.WriteLine("显示计算结果:{0}",var1+var2);
```

```
        }
    }
    class Subtract : Calculate
    {
        public override void ShowRes()
        {
            base.GetDate();
            Console.WriteLine("显示计算结果:{0}", var1 - var2);
        }
    }
}
```

"基类虚方法的重写演示"控制台应用程序中,首先定义一个基类 Calculate,在 Calculate 类里定义了两个方法 GetDate 和 ShowRes,GetDate 方法获取操作数,ShowRes 虚方法显示结果,又定义了一个派生类 add,Subtract 表示加法和减法运算,并对虚方法进行重写。

按【F5】键调试、运行程序,输出结果,如图 5.6 所示。

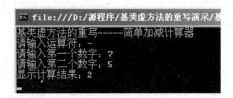

图 5.6 输出结果

5.2.2 方法的隐藏

派生类创建与基类具有相同签名的方法,即方法名相同,参数列表、参数类型和次序相同的方法,这样就实现了方法的隐藏。同时最好使用 new 关键字,否则编译器将给出警告。

方法隐藏时,访问基类则调用基类的方法,派生类调用派生类的方法。隐藏的调用模拟如图 5.7 所示。

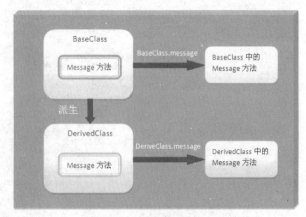

图 5.7 隐藏的调用模拟

案例学习：基类非虚方法的重写的应用

本实验目标是了解基类非虚方法的重写的应用。
- 实验步骤1：

创建一个名为"基类非虚方法的重写演示"的控制台项目。
- 实验步骤2：

在 Program.cs 文件中编写代码如下。

```
using System;
using System.Collections.Generic;
using System.Linq;
using System.Text;

namespace 基类非虚方法的重写演示
{
    class Program
    {
        static void Main(string[] args)
        {
            Console.WriteLine("基类非虚方法的重写");
            apple ap = new apple();
            ap.message();
            fruits fr = new fruits();
            fr.message();
            fruits fru = ap;
            fru.message();
            Console.ReadLine();
        }
    }
    class fruits
    {
        public void message()
        {
            Console.WriteLine("fruits中的message方法");
        }
    }
    class apple : fruits
    {
        public void message()
        {
            Console.WriteLine("apple中的message方法");
        }
    }
}
```

"基类非虚方法的重写演示"控制台应用程序中，在基类和派生类都定义了方法

message，如果用基类对象调用该方法则输出"fruits 中的 message 方法"；如果用派生类对象调用该方法则输出"apple 中的 message 方法"。

按【F5】键调试、运行程序，输出结果，如图 5.8 所示。

图 5.8　输出结果

5.2.3　抽象类和抽象方法

含有抽象方法的类是抽象类，抽象类可以没有抽象方法。抽象类是派生类的基类，不能实例化。抽象方法在抽象类里面不能实现。在派生类中，抽象方法等抽象成员必须被重写并实现。抽象类和抽象方法的访问修饰符用 abstract。

抽象类和抽象方法的语法如下。

```
abstract class ClassOne
{
    //类实现
}
```

抽象类和抽象方法的使用例子，程序段如下。

```
abstract class baseclass
{
   public abstract void _myclass();
}
class Derivedclass:baseclass
{
   public override void _myclass()
   {
       Console.WriteLine("重写抽象类");
   }
}
```

5.3　操作符重载

C#允许对运算符进行重载，运算符重载实质上就是函数重载。用户定义的类型，如结构和类，为使它们的对象易于操作而使用重载操作符。操作符重载为 C#操作符应用到用户定义的数据类型提供了额外的能力。

操作符重载中需要注意以下几点。

- 必须是 public 和 static。
- 至少有一个参数是类自身。

- 重载必须成对。例如，重载了"<"就必须重载">"。
- 必须实现基类 object 的 GetHashCode()和 Equals(object obj)两个虚方法。
- 允许重载的运算符如表 5-1 所示。

表 5-1 允许重载的运算符

操 作 符	描 述
+, -, !, ~, ++, --	这些一元操作符需要一个操作数，可以被重载
+, -, *, /, %	这些二元操作符需要两个操作数，可以被重载
==, !=, <, >, <=, >=	比较操作符可以被重载
true，false	布尔型操作符

 案例学习：运算符重载的应用

本实验目标是了解运算符重载的应用。
- 实验步骤 1：

创建一个名为"加法运算符的重载演示"的控制台项目。
- 实验步骤 2：

在 Program.cs 文件中编写代码如下。

```
using System;
using System.Collections.Generic;
using System.Linq;
using System.Text;
namespace 加法运算符的重载演示
{
    class Program
    {
        static void Main(string[] args)
        {
            Console.WriteLine("加法运算符的重载");
            point p = new point(23, 56);
            point p1 = new point(56, 98);
            p = p + p1;
            Console.WriteLine(p.ToString());
            Console.ReadLine();
        }
    }
    class point
    {
        private int x;
        public int X
        {
            get
            {
                return x;
```

```
            }
        }
        private int y;
        public int Y
        {
            get
            {
                return y;
            }
        }
        public point()
        { }
        public point(int a, int b)
        {
            x = a;
            y = b;
        }
        public static point operator +(point op1, point op2)
        {
            point NewPoint = new point();
            NewPoint.x = op1.x + op2.x;
            NewPoint.y = op1.y + op2.y;
            return NewPoint;
        }
        public override string ToString()
        {
            return string.Format("x坐标:{0},y坐标:{1}", X, Y);
        }
    }
}
```

在"加法运算符的重载演示"控制台应用程序中,"＋"被重载,被重载的"＋"可以用来计算 point 类型对象的相加。

按【F5】键调试、运行程序,输出结果,如图 5.9 所示。

图 5.9 输出结果

下面再看一个程序例子。

```
using System;
using System.Collections.Generic;
using System.Linq;
using System.Text;
```

```csharp
namespace 复杂的运算符重载演示
{
    class Program
    {
        static void Main(string[] args)
        {
            Console.WriteLine("复杂的运算符重载");
            point p1 = new point(45, 67);
            point p2 = new point(34, 86);
            Console.WriteLine("坐标一加上坐标二:{0}", (p1 + p2).ToString());
            Console.WriteLine("坐标一减去坐标二:{0}",(p1-p2).ToString());
            Console.WriteLine("坐标一是否等于坐标二:{0}",p1==p2);
            Console.WriteLine("坐标一是否不等于坐标二:{0}", p1 != p2);
            Console.ReadLine();
        }
    }
    class point
    {
        private int x;
        private int y;
        public int X
        {
            get { return x; }
        }
        public int Y
        {
            get { return y; }
        }
        public point() { }
        public point(int X,int Y)
        {
            x = X;
            y = Y;
        }
        public static point operator +(point p1, point p2)
        {
            point NewPoint = new point();
            NewPoint.x = p1.x + p2.x;
            NewPoint.y = p1.y + p2.y;
            return NewPoint;
        }
        public static point operator -(point p1, point p2)
        {
            point NewPoint = new point();
            NewPoint.x = p1.x - p2.x;
            NewPoint.y = p1.y - p2.y;
```

```csharp
            return NewPoint;
        }
        public static point operator ++(point p1)
        {
            point NewPoint = new point(p1.x + 1, p1.y + 1);
            return NewPoint;
        }
        public static bool operator ==(point p1, point p2)
        {
            if (p1.x==p2.x&&p1.y==p2.y)
            {
                return true;
            }
            else
            {
                return false;
            }
        }
        public static bool operator !=(point p1, point p2)
        {
            if (p1.x != p2.x || p1.y != p2.y)
            {
                return true;
            }
            else
            {
                return false;
            }
        }
        public override string ToString()
        {
            return string.Format("x坐标:{0},y坐标:{1}", X, Y);
        }
        public override int GetHashCode()
        {
            return this.ToString().GetHashCode();
        }
        public override bool Equals(object obj)
        {
            if (obj==null)
            {
                return false;
            }
            point p = obj as point;
            if (p==null)
            {
                return false;
```

```
            }
            return this.X.Equals(p.X)&&this.Y.Equals(p.Y);
        }
    }
}
```

在"复杂的运算符重载演示"控制台应用程序中,"＋"、"-""＋＋"、"＝＝"、"！＝"符号被重载。

按【F5】键调试、运行程序,输出结果,如图 5.10 所示。

图 5.10 输出结果

5.4 接　　口

接口是一种规定程序契约,它由方法、事件、属性或索引器(有参数性)组成,用来描述属于任何类或结构的一系列相关行为。接口的继承与类或者结构的继承相同,但是接口允许多重继承。下面通过一个生活模拟来简单的认识一下接口,如图 5.11 所示。

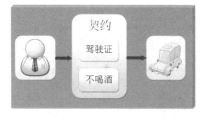

图 5.11 接口模拟

从图 5.11 可知,司机需要有驾驶证,同时没有喝酒,满足此契约才能够驾驶车辆。

接口的声明使用 interface 关键字,声明语法格式如下。

```
[修饰符] interface 接口名[:继承接口列表] { …… }
```

接口的简单声明例子,代码段如下。

```
interface Transport
{
    void Start();
}
```

接口的继承例子,代码段如下。

```
class Car:Transport
{
    Public void Start()
    {
        //方法的实现
    }
}
```

接口具有以下特点。接口不能直接实例化；接口可以包含方法、属性、索引器、事件；接口允许多重继承；接口本身可以继承接口；接口不含实现方法；接口成员隐式具有 public 访问属性；接口使用 interface 关键字定义。

接口的应用：用接口实现多重继承；用接口实现多态。

 案例学习：定义接口的应用

本实验目标是了解定义接口的应用。

- 实验步骤 1：

创建一个名为"接口的实现演示"的控制台项目。

- 实验步骤 2：

在 Program.cs 文件中编写代码如下。

```csharp
using System;
using System.Collections.Generic;
using System.Linq;
using System.Text;

namespace 接口的实现演示
{
    class Program
    {
        static void Main(string[] args)
        {
            Console.WriteLine("汽车信息显示");
            Car c = new Car(); //实例化Car对象
            Transport tran = c;//使用Car对象c实例化接口Transport
            tran.Name = "保时捷";
            tran.Color = "红色";
            tran.DispInfo();    //调用派生类的DispInfo显示信息
            Car c1 = new Car();
            Transport tran1 = c1;
            tran1.Name = "法拉利";
            tran1.Color = "银色";
            tran1.DispInfo();
            Console.ReadLine();
        }
    }
    interface Transport
    {
        string Name
        {
            get;
            set;
        }
        string Color
        {
```

```
            get;
            set;
        }
        void DispInfo();
    }
    class Car : Transport
    {
        string name="";
        string color="";
        public string Name
        {
            get
            {
                return name;
            }
            set
            {
                name = value;
            }
        }
        public string Color
        {
            get
            {
                return color;
            }
            set
            {
                color = value;
            }
        }
        public void DispInfo()
        {
            Console.WriteLine("汽车品牌:{0} 汽车颜色:{1}",name,color);
        }
    }
}
```

按【F5】键调试、运行程序,输出结果,如图5.12所示。

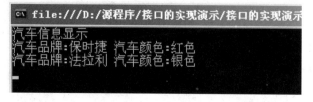

图 5.12 输出结果

在"接口的实现演示"控制台应用程序中,定义了一个接口 Transport,一个 Car 类继承了 Transport 接口。通过接口实例访问接口的成员。实现接口类中接口成员必须是公共的、非静态的，并且与接口成员具有相同签名。如果要实例化接口，只能使用派生类对象实例化接口。

接口的实例是指接口类型的变量(但不能用 new 实例化)。

接口的声明语法如下。

接口类型. 接口实例名

接口实例的赋值如下。

(1) 接口实例＝对象名。

(2) 接口实例＝(接口类型)对象名。

(3) 接口实例 B＝(接口类型 B)接口实例 A。

 案例学习：接口的多重继承

本实验目标是了解接口的多重继承。

● 实验步骤 1：

创建一个名为"接口的多重继承"的控制台项目。

● 实验步骤 2：

在 Program.cs 文件中编写代码如下。

```
using System;
using System.Collections.Generic;
using System.Linq;
using System.Text;

namespace 接口的多重继承
{
    class Program
    {
        static void Main(string[] args)
        {
            Console.WriteLine("会飞行的汽车");
            Flycar fc = new Flycar();        //实例化Flycar对象fc
            Car c = fc;                      //使用fc对象实例化接口
            c.Name = "Terrafugia—会飞的车";
            c.Color = "白色";
            c.DispInfo();
            Aircraft air = fc;               //使用fc对象实例化接口
            air.Name = "Aerocar—会飞的车";
            air.Color = "红色";
            air.DispInfo();
            c.Travel();
            air.Flight();
            Console.ReadLine();
        }
```

```
}
interface Transport
{
    string Name
    {
        get;
        set;
    }
    string Color
    {
        get;
        set;
    }
    void DispInfo();
}
interface Car : Transport
{
    void Travel();
}
interface Aircraft : Transport
{
    void Flight();
}
class Flycar:Transport,Car,Aircraft//多重继承
{
    string name = "";
    string color = "";
    public string Name
    {
        get
        {
            return name;
        }
        set
        {
            name = value;
        }
    }
    public string Color
    {
        get
        {
            return color;
        }
        set
        {
            color = value;
```

```
            }
        }
        public void DispInfo()
        {
            Console.WriteLine("汽车名字:{0} 汽车颜色:{1}",name,color);
        }
        public void Travel()
        {
            Console.WriteLine("陆地行驶的时候,最高时速能达到150公里左右");
        }
        public void Flight()
        {
            Console.WriteLine("天空飞行的时候,最高时速能接近200公里左右");
        }
    }
}
```

按【F5】键调试、运行程序,输出结果,如图5.13所示。

图5.13 输出结果

在"接口的多重继承"控制台应用程序中,定义了接口Transport,又定义了Car和Aircraft接口继承了Transport接口,然后定义了一个Flycar类,同时继承了Transport、Car、Aircraft接口。

多重继承有以下几个注意事项。
- 接口可以继承。
- 接口可以从多个基接口继承,类不允许多重继承。
- 类可以实现多个接口,C#可以通过接口来实现多重继承。
- 类的基列表中可以同时包含基类和接口,但基类应列在首位。
- 必须实现接口中声明的所有成员。

既然C#允许接口的多重继承,那么更深入地想一下,如果在一个类A同时继承了接口B和C,而且接口B和C都定义了一个具有相同签名的成员,那么在类中实现该成员,将同时实现B、C的成员,如果B、C成员实现相同功能则有问题,但是如果B、C接口成员实现不同的功能,那么将会导致功能不能正常实现,代码段如下。

```
interface People
{
    void DispInfo();
}
```

```
interface Student
{
    void DispInfo();
}
class myclass : People, Student
{
    public void DispInfo()
    {
        //实现接口
    }
}
```

这时可以显示实现接口成员,即创建一个仅通过接口调用并且特定于该接口的类成员。例如,在这个程序中有两个接口 People 和 Student,都有一个方法 DispInfo,有 1 个类 myclass 继承了这两个接口,那么在实现的时候使用显示接口实现,代码段如下。

```
interface People
{
    void DispInfo();
}
interface Student
{
void DispInfo();
}
class myclass : People, Student
{
    void People.DispInfo()
    {
        Console.WriteLine("People中的DispInfo");
    }
    void Student.DispInfo()
    {
        Console.WriteLine("Student中的DispInfo");
    }
}
```

案例学习:显式接口的应用

本实验目标是了解显式接口的应用。

- 实验步骤 1:

创建一个名为"显式实现接口演示"的控制台项目。

- 实验步骤 2:

在 Program.cs 文件中编写代码如下。

```
using System;
using System.Collections.Generic;
using System.Linq;
using System.Text;
```

```csharp
namespace 显示实现接口演示
{
    class Program
    {
        static void Main(string[] args)
        {
            Console.WriteLine("显示实现接口演示");
            Travel travel = new Travel();       //实例化Travel类travel对象
            Train train = travel;               //使用Travel类travel对象实例化接口
            train.Start();                      //使用接口对象调用接口中方法
            Aircraft air = travel;              //使用Travel类travel对象实例化接口
            air.Start();                        //使用接口对象调用接口中方法
            Car car = travel;                   //使用Travel类travel对象实例化接口
            car.Start();                        //使用接口对象调用接口中方法
            Ship ship = travel;
            ship.Start();
            Console.ReadLine();
        }
    }
    interface Train
    {
        void Start();
    }
    interface Aircraft
    {
        void Start();
    }
    interface Car
    {
        void Start();
    }
    interface Ship
    {
        void Start();
    }
    class Travel:Train,Aircraft,Car,Ship
    {
        void Train.Start()
        {
            Console.WriteLine("乘坐火车旅行");
        }
        void Aircraft.Start()
        {
            Console.WriteLine("乘坐飞机旅行");
        }
        void Car.Start()
        {
```

```
            Console.WriteLine("乘坐汽车旅行");
        }
        void Ship.Start()
        {
            Console.WriteLine("乘坐邮船旅行");
        }
    }
}
```

按【F5】键调试、运行程序,输出结果,如图 5.14 所示。

图 5.14 输出结果

在"显示实现接口演示"控制台应用程序中,定义了接口 Train、Aircraft、Car、Ship,又定义了 Travel 类继承了 Train、Aircraft、Car、Ship 接口。通过 4 个显示接口成员的方法分别实现了 Train、Aircraft、Car、Ship 接口中的 Start 方法,在实例化不同的接口后,调用相应的方法实现输出结果。

在对 C#编程的学习中,经常有人把接口与抽象类混淆。下面就对接口与抽象类的区别进行说明。

抽象类不能被实例化,具有类的其他特性。抽象类可以包括抽象方法,普通类不能包括抽象方法。抽象方法只能声明于抽象类中,且不包含任何实现,派生类必须覆盖它们。抽象类可以派生自一个抽象类,抽象方法可以覆盖基类,也可以不覆盖。如果不覆盖,则其派生类必须覆盖。

接口与抽象类的区别如下。
- 抽象类是一类事物的高度聚合;接口是定义行为规范。
- 抽象类在定义类型方法可以有实现部分;接口定义的方法都不可以有实现部分。
- 继承时对于抽象类所定义的抽象方法,可以不用重写;接口中定义的方法或者属性,在继承类中必须要给出相应的方法和属性实现。
- 抽象类新增一个方法,继承类可以不用作任何处理;接口需要修改继承类,给出新定义的方法的实现。

案例学习:抽象类的应用

本实验目标是了解抽象类的应用。
- 实验步骤 1:

创建一个名为"抽象类与接口的区别演示"的控制台项目。
- 实验步骤 2:

在 Program.cs 文件中编写代码如下。

```csharp
using System;
using System.Collections.Generic;
using System.Linq;
using System.Text;

namespace 抽象类与接口的区别演示
{
    class Program
    {
        static void Main(string[] args)
        {
            Console.WriteLine("抽象类与接口的区别");
            Car c = new Car();
            c.DispInfo();
            Flycar fc = new Flycar();
            fc.DispInfo();
            fc.Fly();
            Console.ReadLine();
        }
    }
    abstract class Transport
    {
        public abstract void DispInfo();
    }
    interface Aircraft
    {
        void Fly();
    }
    class Car : Transport
    {
        public override void DispInfo()
        {
            Console.WriteLine("汽车");
        }
    }
    class Flycar : Transport, Aircraft
    {
        public override void DispInfo()
        {
            Console.WriteLine("这是一辆特别的汽车");
        }
        public void Fly()
        {
            Console.WriteLine("这是一辆会飞的汽车");
        }
    }
}
```

按【F5】键调试、运行程序,输出结果,如图 5.15 所示。抽象类与接口的简单比较,如图 5.16 所示。

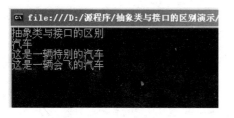

图 5.15 输出结果

图 5.16 抽象类与接口的简单比较

5.5 委 托

委托(delegate)是从 System.Delegate 派生的类,是一种数据类型,它指的是某种类型的方法,它与 C、C++中的指针类似,但是委托是安全的。委托不仅存储对方法入口点的引用,还存储对用于调用方法的对象实例的引用。可以定义委托变量(委托对象),但该变量接收的是一个函数的地址。

还可以理解如下。委托是一个可以对方法进行引用的类。使用委托使程序员可以将方法引用封装在委托对象内。然后可以将该委托对象作为参数传递给引用该方法的方法,而不必在编译时知道将调用哪个方法。声明委托语法格式如下。

[访问修饰符] delegate 返回类型 委托名(参数列表);

简单的委托声明例子,代码段如下。

public delegate void Del(string ID);

委托定义的位置可以放在类内,也可以放在类外。

符合委托要求:返回值、方法签名要一致。委托的实例化用 new 实例化,也可以用赋值的办法。

```
Del mydel = new Del(DispInfo);      // 用new实例化
   mydel("YF201194");
   Del mydel2 = DispInfo;            // 方法赋值
mydel2("YF201142");
```

 案例学习:通过委托变量调用方法的应用

本实验目标是了解通过委托变量调用的应用。

- 实验步骤1：

创建一个名为"委托变量调用方法演示"的控制台项目。

- 实验步骤2：

在 Program.cs 文件中编写代码如下。

```csharp
using System;
using System.Collections.Generic;
using System.Linq;
using System.Text;

namespace 委托变量调用方法演示
{
    public delegate void del(string Name,string ID);
    class Program
    {
        static void Main(string[] args)
        {
            Console.WriteLine("学生信息显示系统");
            Students stu = new Students();
            del mydel = new del(stu.student);
            mydel("TOM", "FZ201158");
            mydel("JIM", "FZ201187");
            mydel("AMY", "FZ201135");
            Console.ReadLine();
        }
    }
    class Students
    {
        public void student(string Name,string ID)
        {
            Console.WriteLine("学生姓名：{0} 学生ID:{1}",Name,ID);
        }
    }
}
```

按【F5】键调试、运行程序，输出结果，如图 5.17 所示。

图 5.17　输出结果

案例学习：委托变量可以作为参数传递的应用

本实验目标是了解委托变量可以作为参数传递的应用。
- 实验步骤 1：

创建一个名为"委托变量做参数演示"的控制台项目。
- 实验步骤 2：

在 Program.cs 文件中编写代码如下。

```
using System;
using System.Collections.Generic;
using System.Linq;
using System.Text;

namespace 委托变量做参数演示
{
    public delegate double AddDel(double var1,double var2);
    class Program
    {
        static void Main(string[] args)
        {
            Console.WriteLine("委托变量做参数——加法计数器");
            AddDel adddel = new AddDel(Addition.Add);
            Console.Write("请输入第一个数: ");
            double var1=double.Parse(Console.ReadLine());
            Console.Write("请输入第二个数: ");
            double var2=double.Parse(Console.ReadLine());
            Results(adddel,var1,var2);
            Console.ReadLine();
        }
        static void Results(AddDel ad,double var1,double var2)
        {
            Console.WriteLine("计算结果为：{0}",ad(var1,var2));
        }
    }
    class Addition
    {
        public static double Add(double var1, double var2)
        {
            return var1 + var2;
        }
    }
}
```

按【F5】键调试、运行程序，输出结果，如图 5.18 所示。

图 5.18 输出结果

在很多时候需要同时完成多个操作。例如，我们编写了一个文档，然后进行保存，最后打印出来。在编程中也经常需要这么做(特别是自定义方法最常见)，这时候就需要使用委托的多路广播的特性，同时调用多个方法。多播委托从 System.MulticastDelegate 派生。在使用时需要确定两个方法具有相同的签名，且只允许使用返回值为 void 的方法。

若要添加方法到调用列表中，使用加法运算符或加法赋值运算符("+"或"+=")添加委托，代码段如下。

```
Student stu=new Student();
Del mydel1 = stu.GetInfo;
Del mydel2 = stu.DispInfo;
Del alldel = mydel1 + mydel2;
//或者Del alldel+=mydel1;alldel+=mydel2;
```

若要将方法从调用列表中移除方法使用减法运算符或减法赋值运算符("-"或"-=")，代码段如下。

```
alldel -= mydel1;
Del newdel = alldel - mydel2;
```

 案例学习：多播委托的应用

本实验目标是了解多播委托的应用。

- 实验步骤 1：

创建一个名为"多播委托的使用演示"的控制台项目。

- 实验步骤 2：

在 Program.cs 文件中编写代码如下。

```csharp
using System;
using System.Collections.Generic;
using System.Linq;
using System.Text;

namespace 多播委托的使用演示
{
    public delegate void doc(string message);
    class Program
    {
        static void Main(string[] args)
        {
            Console.WriteLine("多播委托的使用演示");
            Documents _doc = new Documents();
            doc d1 = _doc.Write;
            doc d2 = _doc.Save;
            doc d3 = _doc.Print;
            doc d4 =_doc.Delete;
            doc allop = d1 + d2 + d4;//添加方法到调用列表
```

```
            allop += d3;
            allop -= d4;          //也可以doc newdel = allop -d4;,从调用列表中删除
            allop("C#是一门非常有趣的编程语言");
            Console.ReadLine();
        }
    }
    class Documents
    {
        public void Write(string message)
        {
            Console.WriteLine("编写文档：{0}",message);
        }
        public void Save(string message)
        {
            Console.WriteLine("保存文档：{0}", message);
        }
        public void Print(string message)
        {
            Console.WriteLine("打印文档：{0}", message);
        }
        public void Delete(string message)
        {
            Console.WriteLine("删除文档：{0}", message);
        }
    }
}
```

按【F5】键调试、运行程序，输出结果，如图 5.19 所示。

图 5.19 输出结果

5.6 事 件

事件是类的成员，是一种发布消息的机制，它由发送方与接收方组成。发送方负责发布消息，接收方进行响应，即类通知对象需要执行某种操作的方式。事件发生的类触发了一个事件，这个类并不知道哪个对象或方法将会收到触发，这就需要通过委托将发送方和接收方关联起来。因此事件和委托之间的关系密不可分。如何实现事件步骤，如图 5.20 所示。

图 5.20　实现事件步骤

定义事件的语法如下。

[访问修饰符] event 委托名 事件名;

定义事件代码段如下。

```
public delegate void ShopEventHandle(object sender, EventArgs e);
public event ShopEventHandle Shop;
```

事件具有以下特点。
- 发送方确定引发事件，接收方确定执行何种操作来响应该事件。
- 一个事件可以有多个接收方。一个接收方可处理来自多个发行者的多个事件。
- 没有接收方的事件永远也不会触发。
- 事件通常用于通知用户操作。
- 如果一个事件有多个接收方，当引发该事件时，会同步调用多个事件处理程序。
- 事件是基于 EventHandler 委托和 EventArgs 基类的。

案例学习：事件的应用

本实验目标是了解事件的应用。
- 实验步骤 1：

创建一个名为"事件的使用演示"的控制台项目。
- 实验步骤 2：

在 Program.cs 文件中编写代码如下。

```
Using System;
using System.Collections.Generic;
using System.Linq;
using System.Text;

namespace 事件的使用演示
{
    //事件发送器
    class Time
```

```csharp
{
    //创建委托
    public delegate void ShopEventHandle(object sender, EventArgs e);
    // 将创建的委托和特定事件关联
    public event ShopEventHandle Shop;
    //编写引发事件的函数
    public void OnAlarm()
    {
        if (this.Shop != null)
        {
            Console.WriteLine("全部售出！！");
            this.Shop(this, new EventArgs());
        }
    }
}
//事件接收器
class Director
{
    //事件处理函数
    void Alarm(object sender, EventArgs e)
    {
        Console.WriteLine("共售出9999台！！");
    }
    // 生成委托实例并添加到事件列表中
    public Director(Time time)
    {
        time.Shop += new Time.ShopEventHandle(Alarm);
    }
}
class Program
{
    static void Main(string[] args)
    {
        // 实例化一个事件发送器
        Time time = new Time();
        // 实例化一个事件接收器
        Director people = new Director(time);
        Console.WriteLine("某某高端智能手机火爆销售中……");
        int n = 10;
        while (n > 0)
        {
            Console.WriteLine("只剩下最后：{0}台",n);
            System.Threading.Thread.Sleep(1000);//线程挂起一秒
            n --;                                          //减少一台
        }
        //运行事件
        time.OnAlarm();
```

```
            Console.ReadLine();
        }
    }
}
```

按【F5】键调试、运行程序，输出结果，如图 5.21 所示。

图 5.21　输出结果

为了能够更好地理解事件的使用，对上面代码进行如下分拆说明。

```
// 将创建的委托和特定事件关联
public event ShopEventHandle Shop;
//编写引发事件的函数
public void OnAlarm()
{
    if (this.Shop != null)
    {
        Console.WriteLine("全部售出！！");
        this.Shop(this, new EventArgs());
    }
}
```

以上的代码段利用委托调用，通知已订阅该事件的所有对象。这样做的好处是事件发送者不需要事先知道都有哪些订阅者。事件通信机制淡化了事件发送和事件接收两个对象之间的关系，使得两个类之间无连接进行通信。事件发送方：定义事件、触发事件。至于事件触发后响应的操作，发送方在定义事件时并不知道。

```
class Director
{
    //事件处理函数
    void Alarm(object sender, EventArgs e)
    {
        Console.WriteLine("共售出9999台！！");
    }
    // 生成委托实例并添加到事件列表中
    public Director(Time time)
    {
        time.Shop += new Time.ShopEventHandle(Alarm);
    }
}
```

以上的代码段是事件接收方的类，这个类先产生一个委托实例，再把这个委托实例添加到产生事件对象的事件列表中去，这个过程又称订阅事件，然后创建了事件处理方法显示销售信息。

在后面的学习中将接触到 Windows 应用程序编写。而 Windows 应用程序的事件机制，就是利用事件驱动的方式进行工作的。例如，创建一个按钮 Button，单击调用它的 button_click 事件。

5.7 索 引 器

索引器提供了一种类似于数组的访问方式，即使用下标访问/修改类中的数据。它是一种特殊的类成员。索引语法格式如下。

```
[访问修饰符] 数据类型 this[索引类型 标识符]
{
    get{……}
    set{……}
}
```

在声明语法中，数据类型代表了将要存取的数组或集合元素的类型；this 表示操作本对象的数组或集合成员，不能定义索引器的名称。索引类型表示使用哪种数据类型对索引中的元素进行存取，可以是 int，可以是 string。

案例学习：简单索引器的应用

本实验目标是了解简单索引器的应用。
- 实验步骤 1：

创建一个名为"索引器的应用演示 1"的控制台项目。
- 实验步骤 2：

在 Program.cs 文件中编写代码如下。

```
using System;
using System.Collections.Generic;
using System.Linq;
using System.Text;
namespace 索引器的应用演示1
{
    class Program
    {
        static void Main(string[] args)
        {
            Console.WriteLine("索引器的应用演示——水果列表");
            fruitlist fl = new fruitlist();
            Console.Write("输入第一个水果: ");
            fl[0] = Console.ReadLine();
```

```csharp
            Console.Write("输入第二个水果：");
            fl[1] = Console.ReadLine();
            Console.Write("输入第三个水果：");
            fl[2] = Console.ReadLine();
            Console.WriteLine("已入库水果如下列表：");
            Console.WriteLine("第一个水果：{0}", fl[0]);
            Console.WriteLine("第二个水果：{0}", fl[1]);
            Console.WriteLine("第三个水果：{0}", fl[2]);
            Console.ReadLine();
        }
    }
    class fruitlist
    {
        private string var1, var2, var3;
        public string this[int i]
        {
            get
            {
                switch (i)
                {
                    case 0:
                        return var1; break;
                    case 1:
                        return var2; break;
                    case 2:
                        return var3; break;
                    default:
                        throw new IndexOutOfRangeException("下标超出范围");
                }
            }
            set
            {
                switch (i)
                {
                    case 0:
                        var1 = value; break;
                    case 1:
                        var2 = value; break;
                    case 2:
                        var3 = value; break;
                    default:
                        throw new IndexOutOfRangeException("下标超出范围");
                }
            }
        }
    }
}
```

按【F5】键调试、运行程序，输出结果，如图 5.22 所示。

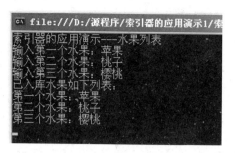

图 5.22 输出结果

案例学习：复杂索引器的应用

本实验目标是了解复杂索引器的应用。
- 实验步骤 1：

创建一个名为"索引器的应用演示 2"的控制台项目。
- 实验步骤 2：

在 Program.cs 文件中编写代码如下。

```
using System;
using System.Collections.Generic;
using System.Linq;
using System.Text;
namespace 索引器的应用演示2
{
    class Program
    {
        static void Main(string[] args)
        {
            string name, message;
            Console.Write("请输入入库水果种类：");
            //获得数组长度
            int i = int.Parse(Console.ReadLine());
            fruitslist friends = new fruitslist(i);
            fruits fruit;
            for (int temp = 0; temp < i; temp++)
            {
                Console.Write("{0}.输入水果名称：",temp+1);
                name = Console.ReadLine();
                Console.Write("{0}.输入水果信息：",temp+1);
                message = Console.ReadLine();
                fruit = new fruits(message,name);//创建要添加的元素
                friends[temp] = fruit;                  //添加元素
            }
            Console.WriteLine("入库成功！！");
            Console.WriteLine("[1]使用编号查找    [2]使用水果名称查找");
```

```csharp
            Console.Write("输入查找方式编号：");
            switch (Console.ReadLine())
            {
                case "1":
                    Console.Write("输入水果编号查找：");
                    //通过编号检索
                    fruits p1 = friends[int.Parse(Console.ReadLine())];
                    Console.WriteLine("信息如下：");
                    Console.WriteLine(p1==null?"无信息":p1.DispInfo);
                    break;
                case "2":
                    Console.Write("输入水果名称查找：");
                    //通过名称检索
                    fruits p2 = friends[Console.ReadLine()];
                    Console.WriteLine("信息如下：");
                    Console.WriteLine(p2==null?"无信息":p2.DispInfo);
                    break;
                default:
                    break;
            }
            Console.ReadLine();
        }
    }
    class fruits
    {
        string _Name , _Message;
        public fruits(string Message,string Name)
        {
            this._Message = Message;
            this._Name = Name;
        }
        public string DispInfo
        {
            get
            {
                return _Message;
            }
        }
        public string DispName
        {
            get
            {
                return _Name;
            }
        }
    }
    class fruitslist
```

```csharp
{
    fruits[] fru;//创建数组
    public fruitslist(int capacity)
    {
        fru = new fruits[capacity];
    }
    //使用整型为索引类型
    public fruits this[int index]
    {
        get
        {//判断数据是否越界
            if (index < 0 || index >= fru.Length)
            {
                Console.WriteLine("索引无效");
                return null;
            }
            return fru[index];
        }
        set
        {
            if (index < 0 || index >= fru.Length)
            {
                Console.WriteLine("索引无效");
                return;
            }
            fru[index] = value;
        }
    }
    //使用字符串为索引类型
    public fruits this[string name]
    {
        get
        {
            foreach (fruits f in fru)
            {
                if (f.DispName == name)
                    return f;
            }
            Console.WriteLine("未找到");
            return null;
        }
    }
}
```

在"索引器的应用演示2"控制台应用程序中，先看带有 int 参数的索引器定义。按【F5】键调试、运行程序，输出结果，如图 5.23 所示。

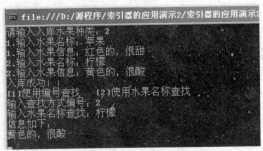

图 5.23　输出结果

5.8　异常处理

在程序的编写过程中，无论用户的编程技术多么高超，在编写复杂的应用程序时，都有可能出错。这种大型软件代码多达数十万行甚至上百万行，中间某些操作可能有着数十个的嵌套，如果出现错误，单纯地返回错误代码是不够的。C#的异常处理功能提供了一个强大的异常处理机制，在这种机制下可以为每种错误提供特殊的处理方式，同时将错误代码的识别与错误代码的处理分离开。

在.NET Framework 下 CLR 将自动收集运行时的错误信息，封装成对象(异常对象)来报告错误。这种报告错误的方法称为抛出异常。异常主要有两种类型。

(1) 系统异常将根据.NET 类库对常见的错误定义相应的异常类，当运行时发生错误，CLR 自动创建异常对象并抛出。

(2) 应用程序异常将根据需要定义异常类(从 ApplicationException 继承)，程序员根据需要在应用程序的代码中，创建异常对象并抛出 System.Exception 类。

在 C#中，所有的异常类都是直接或者间接的从内部异常类 Exception 派生而来的。部分异常对象的结构如图 5.24 所示。

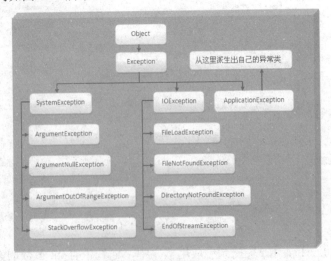

图 5.24　部分异常对象的结构

以下通过表 5-2 对常见的.NET 类中定义的公共异常类进行了解。

表 5-2 公共异常类

异 常 类	描 述
System.ArithmeticException	操作将导致上溢或下溢
System.ArrayTypeMismatchException	当试图在数组中存储类型不正确的元素时引发的异常
System.DivideByZeroException	当试图使用零去除整数时引发的异常
System. DllNotFoundException	当未找到在 DLL 导入中指定的 DLL 时所引发的异常
System. IndexOutOfRangeException	超出索引上下限引发的异常
System. InvalidCastException	无效类型转换或显式转换引发的异常
System. NullReferenceException	引用对象空引用引发的异常
System. NotSupportedException	调用的方法不受支持引发的异常
System. OutOfMemoryException	内存不足引发的异常
System.TyepInitializationException	静态构造函数引发的异常且没有捕获的 catch 语句时引发

程序的错误常常无法预知且种类繁多，在.NET 类中不可能定义所有的异常类。这个时候就需要自己定义异常类。自定义的异常类继承自 System.ApplictionException 类，

而异常类都继承 Exception 类，因此所有的异常类都具有 Exception 中的属性和方法。以下就是 Exception 类的常用属性，如表 5-3 所示。

表 5-3 Exception 类的常用属性

属 性	描 述
Message	描述错误情况的文本(只读)
Data	存储用户定义的其他异常信息(.NET 2.0 新增)
HelpLink	获取或设置关联的帮助文件链接
Source	导致异常的应用程序或对象名
TargetSite	产生当前异常的方法名称

在 C#编程中，可以通过异常处理语句对异常进行处理。经常使用到的异常处理语句有 throw 语句、try…catch 语句和 try…catch……finally 语句。下面将对这些数据进行详细的说明。

1. throw 语句

使用 throw 语句可以主动引发一个异常，即在特定情况下自动抛出异常。throw 声明语法格式如下。

```
throw ExObject   //ExObject抛出的异常对象
```

案例学习：throw 语句的应用

本实验目标是了解 throw 语句的应用。
- 实验步骤 1：
创建一个名为"throw 语句的应用演示"的控制台项目。
- 实验步骤 2：
在 Program.cs 文件中编写代码如下。

```
using System;
using System.Collections.Generic;
using System.Linq;
using System.Text;

namespace throw语句的应用演示
{
    class Program
    {
        static void Main(string[] args)
        {
            Console.WriteLine("throw语句的应用——除法运算");
            Console.Write("输入第一个数：");
            double var1 = double.Parse(Console.ReadLine());
            Console.Write("输入第二个数：");
            double var2 = double.Parse(Console.ReadLine());
            Test te = new Test();
            te.Division(var1,var2);
            Console.ReadLine();
        }
    }
    class Test
    {
        public void Division(double var1, double var2)
        {
            if (var2==0)
            {
                //抛出System.DivideByZeroException异常
                throw new System.DivideByZeroException();
            }
            else
            {
                Console.WriteLine(var1+"/"+var2+"={0}", var1 / var2);
            }
        }
    }
}
```

使用零去除一个整数值。按【F5】键调试、运行程序，输出结果，如图 5.25 所示。

图 5.25　输入数值

在"throw 语句的应用演示"控制台应用程序中，定义了一个 Test 类，在 Test 类中定义了一个 Division 的实现除法的方法，先判断分母的值是否为 0，如果为 0，就同 throw 语句抛出异常，如图 5.26 所示。

图 5.26　throw 语句抛出异常

2．try…catch 语句

在 try 中编写可能会出现异常的语句，对语句进行监视。如果出现异常，异常的处理代码放在 catch 语句中。

try…catch 语法格式如下。

```
try
{
    //捕获运行时错误代码
}
catch(异常类名 异常变量名)
{
    //异常处理代码
}
```

案例学习：try…catch 语句的应用

本实验目标是了解 try…catch 语句的应用。

- 实验步骤 1：

创建一个名为"try_catch 使用演示"的控制台项目。

- 实验步骤 2：

在 Program.cs 文件中编写代码如下。

```
using System;
using System.Collections.Generic;
using System.Linq;
using System.Text;

namespace try_catch使用演示
{
    class Program
    {
        static void Main(string[] args)
```

```
        {
            try
            {
                Console.WriteLine("try_catch使用演示");
                Console.Write("请输入第一个数: ");
                string var1 = Console.ReadLine();
                int var2 = Convert.ToInt32(var1);
                Console.ReadLine();
            }
            catch (Exception ex)//捕获异常
            {
                Console.WriteLine("捕获到的异常: {0}", ex);//显示异常信息
                Console.ReadLine();
            }
        }
    }
```

按【F5】键调试、运行程序，输入字符、输出结果，如图5.27所示。

图 5.27 输出结果

在"try_catch 使用演示"控制台应用程序中，先获取输入的值，然后将获取到的值使用 Convert.ToInt32 语句转换成整型。如果出现异常就会被 catch 捕获，然后输出异常信息。

3. try…catch……finally 语句

finally 语句被放在 try…catch 语句之后。try…catch 语句执行完毕后程序都会执行 finally 语句中的程序代码。try…catch……finally 语法格式如下。

```
try
{
    //捕获运行时错误代码
}
catch(异常类名 异常变量名)
{
    //异常处理代码
}
……
```

```
finally
{
    //代码
}
```

案例学习：try…catch……finally 语句的应用

本实验目标是了解 try…catch……finally 语句的应用。
- 实验步骤 1：

创建一个名为"try_catch_finally 语句的演示"控制台项目。
- 实验步骤 2：

在 Program.cs 文件中编写代码如下。

```csharp
using System;
using System.Collections.Generic;
using System.Linq;
using System.Text;

namespace try_catch__finally语句的演示
{
    class Program
    {
        static void Main(string[] args)
        {
            try
            {
                Console.WriteLine("try_catch__finally使用演示");
                Console.Write("请输入第一个数：");
                string var1 = Console.ReadLine();
                int var2 = Convert.ToInt32(var1);
                Console.WriteLine("输入的数为：{0}",var2);
            }
            catch (Exception ex)
            {
                Console.WriteLine("捕获到的异常：{0}", ex);
            }
            finally
            {
                Console.WriteLine("finally中的语句总是执行的");
                Console.ReadLine();
            }
        }
    }
}
```

按【F5】键调试、运行程序，输入字符、输出结果，如图 5.28 和图 5.29 所示。

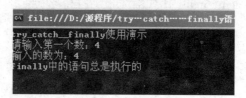

图 5.28　异常结果

图 5.29　无异常结果

在"try_catch_finally 语句的演示"控制台应用程序中，先获取输入的值，然后将获取到的值使用 Convert.ToInt32 语句转换成整型。如果出现异常就会被 catch 捕获，然后输出异常信息，最后执行 finally 中的语句。重新执行程序输入整型数值，无异常，然后也执行了 finally 中的语句。

在 catch 使用中，有时需要多个 catch 块来捕捉异常。

　案例学习：多重 catch 块的应用

本实验目标是了解多重 catch 块的应用。

- 实验步骤 1：

创建一个名为"多重 catch 块的应用"的控制台项目。

- 实验步骤 2：

在 Program.cs 文件中编写代码如下。

```
using System;
using System.Collections.Generic;
using System.Linq;
using System.Text;
namespace 多重catch块的应用
{
    class Program
    {
        static void Main(string[] args)
        {
            try
            {
                Console.WriteLine("try_catch__finally使用演示");
                Console.Write("请输入第一个数：");
```

```
            string var1 = Console.ReadLine();
            int var2 = Convert.ToInt32(var1);
            Console.WriteLine("输入的数为：{0}", var2);
        }
        catch (FormatException fex)
        {
            Console.WriteLine("捕获到的异常：{0}", fex);
        }
        catch (InvalidCastException icex)
        {
            Console.WriteLine("捕获到的异常：{0}", icex);
        }
        finally
        {
            Console.WriteLine("finally中的语句总是执行的");
            Console.ReadLine();
        }
    }
}
```

按【F5】键调试、运行程序，输入字符、输出结果，如图 5.30 所示。

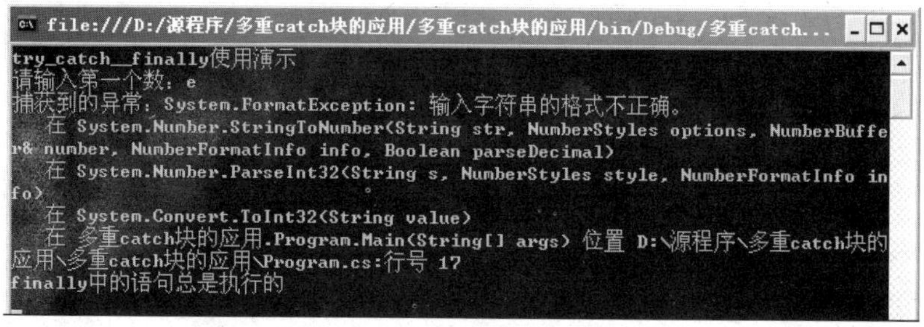

图 5.30 异常结果

程序的错误种类繁多，.NET 类中不可能有全部异常类。有时候需要自己定义异常类。

案例学习：自定义异常的应用

本实验目标是了解自定义异常的应用。
- 实验步骤 1：

创建一个名为"自定义异常演示"的控制台项目。
- 实验步骤 2：

在 Program.cs 文件中编写代码如下。

```
using System;
using System.Collections.Generic;
using System.Linq;
using System.Text;
```

```
namespace 自定义异常演示
{
    public class EmailException : ApplicationException
    {
        public EmailException(string message) : base(message)
        { }
    }
    class Program
    {
        static void Main()
        {
            Console.WriteLine("请输入Email地址");
            string email = Console.ReadLine();
            string[] substrings = email.Split('@');
            try
            {
                if (substrings.Length != 2)
                {
                    throw new EmailException("email地址错误");
                }
                else
                {
                    Console.WriteLine("输入正确");
                }
            }
            catch (EmailException ex)
            {
                Console.WriteLine(ex.Message);
            }
            finally
            {
                Console.ReadLine();
            }
        }
    }
}
```

按【F5】键调试、运行程序，输入邮箱地址，检查地址是否正确，然后输出检查结果，如图5.31所示。

图5.31 输出结果

异常处理语句的注意事项如下。
- 在 try 中，发生错误的语句行之后的语句不会执行。
- 在 try…catch 中只能执行一个 catch 块。
- 如果没有匹配的 catch 对错误进行处理，异常对象将沿调用堆栈向上传播。
- 对于没有异常筛选器的 catch 块，可以捕捉任何类型的异常。
- 异常筛选器中指定的异常类型与异常对象的类型相同。
- 异常筛选器中指定的异常类型与异常对象基类的类型相同。
- 对于多个 catch 块，异常筛选器的排列规则：派生类在前，基类在后。异常筛选器的排列顺序是编译器的检查范围。
- 将具有最具体的(派生程度最高的)异常类的 catch 块放在最前面。。
- 异常的获得有两种途径，一种是系统抛出；另一种是由程序主动抛出。

5.9 组件与程序集

组件是软件系统中相对独立的、以标准化方式向客户端公开一个或多个接口的对象。组件是属性和方法的简单封装，它实现了 IComponent 接口，由 IComponent 类直接或者间接派生的类。组件的分类如下。

(1) 可视化组件(Visual Component)，如 Button 控件。所有的控件都是组件，但所有的组件不一定是控件。

(2) 非可视化组件(Nonvisual Component)，如 Timer 控件。

在 Windows 窗体应用程序中，通过从工具箱中拖动控件的方式创建控件，所有的控件都是组件。例如，可视化控件 Button、Textbox 等；非可视化控件如 Timer 控件、指针控件等。

程序集是.NET 平台下的应用程序的基本构造块。它是.NET 平台的应用程序的部署、版本控制、重用、激活范围和安全权限的最小单元。从程序集的表现上可以将程序集分为可执行程序集，表示程序集入口的 exe 可执行文件；功能程序集，表示程序集入口的 dll 文件。程序集包含描述对自己的内部版本号、它们包含的所有数据和对象类型的详细信息的元数据。程序集可以拥有多个模块。程序集可以作为大型项目中管理资源的一个有效途径，因为程序集仅在需要时才加载。

本 章 小 结

- 继承是获得现有类的功能的过程。
- 创建新类所根据的基础类称为基类或父类，新建的类则称为派生类或子类。
- base 关键字用于从派生类中访问基类成员。
- override 关键字用于修改方法、属性或索引器。new 访问修饰符用于显式隐藏继承自基类的成员。

- 抽象类是指至少包含一个抽象成员(尚未实现的方法)的类。抽象类不能实例化。
- 重写方法就是修改基类中方法的实现。virtual 关键字用于修改方法的声明。
- 接口只包含方法、属性、索引器(有参属性)、事件 4 种成员。方法的实现是在实现接口的类中完成的。
- 组件管理代码编写,在 CLR 构建的组件向开发人员提供了一个全新的混合开发环境。

课 后 习 题

一．单项选择题。

1. 下列哪个不是接口成员(　　)。
   A．方法　　　　　　　　　　B．属性
   C．事件　　　　　　　　　　D．字段
2. 在定义类中的方法时，使用(　　)修饰符将方法声明为虚方法。
   A．sealed 方法　　　　　　　B．public 方法
   C．visual 方法　　　　　　　D．override 方法
3. 在 C#程序中，(　　)错误可使用 try…catch 机制来捕获异常。
   A．语法　　　　　　　　　　B．逻辑
   C．运行　　　　　　　　　　D．拼写
4. 分析下列程序中类 DerivedClass 的定义：

```
class BaseClass
{
public int i;
}
class DerivedClass:BaseClass
{
public new int i;
}
//……省略部分代码……
//以下为main中的使用代码
DerivedClass dc = new DerivedClass();
      BaseClass bc = dc;
      bc.i = 2;
      Console.WriteLine("{0}, {1}", bc.i, dc.i);
```

则下列语句在 Console 上的输出为(　　)。
   A．2,0　　　　　　　　　　　B．2,2
   C．0,2　　　　　　　　　　　D．0,0

二．填空题。

1. 在 C#中调用方法的基类版本语法为_____。

2．C#中有两种实现多态的方法，即_____、_____。

3．异常的获得有两种途径，一种是_____；另一种是由程序_____。

三．编程题。

1．创建一个 student 类，派生自 People 类。People 类具有属性，即姓名和年龄，student 类具有属性，即学号和专业。

2．使用委托实现简单计算器的功能。

按【F5】键调试、运行程序，输出结果如图 5.32 所示。

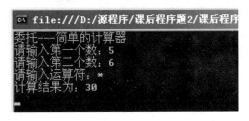

图 5.32　输出结果

第 6 章

Windows 编程基础

本章重点介绍 C# Windows 编程基础，包含有 Windows 和窗体的基本概念说明，常用控件的应用，多文档界面的处理等内容。通过简单实例详细的解说，让读者了解 C#Windows 编程基本技术。

学习目标

(1) 理解 Windows 和窗体的基本概念
(2) 掌握 Winform 中的常用控件的使用
(3) 掌握多文档界面处理
(4) 掌握菜单和菜单组件
(5) 初步掌握窗体界面的美化

6.1 Windows 和窗体的基本概念

6.1.1 Windows Forms 程序基本结构

Windows Forms 应用程序通过窗体的方式为用户通过了一个可视化的界面。用户所使用的大多数应用程序都属于 Windows Forms 应用程序，如记事本、IE 浏览器。编程人员根据应用程序要实现的功能对窗体进行布局，使用户在使用应用程序时，能够更加直观和方便。窗体是对象，它由 Form 类实例化而成。Form 类是所有窗体的基类，它在.NET 类库中的 System.Windows.Forms 命名空间下被定义。

用户可以通过 Visual Studio 2008 集成开发环境快捷地开发窗体应用程序。在第 1 章中简要地介绍了窗体应用程序的创建。现在回顾窗体应用程序的创建的简要方法。打开 Visual Studio 2008 集成开发环境，执行"文件→新建→项目"命令，弹出"新建项目"对话框，在左边的"项目类型"列表框中选择"Visual C#"下的"Windows"选项，然后在右边的"模版"列表框中选择"Windows 窗体应用程序"选项，最后填写项目名称、储存位置和解决方案名称，单击"确定"按钮生成项目。一般而言，Visual C#开发应用程序步骤包括建立项目、界面设计、属性设计和代码设计几个阶段。

在前面的学习中已经说过 Windows 窗体应用程序的创建过程。这里简单地进行回顾。执行"文件→新建→项目"命令，弹出"新建项目"对话框，在左边的"项目类型"列表框中选择"Visual C#"下的"Windows"选项,选择".NET 框架",在右边的"模板"中选择"Windows 窗体应用程序"选项,最后设置名称和位置并单击"确定"按钮,生成项目,如图 6.1 所示。

新建项目完成后,Visual C#将自动创建一个新的默认窗体 Form1,窗体设计器界面如图 6.2 所示。

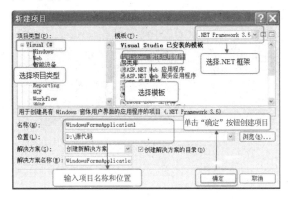

图 6.1　新建 Windows 应用项目

图 6.2　窗体设计器界面

在展开的窗体设计器界面之中,可以通过从工具箱拖动控件到窗口,对控件进行布局,通过属性面板设置控件和窗体的属性,并通过解决方案资源管理器来查看项目文件等。

6.1.2　了解 Winform 程序的代码结构

在编程过程中可以通过多种方式查看后台代码。例如,在"解决方案资源管理器"面板中可以选中想要查看后台代码的窗体,然后右击执行"查看代码"命令;在所要查看的窗体中右击,执行"查看代码"命令;另外也可以通过双击想要查看后台代码的窗体查看后台代码。打开后台的 C#代码,如图 6.3 所示。

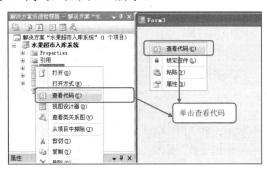

图 6.3　查看 Winform 程序的代码

在默认状态下,通过上述方法查看后台代码,将看到以下类似代码。

```
using System;                              //包含继承类
using System.Collections.Generic;//定义了泛型集合的接口和类.例如,ArrayList、Hashtable等
using System.ComponentModel;   //提供了属性和类型转换器和数据绑定的基类
using System.Data;                          //提供了数据库的访问
using System.Drawing;                     //提供了绘图类
```

```
using System.Linq;//提供了Linq(语言集成查询)的类和接口
using System.Text;//提供了文本类
using System.Windows.Forms;//提供了创建基于Windows的应用程序的类,包括大量的控件
namespace testform //命名空间
{
    public partial class Form1 : Form//窗口继承自Form
    {
        public Form1()
        {
            InitializeComponent();//系统生成的对于窗体界面的定义方法
        }
    }
}
```

小知识

using 语句

using 语句定义引用系统命名空间,具体的操作方法和属性等被定义在该系统的命名控件之中。例如,using system.Data 才能创建数据库连接。自定义类在自定义的命名空间下,通过 using 语句声明自定义的命名空间,从而可以使用该命名空间下的类以及该类的属性和方法。

创建窗口时,自动生成方法 InitializeComponent(),这个方法实际上是由系统生成的用于窗体界面的定义。

```
public partial class Form1 : Form
{
    public Form1()
    {
        InitializeComponent();//系统生成的对于窗体界面的定义方法
    }
}
```

在每一个 Form 文件建立后,都会同时产生程序代码文件.cs 文件以及与之相匹配的.Designer.cs 文件,业务逻辑以及事件方法等被编写在.cs 文件之中,而界面设计规则被封装在.Designer.cs 文件里,下面代码为.Designer.cs 文件的系统自动生成的脚本代码。

```
namespace testform
{
    partial class Form1
    {
        /// <summary>
        /// Required designer variable.
        /// </summary>
        private System.ComponentModel.IContainer components = null;
        /// <summary>
```

```csharp
        /// Clean up any resources being used.
        /// </summary>
        /// <param name="disposing">true if managed resources should be disposed; otherwise, false.</param>
        protected override void Dispose(bool disposing)
        {
            if (disposing && (components != null))
            {
                components.Dispose();
            }
            base.Dispose(disposing);
        }
        #region Windows Form Designer generated code
        /// <summary>
        /// Required method for Designer support - do not modify
        /// the contents of this method with the code editor.
        /// </summary>
        private void InitializeComponent()
        {
            this.components = new System.ComponentModel.Container();
            this.AutoScaleMode = System.Windows.Forms.AutoScaleMode.Font;
            this.Text = "Form1";
        }

        #endregion

    }
}
```

在代码之中,可以很容易发现 InitializeComponent()方法和 Dispose()方法,前者为界面设计的变现内容;后者为表单释放系统资源时的执行编码。

现在来作使用,拖动一个控件到窗体,设置好它的位置及属性,这时候再看.Designer.cs 文件。例如,添加一个 TextBox 控件,代码如下。

```csharp
namespace WindowsFormsApplication1
{
    partial class Form1
    {
        /// <summary>
        /// 必需的设计器变量
        /// </summary>
        private System.ComponentModel.IContainer components = null;
        /// <summary>
        /// 清理所有正在使用的资源
        /// </summary>
        /// <param name="disposing">如果应释放托管资源,为true;否则为false</param>
```

```csharp
protected override void Dispose(bool disposing)
{
    if (disposing && (components != null))
    {
        components.Dispose();
    }
    base.Dispose(disposing);
}

#region Windows 窗体设计器生成的代码

/// <summary>
/// 设计器支持所需的方法 - 不要
/// 使用代码编辑器修改此方法的内容
/// </summary>
private void InitializeComponent()
{
    this.textbox1 = new System.Windows.Forms.TextBox();
    this.SuspendLayout();
    //
    // textBox1
    //
    this.textBox1.Location = new System.Drawing.Point(100, 23);
    this.textBox1.Name = "textBox1";
    this.textBox1.Size = new System.Drawing.Size(100, 21);
    this.textBox1.TabIndex = 0;
    //
    // Form1
    //
    this.AutoScaleDimensions = new System.Drawing.SizeF(6F, 12F);
    this.AutoScaleMode = System.Windows.Forms.AutoScaleMode.Font;
    this.ClientSize = new System.Drawing.Size(292, 266);
    this.Controls.Add(this.textBox1);
    this.Name = "Form1";
    this.Text = "Form1";
    this.ResumeLayout(false);
    this.PerformLayout();
}

#endregion

private System.Windows.Forms.TextBox textBox1;
    }
}
```

可以看到 Visual Studio 2008 自动编 TextBox 等界面元素，因此也可以直接修改.Designer.cs 文件来对控件进行布局。

6.2 Winform 中的常用控件

6.2.1 简介

在 Windows 应用程序中，所有的这些可视化界面组件，统称为控件，常用的控件都是来自 System.Windows.Forms.Control，命名空间下，如 TextBox、Label、ListBox 等。使用这些控件可以创建出丰富的用户界面，以适应不同应用程序的要求。System.Windows.Forms.Control 继承与 System.Windows.Forms 命名空间，form 类表示应用程序的窗口。例如，对话框、无模式窗口和多文档界面(Multiple Document Interface，MDI)客户端窗口及父窗口，同时也可以通过从 UserControl 类派生而创建自己的控件。System.Windows.Forms.Control 命名控件集如图 6.4 所示。

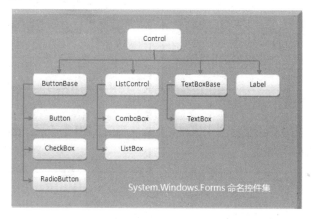

图 6.4 System.Windows.Forms 命名控件集

6.2.2 基本控件使用

1. Label 控件和 Button 控件

Label 控件主要用于显示文本，如错误提示、说明信息等。Button 控件在 Windows 窗体应用程序中非常重要，它能够触发事件来完成用户希望完成的某些操作。例如，问题的提交，登入按钮的实现等功能。Label 控件的常用属性如表 6-1 所示。

表 6-1 Label 控件常用属性

属　　性	描　　述
AutoSize	根据字号自动调整 Label 的大小
BackColor	设置 Label 的背景色
Font	设置字体的属性
TextAlign	文本的位置
Visible	设置控件是否可见

Button 控件主要接收用户功能确认操作，以期执行具体的触发事件。其基本的属性和事件描述如表 6-2 所示。

表6-2　Button控件基本的属性和事件描述

Button控件		描　　述
属性	Text	设置Button显示的文本
	Enabled	设置Button控件是否可以使用
事件	Click	单击按钮时将触发的事件

案例学习：实现Label控件隐藏与显示，窗口打开与关闭

本实验目标是建立两个窗体，如图6.5所示的两个窗体。当单击"Form1"窗口中的"隐藏"按钮时，Label控件将会隐藏；单击"显示"按钮时显示Label控件。单击"打开新窗口"按钮时，打开"Form2"窗口并且关闭当前窗口，单击"关闭当前窗口"时关闭当前窗口。Form2实现相同功能。我们能从这个案例中学习到Label控件隐藏与显示，窗口打开与关闭。

图6.5　窗口打开与关闭窗体目标界面

使用到的控件及控件属性设置如表6-3所示。

表6-3　使用到的控件及控件属性设置

控件类型	控件名	属性设置
Label	Form1中的Label1	Text属性设置为"标签控件的隐藏和显示"
	Form2中的Label1	Text属性设置为"第二个窗口"
Button	Form1中的hidebtn	Text属性设置为"隐藏"
	Form1中的showbtn	Text属性设置为"显示"
	Form1中的newfrmbtn	Text属性设置为"打开新窗口"
	Form1中的clsfrmbtn	Text属性设置为"关闭当前窗口"
	Form2中的frmbtn	Text属性设置为"返回第一个窗口"
	Form2中的clsfrmbtn	Text属性设置为"关闭当前窗口"

- 实验步骤1：

首先创建一个名为"Label控件隐藏与显示_窗口的打开与关闭演示"Windows应用程序，其次再添加一个窗口最后依照图6.5，从工具箱中拖动所需控件到窗体中进行布局。

- 实验步骤2：

分别双击各个按钮，进入后台编写代码，Form1代码如下。

```
using System;
using System.Collections.Generic;
```

```csharp
using System.ComponentModel;
using System.Data;
using System.Drawing;
using System.Linq;
using System.Text;
using System.Windows.Forms;
namespace Label控件隐藏与显示_窗口的打开与关闭演示
{
    public partial class Form1 : Form
    {
        public Form1()
        {
            InitializeComponent();
        }
        private void hidebtn_Click(object sender, EventArgs e)
        {
            label1.Visible = false;       //通过设置label1的Visible属性为false隐藏控件
            //label1.Hide();              //也可以隐藏label1
        }
        private void showbtn_Click(object sender, EventArgs e)
        {
            label1.Visible = true;    //通过设置label1的Visible属性为true显示控件,默认值为true
            //label1.Show();              //也可以显示label1
        }

        private void newfrmbtn_Click(object sender, EventArgs e)
        {
            this.Hide();                //隐藏当前窗口
            Form2 frm2 = new Form2();//实例化窗口
            frm2.ShowDialog();          //显示新窗口
            this.Close();               //关闭当前窗口
        }
        private void clsfrmbtn_Click(object sender, EventArgs e)
        {
            this.Close();               //关闭当前窗口
        }
    }
}
```

Form2 代码如下。

```csharp
using System;
using System.Collections.Generic;
```

```csharp
using System.ComponentModel;
using System.Data;
using System.Drawing;
using System.Linq;
using System.Text;
using System.Windows.Forms;
namespace Label控件隐藏与显示_窗口的打开与关闭演示
{
    public partial class Form2 : Form
    {
        public Form2()
        {
            InitializeComponent();
        }
        private void frmbtn_Click(object sender, EventArgs e)
        {
            this.Hide();
            Form1 frm1 = new Form1();
            frm1.ShowDialog();
            this.Close();
        }
        private void clsfrmbtn_Click(object sender, EventArgs e)
        {
            this.Close();
        }
    }
}
```

2. TextBox 控件

TextBox 控件主要用以接收或显示用户文本信息。其基本的属性和方法定义如表 6-4 所示。

表 6-4 TextBox 控件基本的属性和方法定义

	TextBox 控件	描述
属性	MaxLength	设置文本框中输入的最大字符数
	Multiline	设置是否多行文本
	Passwordchar	设置机密和敏感数据，密码输入字符
	ReadOnly	设置文本框中的文本为只读
	Text	设置显示文本
方法	Clear	删除现有的所有文本
	Show	相当于将控件的 Visible 属性设置为"true"并显示控件
事件	KeyPress	用户按一个键结束时将发生该事件

案例学习：用户登录功能设计

本实验目标是通过 TextBox 控件接受用户输入名称和密码，经过判别为非空性之后，再判断是否符合系统规定的内容，提示用户操作结果。如图 6.6 所示为目标界面。

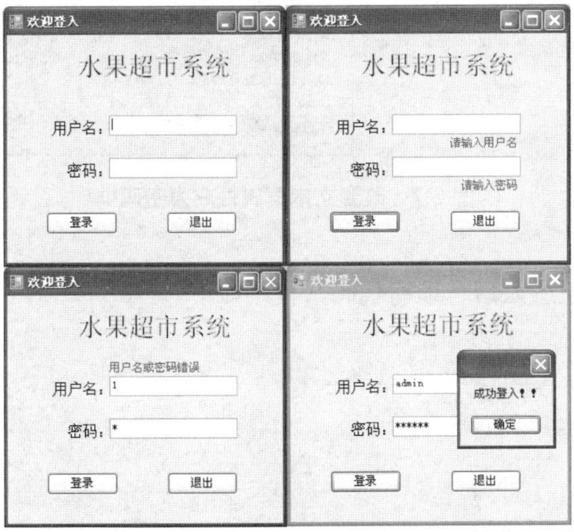

图 6.6 用户登录功能设计目标界面

使用到的控件及控件属性设置如表 6-5 所示。

表 6-5 使用到的控件及控件属性设置

控件类型	控件名	属性设置
Label	label1	Text 属性设置为"水果超市系统"
	label2	Text 属性设置为"用户名"
	label3	Text 属性设置为"密码"
	loginerrorlb	Text 属性设置为"用户名或密码错误" Forecolor 属性设置为"red"
	nameerrorlb	Text 属性设置为"请输入用户名" Forecolor 属性设置为"red"
	pwderrorlb	Text 属性设置为"请输入密码" Forecolor 属性设置为"red"
TextBox	nametxt	
	passwordtxt	PasswordChar 属性设置为"*"
Button	Loginbtn	Text 属性设置为"登录"
	closebtn	Text 属性设置为"退出"

- 实验步骤 1：

首先创建一个名为"登入界面演示"Windows 应用程序，其次再添加一个窗口，最后依照图 6.6，从工具箱中拖动所需控件到窗体中进行布局。注意对于用户密码文本框的设置工作，其更改属性办法如图 6.7 所示。

图 6.7 改变文本框属性成为密码框

- 实验步骤 2：

分别双击各个按钮进入后台编写代码，代码如下。

```
using System;
using System.Collections.Generic;
using System.ComponentModel;
using System.Data;
using System.Drawing;
using System.Linq;
using System.Text;
using System.Windows.Forms;

namespace 登入界面演示
{
    public partial class Form1 : Form
    {
        public Form1()
        {
            InitializeComponent();
        }

        private void loginbtn_Click(object sender, EventArgs e)//登入按钮的单击事件
        {
            if (nametxt.Text == "")          //判断用户名是否为空
            {
                nameerrorlb.Visible = true;//为空,设置Visible属性为true显示控件
            }
            else
            {
              nameerrorlb.Visible = false;//不为空,设置Visible属性为false隐藏控件
            }
            if (passwordtxt.Text == "")      //判断密码是否为空
            {
                pwderrorlb.Visible = true;  //为空,设置Visible属性为true显示控件
            }
```

```
            else
            {
            pwderrorlb.Visible = false;//不为空,设置Visible属性为false隐藏控件
                if (nametxt.Text.Equals("admin") &&
passwordtxt.Text.Equals("123456"))                      //验证用户名和密码是否正确
                {
                    loginerrorlb.Visible = false; //正确设置Visible属性为false
隐藏控件
                    MessageBox.Show("成功登入！！");//显示登入成功
                }
                else
                {
                    loginerrorlb.Visible = true;
                    nametxt.Focus();                    //设置nametxt获得焦点
                }
            }
        }

        private void closebtn_Click(object sender, EventArgs e)
        {
            this.Close();                               //关闭当前窗口
        }
    }
}
```

3. ListBox 控件

ListBox 控件主要用以显示多行文本信息，以向用户提供选择之用。其基本的属性和方法定义如表 6-6 所示。

表 6-6 ListBox 控件基本的属性和方法定义

	ListBox 控件	描 述
属性	Items	列表框中的具体项目需要用户自行编辑
	SelectionMode	指示列表框是单项选择，多项选择还是不可选择
	SelectedIndex	被选中的行索引，默认第一行为 0
	SelectedItem	被选中的行文本内容
	SelectedItems	ListBox 的选择列表集合
	Text	默认的文本内容
方法	ClearSelected	清除当前选择
事件	SelectedIndexChanged	一旦改变选择即触发该事件

案例学习：使用 ListBox 控件

本实验目标是在 Form 窗体上建立一个 ListBox 控件，通过在文本框中添加文本，然后单击添加向 ListBox 添加项。选择 ListBox 中的项，并单击"删除"按钮，将删除选中项。弹出对话框显示错误提示，如图 6.8 所示为目标界面。

图 6.8 使用列表框实验目标界面

使用到的控件及控件属性设置如表 6-7 所示。

表 6-7 使用到的控件及控件属性

控件类型	控件名	属性设置
Label	label1	Text 属性设置为"产品名称:"
TextBox	nametxt	
ListBox	listBox1	
Button	addbtn	Text 属性设置为"添加"
	delbtn	Text 属性设置为"删除"

- 实验步骤 1：

由图 6.8 所示，从工具箱之中拖动列表框 ListBox 控件到 Form 窗体上，调整控件基本属性以达到图 6.8 所示的效果。

- 实验步骤 2：

分别双击各按钮进入.cs 文件编辑状态，准备进行开发，代码如下。

```
using System;
using System.Collections.Generic;
using System.ComponentModel;
using System.Data;
using System.Drawing;
using System.Linq;
using System.Text;
using System.Windows.Forms;
```

```
namespace ListBox控件演示
{
    public partial class Form1 : Form
    {
        public Form1()
        {
            InitializeComponent();
        }

        private void addbtn_Click(object sender, EventArgs e)
        {
            if (nametxt.Text!="")                              //判断是否输入产品名
            {
                string name = nametxt.Text;
                listBox1.Items.Add(name);                      //添加产品
            }
            else
            {
                MessageBox.Show("请输入要添加的产品名称");     //弹出错误提示
            }
        }

        private void delbtn_Click(object sender, EventArgs e)
        {
            if (listBox1.SelectedIndex!=-1)                    //判断是否选中项
            {
                int index = listBox1.SelectedIndex;
                listBox1.Items.RemoveAt(index);                //移除选中项
            }
            else
            {
                MessageBox.Show("请选择一个产品后点击删除");//弹出错误提示
            }
        }
    }
}
```

4. ComboBox 控件

ComboBox 控件是一个多选一控件，主要用以限制用户在给定的范围内选择信息。其基本的属性和方法定义如表 6-8 所示。

表 6-8 ComboBox 控件基本的属性和方法定义

ComboBox 控件		说 明
属性	DropDownStyle	ComboBox 控件的样式
	MaxDropDownItems	下拉区显示的最大项目数
方法	Select	在 ComboBox 控件上选中指定范围的文本

案例学习：使用 ComboBox 控件

本实验目标是在 Form 窗体上建立 3 个 ComboBox 控件以及一个 TextBox 控件。通过这些控件模拟个人信息的提交，通过 MessageBox.Show()显示填写的个人信息，从而掌握 ComboBox 控件的主要属性和方法。其实现目标界面如图 6.9 所示。

图 6.9 ComboBox 控件实现目标界面

使用到的控件及控件属性设置如表 6-9 所示。

表 6-9 使用到的控件及控制属性设置

控件类型	控件名	属性设置
Label	label1	Text 属性设置为"姓名"
	label2	Text 属性设置为"性别"
	label3	Text 属性设置为"地区"
	label4	Text 属性设置为"教育水平"
TextBox	nametxt	
Combobox	sexcmb	
	dqcmb	DropDownStyle 属性设置为"DropDownList"
	jycmb	DropDownStyle 属性设置为"Simple"
Button	Tjbtn	Text 属性设置为"提交"
	closebtn	Text 属性设置为"退出"

● 实验步骤 1：

根据图 6.9，拖动 3 个 ComboBox 控件及一个 TextBox 控件到 Form 窗体上，进行布局和属性设置。设置 DropDownStyle 属性，上面为 DropDown 样式，中间为 DropDownList 样式，下面为 Simple 样式。从外观上看 DropDownList 与 DropDown 两种类型一样，但是 DropDown 类型是可以读写的，而 DropDownList 类型为只读状态。Simple 样式列表信息完全展开，也为只读状态，效果如图 6.10 所示。

● 实验步骤 2：

双击窗体按钮，进入后台代码.cs 文件，代码如下。

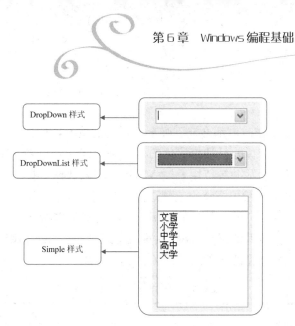

图 6.10　ComboBox 控件 DropDownStyle 属性的 3 种状态

```
using System;
using System.Collections.Generic;
using System.ComponentModel;
using System.Data;
using System.Drawing;
using System.Linq;
using System.Text;
using System.Windows.Forms;
namespace ComboBox控件演示
{
    public partial class Form1 : Form
    {
        public Form1()
        {
            InitializeComponent();
        }
        private void tjbtn_Click(object sender, EventArgs e)
        {
            string name = nametxt.Text;                       //获得姓名
            string sex = sexcmb.SelectedItem.ToString();      //获得性别
            string dq = dqcmb.SelectedItem.ToString();        //获得地区
            string jy = jycmb.SelectedItem.ToString();        //获得教育水平
            string message = string.Format("您的信息：姓名{0},性别{1},地区{2},教育水平{3}",name,sex,dq,jy);
            MessageBox.Show(message);                         //显示信息
        }
        private void closebtn_Click(object sender, EventArgs e)
        {
            this.Close();                                     //关闭应用程序
        }
    }
}
```

5. 对话框

用户在 Windows 操作时，都会遇到弹出对话框的情况，如提示信息、操作警告等。从根本上说对话框是继承窗体并且被模式化的，对话框(Dialog)更多的是从人机交互形式来看的，电脑给出提示所需参数并等待用户输入，用户输入数据后执行，犹如一问一答的对话双方。Windows 程序中一般用窗体来实现这个人机交互形式，由于是用窗体系统实现对话框窗口，为了达到等待用户输入的目的，引入了系统对话框概念。

对话框机制是一种典型的重载过程，该重载是通过 MessageBox.Show()方法具体体现出来的，关于 Show 方法的重载类型如表 6-10 所示。

表 6-10　Show 方法的重载类型

重载方法参数	说　　明
Show(string text);	具有指定文本的消息框
Show(string text, string caption);	具有指定文本和标题的消息框
Show(string text, string caption, MessageBox Buttons buttons);	具有指定文本、标题和按钮的消息框
Show(string text, string caption, MessageBox Buttons buttons, MessageBoxIcon icon);	在指定对象的前面显示具有指定文本、标题、按钮和图标的消息框

案例学习：MessageBox 弹出窗口综合应用

使用 MessageBox.Show()方法弹出的窗体仅仅是显示出来系统窗口界面而已，其他显示并运行的窗口仍然可以在后台运行。MessageBox.Show()主要的作用是进行信息的提示、操作的询问等。MessageBox.Show()有 21 种重载方式。下面将对其中最为常用的几种重载方式的用法进行演示。

本实验目标是在 Form 窗体上建立一系列 Button 控件，通过这些 Button 控件的鼠标单击事件呈现不同的对话框样式，最终显示界面如图 6.11 所示。

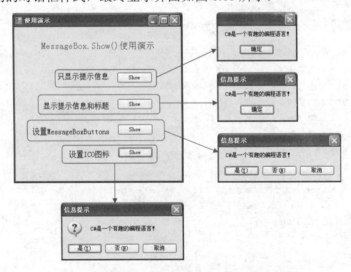

图 6.11　MessageBox.Show()方法重载的不同效果

使用到的控件及控件属性设置如表 6-11 所示。

表 6-11 使用到的控件及控件属性

控件类型	控件名	属性设置
Label	label1	Text 属性设置为"MessageBox.Show"使用演示
	Label2	Text 属性设置为"只显示提示信息"
	label3	Text 属性设置为"显示提示信息和标题"
	label4	Text 属性设置为"设置 MessageBoxButtons"
	label5	Text 属性设置为"设置 ICO 图标"
Button	button1	Text 属性设置为"Show"
	button2	Text 属性设置为"Show"
	button3	Text 属性设置为"Show"
	button4	Text 属性设置为"Show"

- 实验步骤 1：

根据图 6.11，从工具箱之中拖动 4 个 Button 控件和 5 个 Label 控件到 Form 窗体上，并对控件进行布局。

- 实验步骤 2：

分别双击各个按钮，进入后台代码.cs 文件，代码如下。

```
using System;
using System.Collections.Generic;
using System.ComponentModel;
using System.Data;
using System.Drawing;
using System.Linq;
using System.Text;
using System.Windows.Forms;

namespace MessageBox的使用演示
{
    public partial class Form1 : Form
    {
        public Form1()
        {
            InitializeComponent();
        }

        private void button2_Click(object sender, EventArgs e)
        {
            MessageBox.Show("C#是一个有趣的编程语言！");
        }

        private void button1_Click(object sender, EventArgs e)
        {
            MessageBox.Show("C#是一个有趣的编程语言！","信息提示");
        }
```

```csharp
        private void button3_Click(object sender, EventArgs e)
        {
            MessageBox.Show("C#是一个有趣的编程语言！", "信息提示",MessageBoxButtons.YesNoCancel);
        }
        private void button4_Click(object sender, EventArgs e)
        {
            MessageBox.Show("C#是一个有趣的编程语言！", "信息提示",
                MessageBoxButtons.YesNoCancel,MessageBoxIcon.Question);
        }
    }
}
```

在编码过程中需要知道用户单击了哪个按钮，然后再进行其他的操作。对上面的程序添加一个按钮，并添加双击事件，代码如下。

```csharp
        private void button5_Click(object sender, EventArgs e)
        {
            if (MessageBox.Show("是否关闭软件？", "系统信息",MessageBoxButtons.OKCancel) == DialogResult.OK)
            {
                this.Close();
            }
        }
```

6.3 菜单和菜单组件

6.3.1 菜单和菜单组件简介

菜单提供了将命令按不同功能分组，使得用户通过支持使用访问键、启用键盘快捷方式，达到快速操纵软件系统的目的，使用户能够通过菜单方便地进行操作。因此在程序设计中，一个好的菜单，对于一个软件开发具有重要的意义。可以将菜单分为 3 种，分别为菜单栏、主菜单和子菜单，如图 6.12 所示。

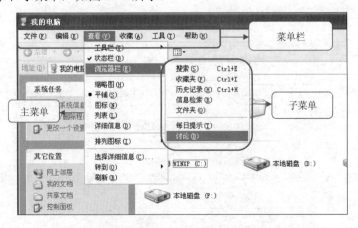

图 6.12 菜单栏、主菜单和子菜单

6.3.2 菜单的实践操作

 案例学习：建立简单的菜单

本实验目标是建立简单的菜单。

- 实验步骤 1：

建立 Winform 窗体并从工具箱的菜单和工具栏中拖动一个 MenuStrip 控件到窗体上。单击菜单控件，输入菜单项，如图 6.13 所示。

- 实验步骤 2：

设置菜单项的快捷访问，在菜单项输入"&F"。设置了快捷键后就可以通过快捷键【Alt+F】来访问文件，如图 6.14 所示。

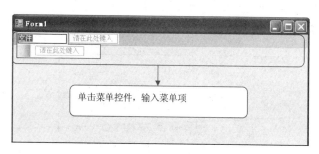

图 6.13 拖放 MenuStrip 控件到窗体上

图 6.14 简单快捷键设置

菜单项的快捷键，除了用"&F"来表示，还可以通过 ShotcutKeys 属性来设置，如图 6.15 所示。

- 实验步骤 3：

为了使不同功能得到划分，需要再添加 Separator 分割线，如图 6.16 所示。

图 6.15 快捷键设置

图 6.16 分割线设置

- 实验步骤 4：

通过 ToolStripMenuItem 中的 Image 属性设置显示图标，如图 6.17 所示。

- 实验步骤 5：

通过以上操作的组合和美化，可以创建出功能完善、界面美观的菜单，如 Microsoft Word 2007 的菜单，如图 6.18 所示。

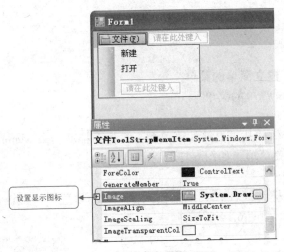

图 6.17 图标显示

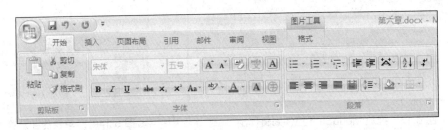

图 6.18 菜单效果

6.4 多文档界面处理

6.4.1 简介

前面所设计的窗口被称为是单文档界面(Single Document Interface，SDI)。但很多时候的应用软件是在多文档界面环境下进行开发设计的。它是从 Windows 2.0 下的 Microsoft Excel 电子表格程序开始引入的，这是因为 Excel 电子表格用户有时需要同时操作多份表格，MDI 正好为这种多表格操作提供了很大的方便，于是就产生了 MDI 程序。在视窗系统 3.1 版本中，MDI 得到了更大范围的应用。其中系统中的程序管理器和文件管理器都是 MDI 程序。

MDI 编程主要是在主窗体中能够新建一个 MDI 窗体，并且能够对主窗体中的所有 MDI 窗体实现层叠、水平平铺和垂直平铺。虽然这些操作比较基本，却是程序设计中的要点和重点。

6.4.2 多文档界面设置及窗体属性

通过将单文档窗体的 IsMdiContainer 属性设置为"True"，才可以被设置成为多文档窗体，如图 6.19 所示。

第6章 Windows 编程基础

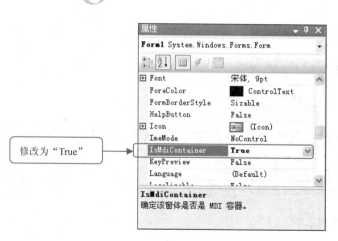

图 6.19 多文档窗体设置

多文档界面的基本属性其实也就是窗体的属性，窗体主要属性、方法和事件如表 6-12 所示。

表 6-12 窗体主要属性、方法和事件

窗	体	描 述
属性	StartPosition	初始窗口位置，一般为了使得窗体启动时居中对齐，多设置该属性值为 CenterScreen
	CancelButton	该属性可以提供自动搜寻当前窗体之中的所有 Button 对象,通过列表有用户确认按 Esc 键后执行那个 Button 按钮
	ControlBox	确定系统是否有图标和最大、最小关闭按钮，属性值为"True"和"False"，当为 False 时则无法看到标题栏目图标和最大、最小关闭按钮
	FormBorderStyle	指定边框和标题栏的外观和行为，共有 7 种效果可供选择，如选择 FixedToolWindow 的时候，仅存关闭按钮，没有最大和最小按钮
	HelpButton	确定窗体的标题栏上是否有帮助按钮
	KeyPreview	确定窗体键盘事件是否已经向窗体注册
	MainMenuStrip	确定键盘激活和多文档中的自动合并
	ShowInTaskbar	确定窗体是否出现在任务栏中
	WindowState	确定窗体的初始可视状态，共有 3 种状态,Normal 为正常态，Maximized 为初始最大化，Minimized 为初始最小化
方法	Activate	当窗体被激活时发生
	MdiChildActivate	当多文档界面子窗体被激活时发生
事件	Activated	每当窗体被激活时发生
	Load	每当用户加载窗体时发生

案例学习：多文档界面的使用

本次实验目标是创建一个简单的多文档记事本程序。首先建立一个主窗体将它设置为父窗体，并在父窗体中创建菜单，通过菜单打开子窗体。最终显示界面如图 6.20 所示。菜单中的选项如图 6.21 所示。

图 6.20 多文档主界面

图 6.21 菜单中的选项

- 实验步骤 1：

根据图 6.21，从工具箱中拖动菜单控件到父窗体中，并设置菜单选项，在 6.3 节中学习了菜单项的设置，在此不重复说明。同时设置父窗体中的 IsMdiContainer 属性为 "True"，设置该项确定该窗体为 MDI 容器。

- 实验步骤 2：

在解决方案资源管理器中，右击，执行"新建→Windows 窗体"命令，命名为 ChildForm，将 ChildForm 作为子窗口，IsMdiContainer 属性为 "False"。在 ChildForm 上添加一个 RichTextBox 控件，设置 Dock 属性为 "Fill"。在本次实例中不在子窗口中编写代码。双击菜单项，进入后台代码，代码如下。

```
using System;
using System.Collections.Generic;
using System.ComponentModel;
using System.Data;
using System.Drawing;
using System.Linq;
using System.Text;
using System.Windows.Forms;

namespace MID演示
{
    public partial class Form1 : Form
    {
        public Form1()
        {
            InitializeComponent();
        }
        private void 层叠ToolStripMenuItem_Click(object sender, EventArgs e)
        {
            this.LayoutMdi(MdiLayout.Cascade);//设置子窗体的排列为层叠
        }
        private void 新建窗口ToolStripMenuItem_Click(object sender, EventArgs e)
```

```
        {
            ChildForm cf = new ChildForm();              //实例化窗口对象
            cf.MdiParent = this;                          //设置窗口的父窗体
            cf.Show();                                    //显示子窗体
        }
        private void 退出ToolStripMenuItem_Click(object sender, EventArgs e)
        {
            this.Close();                                 //退出应用程序
        }
        private void 水平平铺ToolStripMenuItem_Click(object sender, EventArgs e)
        {
            this.LayoutMdi(MdiLayout.TileHorizontal);     //设置子窗体的排列为水平平铺
        }
        private void 垂直平铺ToolStripMenuItem_Click(object sender, EventArgs e)
        {
            this.LayoutMdi(MdiLayout.TileVertical);       //设置子窗体的排列为垂直平铺
        }
    }
}
```

此时，打开的子窗体就只能够在父窗体中活动，不能超出父窗体的范围。从上面的代码中可以看到子窗体有 3 种创建的排列方式，以下对这 3 种排列方式进行简要的说明。

子窗体的层叠源代码如下。

```
this.LayoutMdi(MdiLayout.Cascade);
```

子窗体的水平平铺源代码如下。

```
this.LayoutMdi(MdiLayout.TileHorizontal);
```

子窗体的垂直平铺源代码如下。

```
this.LayoutMdi(MdiLayout.TileVertical);
```

多文档界面窗体排列子窗体的 3 种方式如图 6.22 所示。

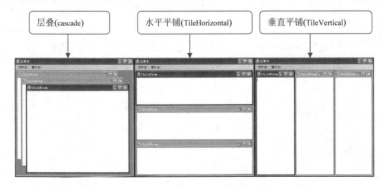

图 6.22　多文档界面窗体排列子窗体的 3 种方式

6.4.3 多文档界面的窗体传值技术

在多文档界面应用程序的开发过程中，有的时候需要做到子窗口之间的数据传递，这种技术称为多文档界面窗口传值。

 案例学习：利用窗体参数定义进行传值

本次实验目标是首先建立一个多文档界面主窗体和两个子窗体，并实现打开某个窗体并录入信息后，可以将信息显示在另一个窗体之中。子窗体传递数据如图 6.23 所示。

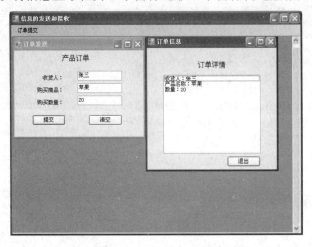

图 6.23 子窗体传递数据

依照图 6.23，创建 3 个窗口，进行布局。分别编写 Form1、Form2、Form3 的后台代码。Form1 窗体中双击菜单项，进入后台代码。

```
using System;
using System.Collections.Generic;
using System.ComponentModel;
using System.Data;
using System.Drawing;
using System.Linq;
using System.Text;
using System.Windows.Forms;

namespace MID窗口间的信息传递
{
    public partial class Form1 : Form
    {
        public Form1()
        {
            InitializeComponent();
        }

        private void 信息发送窗体ToolStripMenuItem_Click(object sender, EventArgs e)
```

```
            {
                Form2 frm2 = new Form2();
                frm2.MdiParent = this;
                frm2.Show();
            }
        }
}
```

Form2 窗体中双击各个按钮的鼠标单击事件源代码如下。

```
using System;
using System.Collections.Generic;
using System.ComponentModel;
using System.Data;
using System.Drawing;
using System.Linq;
using System.Text;
using System.Windows.Forms;
namespace MID窗口间的信息传递
{
    public partial class Form2 : Form
    {
        public Form2()
        {
            InitializeComponent();
        }
        private void tjbtn_Click(object sender, EventArgs e)
        {
            if (nametxt.Text!=""&&commtxt.Text!=""&&numtxt.Text!="")
            {
                Form3 frm3 = new Form3(nametxt.Text,commtxt.Text,numtxt.Text);
                frm3.MdiParent = this.MdiParent;
                frm3.Show();
            }
            else
            {
                MessageBox.Show("请填写完成后点击提交！！");
            }
        }
        private void qkbtn_Click(object sender, EventArgs e)
        {
            nametxt.Text = "";
            commtxt.Text = "";
            numtxt.Text = "";
        }
}
```

Form3 窗体的定义及方法事件源代码如下。

```
using System;
using System.Collections.Generic;
using System.ComponentModel;
using System.Data;
using System.Drawing;
using System.Linq;
using System.Text;
using System.Windows.Forms;

namespace MID窗口间的信息传递
{
    public partial class Form3 : Form
    {
        public Form3(string name,string comm,string num)
        {
            InitializeComponent();
            listBox1.Items.Add("收货人: "+name);
            listBox1.Items.Add("产品名称: " + comm);
            listBox1.Items.Add("数量: " + num);
        }

        private void exitbtn_Click(object sender, EventArgs e)
        {
            this.Close();
        }
    }
}
```

案例学习：如何防止重复打开窗口

在实际使用中用户可能不希望每个窗口都能重复打开，如登录窗口等，因此需要对程序进行修改。订单发送窗口只能打开一个，而信息提示窗口可以重复打开。防止打开重复窗口如图 6.24 所示。

图 6.24 防止打开重复窗口

防止重复打开窗口源代码如下。

```csharp
using System;
using System.Collections.Generic;
using System.ComponentModel;
using System.Data;
using System.Drawing;
using System.Linq;
using System.Text;
using System.Windows.Forms;
namespace MDI限制窗口个数演示
{
    public partial class Form1 : Form
    {
        public Form1()
        {
            InitializeComponent();
        }
        private void 订单提交ToolStripMenuItem_Click(object sender, EventArgse)
        {
            foreach (Form item in this.MdiChildren)
            {
                if (item.Name == "Form2")//判断是否打开过
                {
                    //显示窗口
                    item.Visible = true;
                    //激活窗体
                    item.Activate();
                    //跳出循环
                    return;
                }
            }
            //否则打开子窗体
            Form2 child = new Form2();//实例化窗口
            child.MdiParent = this;      //设置父窗口
            child.Show();                //显示子窗口
        }
        private void 信息提示ToolStripMenuItem_Click(object sender, EventArgs e)
        {
            messagefrm mf = new messagefrm();
            mf.MdiParent = this;
            mf.Show();
        }
    }
}
```

6.5 窗体界面的美化

在使用一个 Windows 应用程序时，首先看到的是用户界面。用户界面的美观关系到用户的使用感受，用户更喜欢使用界面美观的应用程序。但是用户如果单纯地使用 Visual Studio 2008 设计界面，将很难设计出美观的 Windows 应用程序，因此就需要第三方皮肤来进行美好工作。以下就对第三方皮肤的使用进行简单的描述。

案例学习：加载皮肤动态链接库文件并实现界面美化
本实验目标是加载皮肤动态链接库文件并实现界面美化。

- 实验步骤 1：

首先用户可以通过网络下载想要的第三方皮肤，如 IrisSkin2。

- 实验步骤 2：

右击"工具箱"，执行"添加选项卡"命令，新建选项卡 skin，如图 6.25 所示。

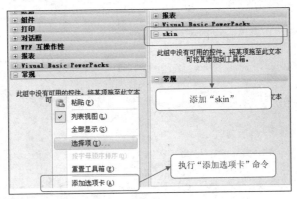

图 6.25　新建选项卡 skin

- 实验步骤 3：

右击 skin，弹出"选择工具箱项"对话框，选择各选项，如图 6.26 所示。

图 6.26　"选择工具箱项"对话框

- 实验步骤 4：

单击"浏览"按钮，导入第三方动态链接库文件 IrisSkin2.dll。导入 IrisSkin2.dll 后，如图 6.27 所示。

图 6.27　在工具箱的"皮肤"树形目录内将出现皮肤控件

- 实验步骤 5：

皮肤文件用法如下。拖动任何一个皮肤控件到窗体上面，并把皮肤中以.SSK 为扩展名的文件复制到 bin 文件夹下的 debug 文件夹下，然后进行如下的编码。

```
public Form1()
{
        InitializeComponent();
        skinEngine1.SkinFile = "MP10.ssk"; //使用皮肤
    }
```

- 实验步骤 6：

皮肤文件的基本效果如图 6.28 所示。

图 6.28　皮肤文件的基本效果

本 章 小 结

- Winform 可用于 Windows 窗体应用程序开发。
- Windows 窗体控件是从 System.Windows.Forms.Control 类派生的类。
- Label 控件用于显示用户不能编辑的文本或图像。
- Button 控件提供用户与应用程序交互的最简便方法。
- ComboBox 控件是 ListBox 控件和 TextBox 控件的组合，用户可以键入文本，也可以从所提供的列表中选择项目。
- 窗体提供了收集、显示和传送信息的界面，是 GUI 的重要元素。

- 消息框显示消息，用于与用户交互。
- 多文档界面的构成，父窗口与子窗口的数据传接技术。

课 后 习 题

编程题。

1．创建"登录"界面，当输入不符合要求出现错误提示。成功登入后打开另一个窗口，并且可以注销返回到登录界面，如图 6.29 和图 6.30 所示。

图 6.29　用户"登录"界面　　　　　图 6.30　用户登录成功界面

2．创建一个窗口，按照图 6.31 所示，添加并布局控件。当单击"<-"按钮，就会把右边的 ListBox 中选中的菜名删除，单击"->"按钮，就会把左边的 listbox 中选中的菜名添加到右边的 ListBox 中。对错误的操作弹出错误窗口，并给出提示信息，如未选中就添加等。

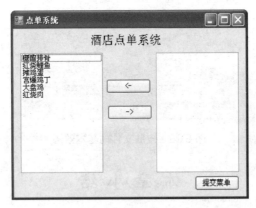

图 6.31　点单系统界面

第 7 章

Web 应用程序开发

本章重点介绍 ASP.NET 的特点及服务器控件的使用。通过简单实例，使读者能够快速地了解 ASP.NET 及其编程环境，为接下来的 Web 编程打下坚实的基础。

学习目标

(1) 了解 ASP.NET 的特点
(2) 了解服务器控件及其语法
(3) 掌握各种标准服务器控件的属性
(4) 熟悉各种标准服务器控件的使用

7.1 ASP.NET 简介

ASP.NET 是建立在通用语言上的程序构架，它是一项功能强大、非常灵活的服务器端技术，用于创建动态 Web 页面。在 ASP.NET 之前的动态语言产品是 ASP，ASP 的出现给 Web 的开发带来了一次革新，但是由于只能使用脚本语言，主要是 JavaScript 或 Visual Basic Script，因此它的功能不够强大，也不支持编程语言的全部功能。

ASP.NET 并不是 ASP 的升级版本，而是 Microsoft 推出的下一代 ASP。ASP.NET 带来了全新的体验和强大的优势。例如，执行效率提高；有 Visual Studio 开发环境的支持；功能强大；良好的适应性；简单易学；可靠高效的管理；完善的安全功能；可扩展性；多核环境的可靠性。

编辑 ASP.NET 程序之前，先看 ASP.NET 的程序设计环境，如图 7.1、图 7.2 和图 7.3 所示。

ASP.NET 应用程序通常是由一个或多个 ASP.NET 页、Web 窗体代码文件和配置文件构成。Web 窗体中有一个.aspx 文件，这个文件实际上是一个 HTML 文件，但是不同于一般的 HTML 文件，在其中包含一些特殊的.NET 标记。ASP.NET 中的文件类型如表 7-1 所示。

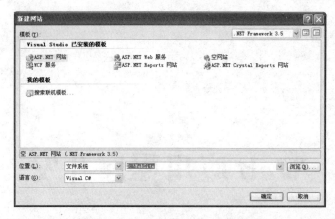

图 7.1 建立 ASP.NET 应用程序窗口

图 7.2 ASP.NET 应用程序的源代码窗口

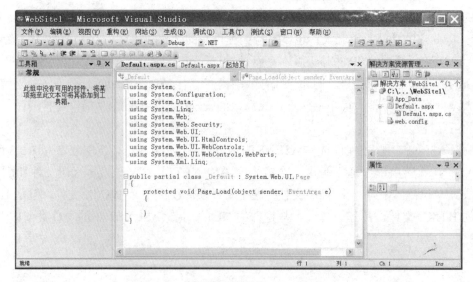

图 7.3 ASP.NET 应用程序的编程窗口

表 7-1　ASP.NET 中的文件类型

文件扩展名	描　　述
Global.asax	ASP.NET 系统环境配置文件
.aspx	内含 ASP 程序代码文件，浏览器可执行此类文件，向服务器提出浏览要求
.asmx	制作 Web Service 的原始文件
.sdl	制作 Web Service 的 XML 格式的文件
Vb 或.cs	在非 ASP.NET 环境下，执行 Web Service 的文件
.aspc	可重复使用在多个.aspx 文件中，此文件内含有控件
.ascx	内含 User Control 的文件，可内含在多个.aspx 文件中

7.2　使用 ASP.NET 控件

ASP.NET 常用控件的分类如下。
- 标准控件，服务器端控件，如 TextBox、Button。
- 导航控件，如 Menu、SiteMap、TreeView。
- 数据控件，数据访问控件，如 GridView、DataList。
- 验证控件，验证用户输入，如 RangeValidator。
- HTML 控件，与标准的 HTML 表单元素一一对应，可以同时在客户端和服务器端使用，在服务器端使用时其属性标记中加上 runat="server"。

7.2.1　Label 控件

Label 控件用于显示文本、提示信息，如文本框和窗体标题。Label 的 ASPX 代码如下。

```
<asp:Label ID="Lblbook" runat="server" Text="图书"></asp:Label>
```

Label 的主要属性有 Text 属性，用来设置显示文本；Font 属性，用来设置文本字体。

7.2.2　TextBox 控件

TextBox 控件用来提供文本的输入和显示。TextBox 的 ASPX 代码如下。

```
<asp:TextBox ID="TxtSample" runat="server" Text="TextBox Sample">
</asp:TextBox>
```

TextBox 的主要属性如下。
- Text 属性：设置显示文本。
- TextMode 属性：设置文本输入显示模式，"SingleLine"为单行文本；"Password"为密码文本；"Multiline"为多行文本。
- MaxLength 属性：设置允许输入的最大字符数。
- Columns 属性：设置文本框的宽度。

案例学习：TextBox控件使用演示

本实验目标是学会在 ASP.NET 应用程序中使用 TextBox 控件，利用 TextBox 控件实现文本的输入操作。实现的效果图如图 7.4 所示。使用到的控件及控件属性设置如表 7-2 所示。

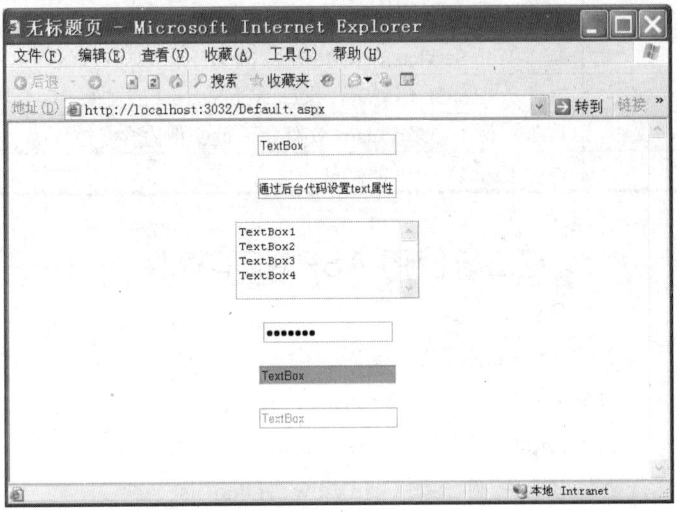

图 7.4 用 TextBox 控件实现文本输入的 ASP.NET 应用程序截图

表 7-2 使用到的控件及控件属性设置

控 件 类 型	控 件 名	属 性 设 置
TextBox	textbox1	TextMode 属性设置为"Multiline"
	textbox2	BackColor 属性设置为"#6699EF"
	textbox3	ForeColor 属性设置为"#00CC99"
	textbox4	
	textbox5	TextMode 属性设置为"Password"
	textbox6	

- 实验步骤1：

在 Visual Studio 2008 编程环境下，执行"文件→新建→网站"命令。在弹出的对话框中选择"ASP.NET 网站"选项，位置选择"文件系统"，并在右边输入项目的路径，语言选择"Visual C#"。单击"确定"按钮建立一个网站。网站有两个默认的文件 Default.aspx 和 Default.aspx.cs。

- 实验步骤2：

选择 Default.aspx，并在中间编辑区选择"源"，填写代码如下。

```
<%@ Page Language="C#" AutoEventWireup="true" CodeFile="Default.aspx.cs" Inherits="_Default" %>

<!DOCTYPE html PUBLIC "-//W3C//DTD XHTML 1.0 Transitional//EN" "http://www.w3.org/TR/xhtml1/DTD/xhtml1-transitional.dtd">

<html xmlns="http://www.w3.org/1999/xhtml">
<head runat="server">
```

```
        <title>无标题页</title>
    </head>
    <body>
        <form id="form1" runat="server">
        <div style="text-align: center">
            <asp:TextBox ID="TextBox4" runat="server"></asp:TextBox>
            <br />
            <br />
            <asp:TextBox ID="TextBox6" runat="server"></asp:TextBox>
            <br />
            <br />
            <asp:TextBox ID="TextBox1" runat="server" Height="79px" TextMode="MultiLine"
                Width="199px"></asp:TextBox>
            <br />
            <br />
            <asp:TextBox ID="TextBox5" runat="server" TextMode="Password"></asp:TextBox>
            <br />
            <br />
            <asp:TextBox ID="TextBox2" runat="server" BackColor="#6699FF"></asp:TextBox>
            <br />
            <br />
            <asp:TextBox ID="TextBox3" runat="server" ForeColor="#00CC99"></asp:TextBox>
        </div>
        </form>
    </body>
</html>
```

- 实验步骤 3：

选择 Default.aspx.cs，编写代码如下。

```
using System;
using System.Configuration;
using System.Data;
using System.Linq;
using System.Web;
using System.Web.Security;
using System.Web.UI;
using System.Web.UI.HtmlControls;
using System.Web.UI.WebControls;
using System.Web.UI.WebControls.WebParts;
using System.Xml.Linq;
public partial class _Default : System.Web.UI.Page
{
    protected void Page_Load(object sender, EventArgs e)
    {
```

```
            TextBox6.Text = "通过后台代码设置text属性";
        }
}
```

- 实验步骤 4：

选择 Default.aspx，右击编辑区，选择"在浏览器中查看"，在 TextBox 控件内输入文字。

7.2.3 Button 控件

Button 控件用于创建按钮，并通过按钮可以执行想要完成的操作，如弹出通知窗口等。Button 的 ASPX 代码如下。

```
<asp:Button ID="BtnSample" runat="server" Text="Sample" />
```

Button 控件的主要属性如下。

- Text 属性：设置显示文本。
- CausesValidation 属性：设置当 Button 被单击时是否验证页面。
- CommandArgument 属性：设置有关要执行的命令的附加信息。
- CommandName 属性：设置与 Command 相关的命令。
- OnClientClick 属性：设置当按钮被单击时被执行的函数的名称。
- PostBackUrl 属性：设置当 Button 控件被单击时从当前页面传送数据的目标页面统一资源定位符(Uniform Resource Locator，URL)。
- runat 属性：设置规定该控件是服务器控件，必须设置为"server"。
- UseSubmitBehavior 属性：设置一个值，该值指示 Button 控件是使用浏览器的提交机制，还是使用 ASP.NET 的 postback 机制。
- ValidationGroup 属性：设置当 Button 控件回传服务器时，该 Button 所属的哪个控件组引发了验证。

案例学习：Button控件使用演示

本实验目标是学会在 ASP.NET 应用程序中使用 Button 控件，利用 Button 控件实现按钮的操作。实现的效果图如图 7.5 所示。

图 7.5　用 Button 控件实现按钮的 ASP.NET 应用程序截图

使用到的控件及控件属性设置如表 7-3 所示。

表 7-3　使用到的控件及控件属性设置

控件类型	控件名	属性设置
Label	label1	Text 属性设置为"加法计算器"
	label2	Text 属性设置为"+"

续表

控件类型	控件名	属性设置
TextBox	var1txt	
	var2txt	
	resultstxt	
Button	Showbtn	Text 属性设置为 "="

- 实验步骤 1：

在 Visual Studio 2008 编程环境下，执行"文件→新建→网站"命令。在弹出的对话框中选择"ASP.NET Web Site"选项，位置选择"文件系统"并在右边输入项目的路径，语言选择"Visual C#"。单击"确定"按钮建立一个网站。网站有两个默认的文件 Default.aspx 和 Default.aspx.cs。

- 实验步骤 2：

选择 Default.aspx，并在中间编辑区选择"源"，填写代码如下。

```
<%@ Page Language="C#" AutoEventWireup="true" CodeFile="Default.aspx.cs"
Inherits="_Default" %>

<!DOCTYPE html PUBLIC "-//W3C//DTD XHTML 1.0 Transitional//EN"
"http://www.w3.org/TR/xhtml1/DTD/xhtml1-transitional.dtd">

<html xmlns="http://www.w3.org/1999/xhtml">
<head runat="server">
    <title>无标题页</title>
</head>
<body>
    <form id="form1" runat="server">
    <div style="text-align: center">
        <br />
        <asp:Label ID="Label1" runat="server" Text="加法计算器" Font-Names="微软雅黑"
            Font-Size="30pt"></asp:Label>
        <br />
        <br />
        <asp:TextBox ID="var1txt" runat="server" Width="55px"></asp:TextBox>
         <asp:Label ID="Label2" runat="server" Text="+" Font-Names="微软雅黑"
            Font-Size="30pt"></asp:Label>
         <asp:TextBox ID="var2txt" runat="server" Width="55px"></asp:TextBox>
          
        <asp:Button ID="Calbtn" runat="server" Height="30px" onclick="showbtn_Click"
            style="text-align: center" Text="=" Width="46px" Font-Names="微软雅黑"
            Font-Size="20pt" />
```

```
              
            <asp:TextBox ID="resultstxt" runat="server"
Width="55px"></asp:TextBox>
            <br />
            <br />
        </div>
    </form>
</body>
</html>
```

- 实验步骤3：

选择 Default.aspx.cs，编写代码如下。

```
using System;
using System.Configuration;
using System.Data;
using System.Linq;
using System.Web;
using System.Web.Security;
using System.Web.UI;
using System.Web.UI.HtmlControls;
using System.Web.UI.WebControls;
using System.Web.UI.WebControls.WebParts;
using System.Xml.Linq;
public partial class _Default : System.Web.UI.Page
{
    protected void Page_Load(object sender, EventArgs e)
    {

    }
    protected void showbtn_Click(object sender, EventArgs e)
    {
        double var1 = double.Parse(var1txt.Text);
        double var2 = double.Parse(var2txt.Text);
        resultstxt.Text = (var1 + var2).ToString();
    }
}
```

- 实验步骤 4：

选择 Default.aspx，右击编辑区，选择"在浏览器中查看"，在 Button 控件内输入文字。

7.2.4 HyperLink 控件

HyperLink 控件是一个超链接控件，使用它可以建立文本超链接或图片超链接。HyperLink 的 ASPX 代码如下。

```
<asp:HyperLink ID="Hlkbaidu" runat="server"
NavigateUrl="www.baidu.com">
Baidu </asp:HyperLink>
```

HyperLink 控件的属性如下。
- Text 属性：设置或获取按钮上所显示的文本。
- Imageurl 属性：设置显示的图片 URL。同时设置 Text 属性和 Imageurl 属性，显示图片。
- NavigateUrl 属性：设置所要链接 URL。
- Target 属性：显示目标框架的名称。例如，_Blank：将新网页的内容加载到一个新的不带框架的窗口中；_Self：将新页的内容加载到当前的窗口或框架中；_Parent：将新页的内容加载到父框架中。

案例学习：HyperLink控件使用演示

本实验目标是学会在 ASP.NET 应用程序中使用 HyperLink 控件，利用 HyperLink 控件实现超链接的操作。实现的效果图如图 7.6 和图 7.7 所示。

图 7.6　用 HyperLink 控件实现超链接的 ASP.NET 应用程序截图一

图 7.7　用 HyperLink 控件实现超链接的 ASP.NET 应用程序截图二

使用到的控件及控件属性设置如表 7-4 所示。

表 7-4　使用到的控件及控件属性设置

控件类型	控件名	属性设置
Label	Addition 页中的 label1	Text 属性设置为 "加法计算器"
	Addition 页中的 label2	Text 属性设置为 "+"
	Subtraction 页中的 label1	Text 属性设置为 "减法计算器"
	Subtraction 页中的 label1	Text 属性设置为 "-"
TextBox	Addition 页中的 var1txt	
	Addition 页中的 var2txt	
	Addition 页中的 resultstxt	
	Subtraction 页中的 var1txt	
	Subtraction 页中的 var2txt	
	Subtraction 页中的 resultstxt	
HyperLink	Addition 页中的 HyperLink1	NavigateUrl 属性设置为 "~/Subtraction.aspx" 或者通过 url 选择进行设置
	Subtraction 页中的 HyperLink1	NavigateUrl 属性设置为 "~/Addition.aspx" 或者通过 url 选择进行设置
Button	Addition 页中的 Showbtn	Text 属性设置为 "="
	Subtraction 页中的 Showbtn	Text 属性设置为 "="

- 实验步骤 1：

在 Visual Studio 2008 编程环境下，执行"文件→新建→网站"命令。在弹出的对话框中选择"ASP.NET Web Site"选项，位置选择"文件系统"并在右边输入项目的路径，语言选择"Visual C#"。单击"确定"按钮建立一个网站。网站有两个默认的文件 Default.aspx 和 Default.aspx.cs。对默认页重命名为"Addition.aspx",在"HyperLink 控件使用演示"项目下添加新页"Subtraction.aspx"。

- 实验步骤 2:

选择 Addition.aspx,并在中间编辑区选择"源",编写代码如下。

```
<%@ Page Language="C#" AutoEventWireup="true" CodeFile="Addition.aspx.cs" Inherits="_Default" %>

<!DOCTYPE html PUBLIC "-//W3C//DTD XHTML 1.0 Transitional//EN" "http://www.w3.org/TR/xhtml1/DTD/xhtml1-transitional.dtd">

<html xmlns="http://www.w3.org/1999/xhtml">
<head runat="server">
    <title>无标题页</title>
</head>
<body>
    <form id="form1" runat="server">
    <div style="text-align: center">
        <br />
        <asp:Label ID="Label1" runat="server" Text="加法计算器" Font-Names="微软雅黑"
            Font-Size="30pt"></asp:Label>
        <br />
        <br />
        <asp:TextBox ID="var1txt" runat="server" Width="55px"></asp:TextBox>
         <asp:Label ID="Label2" runat="server" Text="+" Font-Names="微软雅黑"
            Font-Size="30pt"></asp:Label>
         <asp:TextBox ID="var2txt" runat="server" Width="55px"></asp:TextBox>
          
        <asp:Button ID="Calbtn" runat="server" Height="30px" onclick="showbtn_Click"
            style="text-align: center" Text="=" Width="46px" Font-Names="微软雅黑"
            Font-Size="20pt" />
          
        <asp:TextBox ID="resultstxt" runat="server" Width="55px"></asp:TextBox>
        <br />
        <br />
        <%--    实现超链接--%>
        <asp:HyperLink ID="HyperLink1" runat="server" NavigateUrl="~/Subtraction.aspx">进行减法,请点击</asp:HyperLink>
```

```
        <br />
    </div>
    </form>
</body>
</html>
```

选择 Subtraction.aspx，并在中间编辑区选择"源"，填写代码如下。

```
<%@ Page Language="C#" AutoEventWireup="true"
CodeBehind="Subtraction.aspx.cs" Inherits="HyperLink控件使用演示.WebForm1" %>

<!DOCTYPE html PUBLIC "-//W3C//DTD XHTML 1.0 Transitional//EN"
"http://www.w3.org/TR/xhtml1/DTD/xhtml1-transitional.dtd">

<html xmlns="http://www.w3.org/1999/xhtml">
<head id="Head1" runat="server">
    <title>无标题页</title>
</head>
<body>
    <form id="form1" runat="server">
    <div style="text-align: center">
        <br />
        <asp:Label ID="Label1" runat="server" Text="减法计算器" Font-Names="微软雅黑"
            Font-Size="30pt"></asp:Label>
        <br />
        <br />
        <asp:TextBox ID="var1txt" runat="server" Width="55px" ></asp:TextBox>
         <asp:Label ID="Label2" runat="server" Text="-" Font-Names="微软雅黑"
            Font-Size="30pt"></asp:Label>
         <asp:TextBox ID="var2txt" runat="server"
Width="55px"></asp:TextBox>
          
        <asp:Button ID="Calbtn" runat="server" Height="30px"
onclick="showbtn_Click"
            style="text-align: center" Text="=" Width="46px" Font-Names="微软雅黑"
            Font-Size="20pt" />
          
        <asp:TextBox ID="resultstxt" runat="server"
Width="55px"></asp:TextBox>
        <br />
        <br />
<%--        实现超链接--%>
        <asp:HyperLink ID="HyperLink1" runat="server"
NavigateUrl="~/Addition.aspx">进行加法，请点击</asp:HyperLink>
        <br />
```

```
            </div>
        </form>
</body>
</html>
```

- 实验步骤3：

选择 Addition.aspx.cs，编写代码如下。

```
using System;
using System.Collections.Generic;
using System.Linq;
using System.Web;
using System.Web.UI;
using System.Web.UI.WebControls;
namespace HyperLink控件使用演示
{
    public partial class Addition : System.Web.UI.Page
    {
        protected void Page_Load(object sender, EventArgs e)
        {
        }
        protected void showbtn_Click(object sender, EventArgs e)
        {
            double var1 = double.Parse(var1txt.Text);
            double var2 = double.Parse(var2txt.Text);
            resultstxt.Text = (var1 + var2).ToString();
        }
    }
}
```

选择 Subtraction.aspx.cs，编写代码如下。

```
using System;
using System.Collections.Generic;
using System.Linq;
using System.Web;
using System.Web.UI;
using System.Web.UI.WebControls;
namespace HyperLink控件使用演示
{
    public partial class WebForm1 : System.Web.UI.Page
    {
        protected void Page_Load(object sender, EventArgs e)
        {
        }
        protected void showbtn_Click(object sender, EventArgs e)
```

```
        {
            double var1 = double.Parse(var1txt.Text);
            double var2 = double.Parse(var2txt.Text);
            resultstxt.Text = (var1 - var2).ToString();
        }
    }
}
```

- 实验步骤 4：

选择 Addition.aspx，右击编辑区，选择"在浏览器中查看"，在 Hyper Link 控件内输入文字。

7.2.5 DropDownList 控件

DropDownList 控件用于创建下拉列表框，只能有一个选项处于选中状态。

DropDownList 的 ASPX 代码：

```
<asp:DropDownList ID="Ddwbook" runat="server">
        <asp:ListItem Value="1">红楼梦</asp:ListItem>
        <asp:ListItem Value="2">水浒传</asp:ListItem>
</asp:DropDownList>
```

DropDownList 控件的主要属性如下。

- AutoPostBack 属性：设置当下拉列表项发生变化时是否主动向服务器提交整个表单，默认是"False"，即不主动提交；如果设置为"True"，就可以编写它的 SelectedIndexChanged 事件处理代码进行相关处理。
- DataTextField 属性：设置列表项的可见部分的文字。
- DataValueField 属性：设置列表项的值部分。
- Items 属性：设置或获取控件的列表项的集合。
- SelectedIndex 属性：设置或获取 DropDownList 控件中的选中项的索引。
- SelectedItem 属性：获取列表控件中索引最小的选中项。
- SelectedValue 属性：获取列表控件中选中项的值，或选择列表控件中包含指定值的项。

案例学习：用DropDownList实现列表

本实验目标是学会在 ASP.NET 应用程序中使用 DropDownList 控件，利用 DropDownList 控件实现列表的操作。实现的效果图如图 7.8 所示。

图 7.8　用 DropDownList 实现列表的 ASP.NET 应用程序截图

使用到的控件及控件属性设置如表 7-5 所示。

表 7-5 使用到的控件及控件属性设置

控件类型	控件名	属性设置
Label	label1	Text 属性设置为"加减法计算器"
TextBox	var1txt	
	var2txt	
	resultstxt	
DropDownList	Operatorsddlist	Items 属性设置，添加两个 ListItem 成员，分别为"+"和"-"
Button	Showbtn	Text 属性设置为"="

- 实验步骤 1：

在 Visual Studio 2008 编程环境下，执行"文件→新建→网站"命令。在弹出的对话框中选择"ASP.NET Web Site"选项，位置选择"文件系统"并在右边输入项目的路径，语言选择"Visual C#"。单击"确定"按钮建立一个网站。网站有两个默认的文件 Default.aspx 和 Default.aspx.cs。

- 实验步骤 2：

选择 Default.aspx，并在中间编辑区选择"源"，填写代码如下。

```
<%@ Page Language="C#" AutoEventWireup="true" CodeFile="Default.aspx.cs"
Inherits="_Default" %>

<!DOCTYPE html PUBLIC "-//W3C//DTD XHTML 1.0 Transitional//EN"
"http://www.w3.org/TR/xhtml1/DTD/xhtml1-transitional.dtd">

<html xmlns="http://www.w3.org/1999/xhtml">
<head runat="server">
    <title>无标题页</title>
</head>
<body>
    <form id="form1" runat="server">
    <div style="text-align: center">
      <br />
      <asp:Label ID="Label1" runat="server" Text="加减法计算器" Font-Names="微软雅黑"
        Font-Size="30pt"></asp:Label>
      <br />
      <br />
      <asp:TextBox ID="var1txt" runat="server" Width="55px" ></asp:TextBox>
       <asp:DropDownList ID="Operatorsddlist" runat="server" AutoPostBack="True"
        Font-Names="微软雅黑" Font-Size="15pt">
        <asp:ListItem>+</asp:ListItem>
        <asp:ListItem>-</asp:ListItem>
      </asp:DropDownList>
       <asp:TextBox ID="var2txt" runat="server"
```

```
Width="55px"></asp:TextBox>
              
            <asp:Button ID="Calbtn" runat="server" Height="30px"
onclick="showbtn_Click"
              style="text-align: center" Text="=" Width="46px" Font-Names="
微软雅黑"
              Font-Size="20pt" />
          
            <asp:TextBox ID="resultstxt" runat="server"
Width="55px"></asp:TextBox>
            <br />
            <br />
        </div>
        </form>
    </body>
</html>
```

- 实验步骤3：

选择Default.aspx.cs，编写代码如下。

```
using System;
using System.Configuration;
using System.Data;
using System.Linq;
using System.Web;
using System.Web.Security;
using System.Web.UI;
using System.Web.UI.HtmlControls;
using System.Web.UI.WebControls;
using System.Web.UI.WebControls.WebParts;
using System.Xml.Linq;
public partial class _Default : System.Web.UI.Page
{
    protected void Page_Load(object sender, EventArgs e)
    {
    }
    protected void showbtn_Click(object sender, EventArgs e)
    {
        double results = 0;
        switch (Operatorsddlist.SelectedValue)
        {
            case "+":
                results = int.Parse(var1txt.Text) + int.Parse(var2txt.Text);
                resultstxt.Text = results.ToString();
                break;
            case "-":
                results = int.Parse(var1txt.Text) - int.Parse(var2txt.Text);
```

```
                resultstxt.Text = results.ToString();
                break;
            default:
                break;
        }
    }
}
```

- 实验步骤 4：

选择 Default.aspx，右击编辑区，选择"在浏览器中查看"，在 DropDown List 控件中输入文字。

7.2.6 ListBox 控件

ListBox 控件用于创建列表框。ListBox 控件可以设置为允许多选，可以设置为显示多行。ListBox 的 ASPX 代码如下。

```
<asp:ListBox ID="Lstbook" runat="server">
        <asp:ListItem Value="1">红楼梦</asp:ListItem>
        <asp:ListItem Value="2">水浒传</asp:ListItem>
</asp:ListBox>
```

ListBox 控件的主要属性如下。
- Rows 属性：设置 ListBox 控件显示的行数。
- SelectionMode 属性：设置 ListBox 的选择模式，"Single"为单项选择；"Multiline"为多项选择。
- Selected 属性：Items 集合元素属性，对应选项的选择状态，True 为选中，False 为未选中。

案例学习：用ListBox实现列表

本实验目标是学会在 ASP.NET 应用程序中使用 ListBox 控件，利用 ListBox 实现列表的操作。实现的效果图如图 7.9 和图 7.10 所示。

图 7.9 用 ListBox 实现列表的 ASP.NET 应用程序截图

图 7.10 程序运行

使用到的控件及控件属性设置如表 7-6 所示所示。

表 7-6　使用到的控件及控件属性设置

控件类型	控件名	属性设置
Label	label1	Text 属性设置为"水果清单:"
	label2	Text 属性设置为"你选择的水果是"
	label3	Text 属性设置为"请输入要添加的水果名称:"
	selectnamelb	BackColor 属性设置为"#6699FF" ForeColor 属性设置为"White"
TextBox	nametxt	
ListBox	fruitslist	
Button	addbtn	Text 属性设置为"添加"

- 实验步骤 1：

在 Visual Studio 2008 编程环境下，执行"文件→新建→网站"命令。在弹出的对话框中选择"ASP.NET Web Site"选项，位置选择"文件系统"并在右边输入项目的路径，语言选择"Visual C#"。单击"确定"按钮建立一个网站。网站有两个默认的文件 Default.aspx 和 Default.aspx.cs。

- 实验步骤 2：

选择 Default.aspx，并在中间编辑区选择"源"，填写代码如下。

```
<%@ Page Language="C#" AutoEventWireup="true" CodeFile="Default.aspx.cs" Inherits="_Default" %>

<!DOCTYPE html PUBLIC "-//W3C//DTD XHTML 1.0 Transitional//EN" "http://www.w3.org/TR/xhtml1/DTD/xhtml1-transitional.dtd">

<html xmlns="http://www.w3.org/1999/xhtml">
<head runat="server">
    <title>无标题页</title>
</head>
<body>
    <form id="form1" runat="server">
    <div style="text-align: center">
        <asp:Label ID="Label1" runat="server" Font-Names="微软雅黑" Font-Size="20pt"
            Text="水果清单："></asp:Label>
        <br />
        <br />
        <asp:ListBox ID="fruitslist" runat="server" AutoPostBack="True" Height="131px"
            onselectedindexchanged="fruitslist_SelectedIndexChanged"
            style="text-align: center" Width="201px">
            <asp:ListItem>苹果</asp:ListItem>
            <asp:ListItem>西瓜</asp:ListItem>
            <asp:ListItem>桃子</asp:ListItem>
        </asp:ListBox>
        <br />
        <br />
```

```
            <asp:Label ID="Label3" runat="server" Text="你选择的水果是
"></asp:Label>
            <asp:Label ID="selectnamelb" runat="server" BackColor="#6699FF"
                ForeColor="White"></asp:Label>
            <br />
            <br />
            <asp:Label ID="Label2" runat="server" Text="请输入要添加的水果名称：
"></asp:Label>
            <br />
            <br />
            <asp:TextBox ID="nametxt" runat="server"></asp:TextBox>
       
            <asp:Button ID="addbtn" runat="server" onclick="addbtn_Click" Text="添加" />
        </div>
        </form>
    </body>
    </html>
```

- 实验步骤3：

选择 Default.aspx.cs，编写代码如下。

```
using System;
using System.Configuration;
using System.Data;
using System.Linq;
using System.Web;
using System.Web.Security;
using System.Web.UI;
using System.Web.UI.HtmlControls;
using System.Web.UI.WebControls;
using System.Web.UI.WebControls.WebParts;
using System.Xml.Linq;
public partial class _Default : System.Web.UI.Page
{
    protected void Page_Load(object sender, EventArgs e)
    {

    }
    protected void addbtn_Click(object sender, EventArgs e)
    {
        string name = nametxt.Text;
        fruitslist.Items.Add(name);                    //添加项
    }
    protected void fruitslist_SelectedIndexChanged(object sender, EventArgs e)
    {
```

```
            string fruitname = "";
            foreach (ListItem item in fruitslist.Items) //遍历所有项
            {
                if (item.Selected)
                {
                    fruitname += item.Text;
                }
            }
            selectnamelb.Text = fruitname;
        }
    }
```

- 实验步骤4：

选择 Default.aspx，右击编辑区，选择"在浏览器中查看"，在 ListBox 控件内输入文字。

7.2.7 CheckBox 控件

CheckBox 控件用于创建复选框。CheckBox 控件允许多选。

CheckBox 的 ASPX 代码：

```
<asp:CheckBox ID="Chkbook" runat="server" Text="三国演义" />
```

CheckBox 控件的主要属性如下。Text 属性：设置显示在复选框旁的文本。Checked 属性：设置复选框的选择状态，True 为选中，False 为未选中。

案例学习：用CheckBox实现列表

本实验目标是学会在 ASP.NET 应用程序中使用 CheckBox 控件，利用 CheckBox 控件实现操作。实现的效果图如图 7.11 和图 7.12 所示。

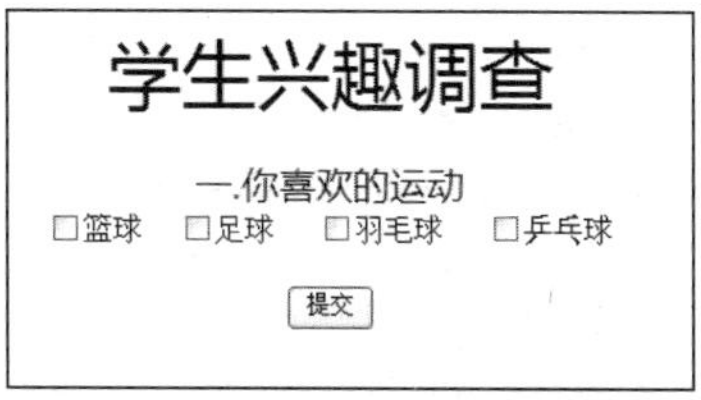

图 7.11　CheckBox 应用的 ASP.NET 应用程序截图 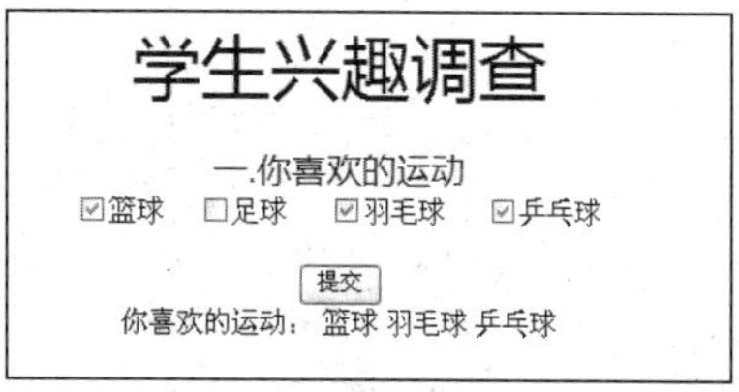　　　　图 7.12　程序运行

使用到的控件及控件属性设置如表 7-7 所示。

表 7-7　使用到的控件及控件属性设置

控件类型	控件名	属性设置
Label	label1	Text 属性设置为"学生兴趣调查"
	label2	Text 属性设置为"一、你喜欢的运动"
	label3	
CheckBox	CheckBox1-4	Text 属性设置为"篮球"、"足球"、"羽毛球"、"乒乓球"
Button	Button1	Text 属性设置为"提交"

- 实验步骤 1：

在 Visual Studio 2008 编程环境下，执行"文件→新建→网站"命令。在弹出的对话框中选择"ASP.NET Web Site"选项，位置选择"文件系统"并在右边输入项目的路径，语言选择"Visual C#"。单击"确定"按钮建立一个网站。网站有两个默认的文件 Default.aspx 和 Default.aspx.cs。

- 实验步骤 2：

选择 Default.aspx，并在中间编辑区选择"源"，填写代码如下。

```
<%@ Page Language="C#" AutoEventWireup="true" CodeFile="Default.aspx.cs" Inherits="_Default" %>

<!DOCTYPE html PUBLIC "-//W3C//DTD XHTML 1.0 Transitional//EN" "http://www.w3.org/TR/xhtml1/DTD/xhtml1-transitional.dtd">

<html xmlns="http://www.w3.org/1999/xhtml">
<head runat="server">
    <title>无标题页</title>
</head>
<body>
    <form id="form1" runat="server">
    <div style="text-align: center">
    
        <asp:Label ID="Label1" runat="server" Font-Names="微软雅黑" Font-Size="30pt"
            Text="学生兴趣调查"></asp:Label>
        <br />
        <br />
        <asp:Label ID="Label2" runat="server" Font-Names="微软雅黑" Font-Size="15pt"
            Text="一.你喜欢的运动"></asp:Label>
        <br />
        <asp:CheckBox ID="CheckBox1" runat="server"
            oncheckedchanged="CheckBox1_CheckedChanged" Text="篮球" />
           
        <asp:CheckBox ID="CheckBox2" runat="server"
            oncheckedchanged="CheckBox2_CheckedChanged" Text="足球" />
            
        <asp:CheckBox ID="CheckBox3" runat="server"
            oncheckedchanged="CheckBox3_CheckedChanged" Text="羽毛球" />
            
        <asp:CheckBox ID="CheckBox4" runat="server"
            oncheckedchanged="CheckBox4_CheckedChanged" Text="乒乓球" />
        <br />
        <br />
        <asp:Button ID="Button1" runat="server" onclick="Button1_Click" Text="提交" />
        <br />
```

```
        <asp:Label ID="Sportslbl" runat="server"></asp:Label>
    </div>
    </form>
</body>
</html>
```
98

- 实验步骤 3：

选择 Default.aspx.cs，编写代码如下。

```
using System;
using System.Configuration;
using System.Data;
using System.Linq;
using System.Web;
using System.Web.Security;
using System.Web.UI;
using System.Web.UI.HtmlControls;
using System.Web.UI.WebControls;
using System.Web.UI.WebControls.WebParts;
using System.Xml.Linq;

public partial class _Default : System.Web.UI.Page
{
    public string message = "你喜欢的运动：";
    protected void Page_Load(object sender, EventArgs e)
    {
    }
    protected void Button1_Click(object sender, EventArgs e)
    {
        Sportslbl.Text = message;
    }
    protected void CheckBox1_CheckedChanged(object sender, EventArgs e)
    {
        if (CheckBox1.Checked == true)
        {
            message = message + " " + CheckBox1.Text;
        }
    }
    protected void CheckBox2_CheckedChanged(object sender, EventArgs e)
    {
        if (CheckBox2.Checked == true)
        {
            message = message + " " + CheckBox2.Text;
        }
    }
    protected void CheckBox3_CheckedChanged(object sender, EventArgs e)
    {
```

```
            if (CheckBox3.Checked == true)
            {
                message = message + " " + CheckBox3.Text;
            }
        }
        protected void CheckBox4_CheckedChanged(object sender, EventArgs e)
        {
            if (CheckBox4.Checked == true)
            {
                message = message + " " + CheckBox4.Text;
            }
        }
}
```

- 实验步骤 4：

选择 Default.aspx，右击编辑区，选择"在浏览器中查看"，在 CheckBox 控件内输入文字。

本 章 小 结

- ASP.NET 是 C#应用程序的另一个重要方面，其提供了一个统一的 Web 开发模型，同时也是一种新的编程模型和结构。该类程序可生成伸缩性和稳定性更好的应用程序，并提供了更好的环境保护。
- 本章从 Web 基础知识入手，介绍了 ASP.NET 的基本控件。有了这些基本的知识，读者就可以应用 ASP.NET 技术编写部分实用的网站应用程序。

课 后 习 题

一．单项选择题。

1. 在 Button 控件中，通过双击添加的默认事件是(　　)。
   A．Click 事件　　　　　　　　　　B．Load 事件
   C．Init 事件　　　　　　　　　　　D．Command 事件
2. TextBox 控件中，通过 MaxLength 属性可以设置(　　)。
   A．文本内容　　　　　　　　　　　B．字体颜色
   C．字符的最大数量　　　　　　　　D．字符的最少数量

二．填空题。

1. ListBox 控件的 SelectionMode 属性具有两种显示模式：_____、_____。
2. TextBox 控件是通过_____控制输入框的形式，它具有的 3 种模式是_____、_____、_____。
3. CheckBox 控件通过_____属性设置是否被选中。

三．编程题。

使用上面所学的控件实现点菜系统。

要求：使用 ListBox 显示菜单；Label 控件显示信息；Button 控件计算菜价。输出结果如图 7.13 所示。

图 7.13 输出结果

第 8 章

文件处理技术

本章重点介绍在 System.IO 命名空间下,对文件、文件夹的读取、写入、移动、创建、复制、删除和文件或文件夹系统信息的获取等操作,所要使用到的类。通过对本章的学习,使读者能够熟练地掌握在 System.IO 命名空间下的常见类的使用。

学习目标

(1) 了解 System.IO 命名空间
(2) 掌握读写文本文件的方法
(3) 掌握向文件读写二进制数据的方法

8.1 System.IO 命名空间

在 System.IO 命名空间中提供了 I/O 操作有关的类。对象接收信息输入(Input)通常称为输入流;反之对象向外输出(Output)信息通常称为输出流,这两种流一般统称为输入/输出流(I/O Streams)。在.NET Frame work 下所有的 I/O 操作都是使用流进行操作,如以字节形式将数据写入磁盘称为字节流。这种具有特定顺序的字节集合称为文件。在软件的开发过程中,经常需要写入数据、读取数据。例如,水果超市库存管理系统,我们需要对库存数据进行录入,并存储数据到磁盘设备上。查看库存时,我们需要从磁盘设备中读取库存数据,并显示。模拟图如图 8.1 所示。

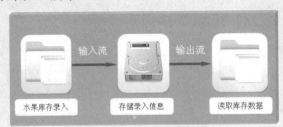

图 8.1 文件应用举例模拟

8.1.1 System.IO 类介绍

在使用 System.IO 下的类时,必须应用 System.IO 命名空间。在 System.IO 命名空间,包含读写文件和数据流的类型和提供基本文件、目录支持的类型。System.IO 命名空间结构,如图 8.2 所示。

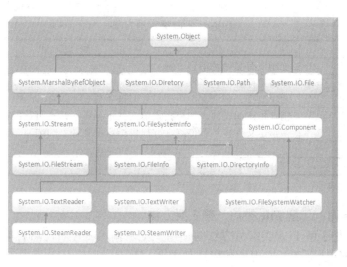

图 8.2 System.IO 命名空间结构

System.IO 命名空间下的常用类如表 8-1 所示。

表 8-1 System.IO 命名空间下的常用类

属 性 名	说 明
File	提供用于创建、复制、删除、移动和打开文件的静态方法，并协助创建 FileStream 对象
FileInfo	提供创建、复制、删除、移动和打开文件的实例方法，并且帮助创建 FileStream 对象。无法继承此类
FileStream	公开以文件为主的 Stream，既支持同步读写操作，也支持异步读写操作
BinaryReader	用特定的编码将基元数据类型读作二进制值
BinaryWriter	以二进制形式将基元类型写入流，并支持用特定的编码写入字符串
BufferedStream	给另一流上的读写操作添加一个缓冲层。无法继承此类
Directory	公开用于创建、移动和枚举通过目录和子目录的静态方法。无法继承此类
DirectoryInfo	公开用于创建、移动和枚举目录和子目录的实例方法。无法继承此类
Path	对包含文件或目录路径信息的 String 实例执行操作。这些操作是以跨平台的方式执行的
StreamReader	实现一个 TextReader，使其以一种特定的编码从字节流中读取字符
StreamWriter	实现一个 TextWriter，使其以一种特定的编码向流中写入字符
FileSysWatcher	侦听文件系统更改通知，并在目录或目录中的文件发生更改时引发事件

System.IO 命名空间常用的枚举参数，如表 8-2 所示。

表 8-2 System.IO 命名空间常用的枚举参数

枚 举	说 明
FileMode	设置打开文件的模式
FileShare	控制其他 FileStream 对象对同一文件可以具有的访问类型的常数
FileAccess	定义用于控制对文件的读访问、写访问或读/写访问的常数

8.1.2 File 类的常用方法

File 类包含了创建、复制、删除、移动和打开静态方法，用来对文件和目录进行操作。同时也可以协助创建 FileStream 对象。以下是 File 类常用方法，如表 8-3 所示。

表 8-3　File 类常用方法

方　　法	说　　明
Copy	复制现有文件到指定位置
Create	在指定位置创建文件
CreateText	创建或打开一个文件用于写入 UTF-8 编码的文本
Delete	删除指定的文件。如果指定的文件不存在，则不引发异常
Move	将指定文件移到新位置，并提供指定新文件名的选项
Open	已重载。打开指定路径上的 FileStream
OpenText	打开现有 UTF-8 编码文本文件以进行读取

 案例学习：了解 File 类的一些主要方法

本实验目标是了解 File 类常见方法的使用。正确输入文件名，然后单击"创建文件"按钮，程序自动创建文件。实现的效果图如图 8.3 所示。

图 8.3　File 类使用演示程序

使用到的控件及控件属性设置如表 8-4 所示。

表 8-4　使用到的控件及控制属性设置

控件类型	控件名	属性设置	作　用
TextBox	textnametxt		输入显示文件路径
	ctextnametxt		输入备份文件路径
	contenttxt	Multiline 属性设置为"True"	显示文件内容
Button	createbtn	Text 属性设置为"创建文件"	创建指定文件
	closebtn	Text 属性设置为"退出"	关闭程序

- 实验步骤 1：

在 Visual Studio 2008 编程环境下，创建 Windows 窗体应用程序，命名为"File 使用演示"。然后依照图 8.3，从工具箱中拖动所需控件到窗体中进行布局。

- 实验步骤 2：

分别双击各个按钮，进入后台编写代码，代码如下。

```
using System;
using System.Windows.Forms;
//使用using关键字引用System.IO命名空间
```

```csharp
using System.IO;
namespace File使用演示
{
    public partial class Form1: Form
    {
        public Form1()
        {
            InitializeComponent();
        }
        private void createbtn_Click(object sender, EventArgs e)
        {
            if (textnametxt.Text!="")                    //判断文件名是否填写
            {
                if (File.Exists(textnametxt.Text))//判断文件是否已存在
                {
                    string content = "";
                    //读取文件内容
                    using (StreamReader sr = File.OpenText(textnametxt.Text))
                    {
                        foreach (char item in sr.ReadLine())
                        {
                        content += item;
                        }
                    }
                    string message = "文件存在，内容为" + content;
                    MessageBox.Show(message);
                }
                else
                {
                    StreamWriter sw;
                    //写入文件内容
                    using (sw = File.CreateText(textnametxt.Text))
                    {
                        sw.Write(contenttxt.Text);
                    }
                    MessageBox.Show("文件创建成功！");
                }
            }
            else
            {
                MessageBox.Show("请填写文件名！","错误信息",
MessageBoxButtons.OK,MessageBoxIcon.Error);
            }
            if (ctextnametxt.Text!="")//判断复制文件的文件名是否填写
            {
                //判断文件名是否存在
                if (File.Exists(ctextnametxt.Text))
```

```
            {
                //删除文件
                File.Delete(ctextnametxt.Text);
                //复制文件
                File.Copy(textnametxt.Text, ctextnametxt.Text);
            }
            else
            {
                //复制文件
                File.Copy(textnametxt.Text, ctextnametxt.Text);
            }
        }
    }
    private void closebtn_Click(object sender, EventArgs e)
    {
        //关闭程序
        this.Close();
    }
}
```

小知识

UTF-8 编码

UTF8 是(UNICODE 八位交换格式)的简称，UNICODE 是国际标准，也是 ISO 标准 10646 的等价标准。UNICODE 编码的文件中可以同时对几乎所有地球上已知的文字字符进行书写和表示，而且已经是 UNIX/LINUX 世界的默认编码标准。在中国大陆简体中文版非常常用的 GB 2312/GB 18030/GBK 系列标准是我国的国家标准，但只能对中文和多数西方文字进行编码。为了网站的通用性，用 UTF8 编码是更好的选择。

8.1.3 FileInfo 类的常用方法

FileInfo 类中提供创建、复制、删除、移动和打开文件的非静态方法，通过实例化对象来使用 FileInfo 类中的方法、并且帮助创建 FileStream 对象。在对象上执行单一方法调用时，使用静态的 File 类的调用速度比 FileInfo 类快。FileInfo 类的常用方法，如表 8-5 所示。

表 8-5　FileInfo 类的常用方法

方　　法	说　　明
Attributes	获取或设置当前 FileSystemInfo 的 FileAttributes
CreationTime	获取或设置当前 FileSystemInfo 对象的创建时间
Directory	获取父目录的实例
DirectoryName	获取表示目录的完整路径的字符串
Exists	已重写。获取指示文件是否存在的值
Extension	获取表示文件扩展名部分的字符串

第 8 章 文件处理技术

案例学习：了解 FileInfo 类的一些主要属性

本实验目标是了解 FileInfo 类常见属性的使用。正确输入文件名，然后单击"创建文件"按钮，程序自动创建文件。单击"浏览"按钮选择文件，然后再单击"文件信息"按钮，就会显示文件信息。实现的效果图如图 8.4 所示。

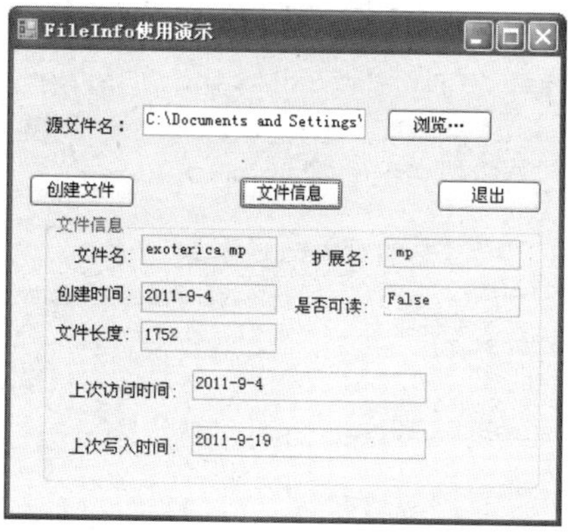

图 8.4 FileInfo 类使用演示程序

使用到的控件及控件属性设置如表 8-6 所示。

表 8-6 使用到的控件及控件属性设置

控件类型	控件名	属性设置	作用
TextBox	filenametxt		显示选择的文件路径
	nametxt	ReadOnly 属性设置为"True"	显示文件名
	exttxt	ReadOnly 属性设置为"True"	显示文件扩展名
	cttxt	ReadOnly 属性设置为"True"	显示创建时间
	rotxt	ReadOnly 属性设置为"True"	显示是否允许读文件
	lentxt	ReadOnly 属性设置为"True"	显示文件大小
	latxt	ReadOnly 属性设置为"True"	显示最后访问时间
	lwtxt	ReadOnly 属性设置为"True"	显示最后修改时间
Button	filebtn	Text 属性设置为"浏览"	选择文件
	createbtn	Text 属性设置为"创建文件"	单击创建文件
	msgbtn	Text 属性设置为"文件信息"	显示文件信息
	clsbtn	Text 属性设置为"退出"	关闭程序
OpenFileDialog	openFileDialog1		弹出文件对话框

- 实验步骤 1：

在 Visual Studio 2008 编程环境下，创建 Windows 窗体应用程序，命名为"FileInfo 使用演示"。然后依照图 8.4，从工具箱中拖动所需控件到窗体中进行布局。注意要添加 OpenFileDialog 控件。

- 实验步骤 2：

分别双击各个按钮，进入后台编写代码，代码如下。

```
using System;
using System.Windows.Forms;
using System.IO;//引用System.IO命名空间
```

```csharp
namespace FileInfo使用演示
{
    public partial class Form1: Form
    {
        public Form1()
        {
            InitializeComponent();
        }
        private void createbtn_Click(object sender, EventArgs e)
        {
            if (filenametxt.Text!="")
            {
                //实例化FileInfo的对象fi
                FileInfo fi = new FileInfo(filenametxt.Text);
                if (fi.Exists)
                {
                    MessageBox.Show("文件已存在！");
                }
                else
                {
                    fi.Create();//创建文件
                }
            }
        }
        private void msgbtn_Click(object sender, EventArgs e)
        {
            if (filenametxt.Text!="")
            {
                FileInfo fi = new FileInfo(filenametxt.Text);
                nametxt.Text = fi.Name;//获得文件名
                exttxt.Text = fi.Extension;//获得扩展名
                //获得创建时间
                cttxt.Text = fi.CreationTime.ToShortDateString();
                //获得是否可读属性
                rotxt.Text = fi.IsReadOnly.ToString();
                //获得文件长度
                lentxt.Text = fi.Length.ToString();
                //获得文件上次访问时间
                latxt.Text = fi.LastAccessTime.ToShortDateString();
                //获得文件上次写入时间
                lwtxt.Text = fi.LastWriteTime.ToShortDateString();
            }
        }
        private void filebtn_Click(object sender, EventArgs e)
        {
            if (openFileDialog1.ShowDialog()==DialogResult.OK)
            {
                filenametxt.Text = openFileDialog1.FileName;
            }
```

```
        }
        private void clsbtn_Click(object sender, EventArgs e)
        {
            //关闭程序
            this.Close();
        }
    }
}
```

8.1.4 文件夹类 Directory 的常用方法

Directory 类提供了创建、移动和枚举目录与子目录的静态方法,用来对目录进行操作。Directory 类常用的静态方法如表 8-7 所示。

表 8-7　Directory 类常用的静态方法

方　　法	说　　明
CreateDirectory	创建指定路径中的所有目录
Delete	删除指定的目录
GetCreationTime	获取目录的创建日期和时间
GetCurrentDirectory	获取应用程序的当前工作目录
GetFiles	返回指定目录中的文件的名称
GetFilesSystemEntries()	返回当前目录中的文件名、目录名的 string 数组
Move	将文件或目录及其内容移到新位置

 案例学习:了解 Directory 类的一些主要方法

本实验目标是了解 Directory 类常见方法的使用。正确输入目录名,然后单击"创建目录"按钮,程序自动创建目录。正确填写源目录和目标目录,然后单击"移动目录"按钮,移动源目录到指定路径。输入正确的目录名,然后单击"删除目录"按钮,程序自动删除指定目录。单击"浏览"按钮选择目录,然后单击"目录信息"按钮,就会显示目录信息。实现的效果图如图 8.5 所示。

图 8.5　FileInfo 类使用演示程序

使用到的控件及控件属性设置如表 8-8 所示。

表 8-8 使用到的控件及控件属性设置

控件类型	控件名	属性设置	作用
TextBox	filenametxt		显示选择的目录路径
	cfilenametxt		显示目标目录路径
	cttxt	ReadOnly 属性设置为"True"	显示目录创建时间
	latxt	ReadOnly 属性设置为"True"	显示上次访问时间
	lwtxt	ReadOnly 属性设置为"True"	显示上次写入时间
	gdtxt	ReadOnly 属性设置为"True" Multiline 属性设置为"True"	显示子目录文件夹名
	gftxt	ReadOnly 属性设置为"True" Multiline 属性设置为"True"	显示目录中文件名
Button	filebtn	Text 属性设置为"浏览"	选择目录
	cdbtb	Text 属性设置为"创建目录"	创建指定目录
	movebtn	Text 属性设置为"移动目录"	移动指定目录
	delbtn	Text 属性设置为"删除目录"	删除指定目录
	msgbtn	Text 属性设置为"目录信息"	查看目录信息
	clsbtn	Text 属性设置为"退出"	关闭程序
FolderBrowserDialog	openFileDialog1		弹出文件夹对话框

- 实验步骤 1：

在 Visual Studio 2008 编程环境下，创建 Windows 窗体应用程序，命名为"Directory 使用演示"。然后依照图 8.5，从工具箱中拖动所需控件到窗体中进行布局。注意要添加 FolderBrowserDialog 控件。

- 实验步骤 2：

分别双击各个按钮，进入后台编写代码，代码如下。

```
using System;
using System.Windows.Forms;
//引用System.IO命名空间
using System.IO;
namespace Directory使用演示
{
    public partial class Form1: Form
    {
        public Form1()
        {
            InitializeComponent();
        }
        private void msgbtn_Click(object sender, EventArgs e)
        {
            if (filenametxt.Text != "")
            {
                string path = filenametxt.Text;
                //获取文件夹创建时间
                cttxt.Text = Directory.GetCreationTime(path).
```

```csharp
ToShortDateString();
            //获取文件夹上次访问时间
            latxt.Text = Directory.GetLastAccessTime(path).ToShortDateString();
            //获取文件夹上次写入时间
            lwtxt.Text = Directory.GetLastWriteTime(path).ToShortDateString();
            //获取文件夹下的子文件夹名
            string[] dir = Directory.GetDirectories(path);
            foreach (string item in dir)
            {
                gdtxt.Text += "  " + item;
            }
            //获取文件夹下的文件名
            string[] dird = Directory.GetFiles(path);
            foreach (string item in dird)
            {
                gftxt.Text += "  " + item;
            }
        }

        private void filebtn_Click(object sender, EventArgs e)
        {
            if (folderBrowserDialog1.ShowDialog() == DialogResult.OK)
            {
                filenametxt.Text = folderBrowserDialog1.SelectedPath;
            }
        }

        private void cdbtb_Click(object sender, EventArgs e)
        {
            if (filenametxt.Text != "")
            {
                if (Directory.Exists(filenametxt.Text))
                {
                    MessageBox.Show("文件夹已存在！");
                }
                else
                {
                    //创建文件夹
                    Directory.CreateDirectory(filenametxt.Text);
                    MessageBox.Show("成功创建文件夹");
                }
            }
        }

        private void movebtn_Click(object sender, EventArgs e)
        {
            string path = filenametxt.Text;
```

```csharp
            string path1 = cfilenametxt.Text;
            if (path != "" &&  path1 != "")
            {
                if (Directory.Exists(path))
                {
                    if (Directory.Exists(path1))
                    {
                        //移动文件夹
                        Directory.Move(path,path1);
                        MessageBox.Show("成功移动文件夹");
                    }
                }
            }
        }
        private void delbtn_Click(object sender, EventArgs e)
        {
            string path=filenametxt.Text;
            if (path!=""&&Directory.Exists(path))
            {
                //删除文件夹
                Directory.Delete(path);
                MessageBox.Show("成功删除文件夹");
            }
        }
}
```

8.1.5 DirectoryInfo 类的常见属性

DirectoryInfo 类提供了创建、移动和枚举目录与子目录的非静态方法，用来对目录进行操作。DirectoryInfo 与 Directory 大多数的调用方法都相同，只是没有 Directory 中的静态方法。使用 DirectoryInfo 类中的方法，需要实例化 DirectoryInfo 对象，然后通过对象来调用方法。DirectoryInfo 的常见属性，如表 8-9 所示。

表 8-9 DirectoryInfo 的常见属性

属性	描述
Attributes	设置当前 FileSystemInfo 的 FileAttributes
CreationTime	设置当前 FileSystemInfo 对象的创建时间
Exists	获取指示目录是否存在值
FullName	获取目录或文件的完整目录
Parent	获取指定子目录的父目录
Name	获取此 DirectoryInfo 实例的名称
LastAccessTime	获取或设置最后访问时间
LastWriteTime	获取或设置最后写入时间

案例学习：了解 DirectoryInfo 类的使用

本实验目标是了解 DirectoryInfo 类的使用。正确输入目录名，然后单击"创建目录"按钮，程序自动创建目录。正确填写源目录和目标目录，然后单击"移动目录"按钮，移动源目录到指定路径。输入正确的目录名，然后单击"删除目录"按钮，程序自动删除指定目录。单击"浏览"按钮选择目录，然后再单击"目录信息"按钮，就会显示目录信息。实现的效果图如图 8.6 所示。

图 8.6　FileInfo 类使用演示程序

使用到的控件及控件属性设置如表 8-10 所示。

表 8-10　使用到的控件及控件属性设置

控件类型	控件名	属性设置	作用
TextBox	filenametxt		显示选择的目录路径
	cfilenametxt		显示目标目录路径
	cttxt	ReadOnly 属性设置为"True"	显示目录创建时间
	latxt	ReadOnly 属性设置为"True"	显示上次访问时间
	lwtxt	ReadOnly 属性设置为"True"	显示上次写入时间
	gdtxt	ReadOnly 属性设置为"True" Multiline 属性设置为"True"	显示子目录文件夹名
	gftxt	ReadOnly 属性设置为"True" Multiline 属性设置为"True"	显示目录中文件名
Button	filebtn	Text 属性设置为"浏览"	选择目录
	cdbtb	Text 属性设置为"创建目录"	创建指定目录
	movebtn	Text 属性设置为"移动目录"	移动指定目录
	delbtn	Text 属性设置为"删除目录"	删除指定目录
	msgbtn	Text 属性设置为"目录信息"	查看目录信息
	clsbtn	Text 属性设置为"退出"	关闭程序
FolderBrowserDialog	folderBrowserDialog 1		弹出目录对话框

- 实验步骤1：

在 Visual Studio 2008 编程环境下，创建 Windows 窗体应用程序，命名为"DirectoryInfo 使用演示"。然后依照图 8.6，从工具箱中拖动所需控件到窗体中进行布局。

- 实验步骤2：

分别双击各个按钮，进入后台编写代码，代码如下。

```csharp
using System;
using System.Windows.Forms;
//引用System.IO命名空间
using System.IO;


namespace DirectoryInfo使用演示
{
    public partial class Form1: Form
    {
        public Form1()
        {
            InitializeComponent();
        }

        private void msgbtn_Click(object sender, EventArgs e)
        {
            if (filenametxt.Text != "")
            {
                string path = filenametxt.Text;
                DirectoryInfo di = new DirectoryInfo(path);
                //获取文件夹创建时间
                cttxt.Text = di.CreationTime.ToShortDateString();
                //获取文件夹上次访问时间
                latxt.Text = di.LastAccessTime.ToShortDateString();
                //获取文件夹上次写入时间
                lwtxt.Text = di.LastWriteTime.ToShortDateString();
                //获取文件夹下的子文件夹名
                DirectoryInfo[] dir = di.GetDirectories();
                foreach (DirectoryInfo item in dir)
                {
                    gdtxt.Text += " " + item.Name;
                }
                //获取文件夹下的文件名
                FileInfo[] dird = di.GetFiles();
                foreach (FileInfo item in dird)
                {
                    gftxt.Text += " " + item.Name;
                }
            }
        }
```

```csharp
private void filebtn_Click(object sender, EventArgs e)
{
    if (folderBrowserDialog1.ShowDialog() == DialogResult.OK)
    {
        filenametxt.Text = folderBrowserDialog1.SelectedPath;
    }
}

private void cdbtb_Click(object sender, EventArgs e)
{
    if (filenametxt.Text != "")
    {
        DirectoryInfo di = new DirectoryInfo(filenametxt.Text);
        if (di.Exists)
        {
            MessageBox.Show("文件夹已存在！");
        }
        else
        {
            //创建文件夹
            di.Create();
            MessageBox.Show("成功创建文件夹");
        }
    }
}

private void movebtn_Click(object sender, EventArgs e)
{
    string path = filenametxt.Text;
    string path1 = cfilenametxt.Text;
    if (path != "" && path1 != "")
    {
        DirectoryInfo di = new DirectoryInfo(path);
        DirectoryInfo di1 = new DirectoryInfo(path1);
        if (di.Exists)
        {
            if (di1.Exists)
            {
                //移动文件夹
                di.MoveTo(path1);
                MessageBox.Show("成功移动文件夹");
            }
        }
    }
}
```

```csharp
private void delbtn_Click(object sender, EventArgs e)
{
    string path = filenametxt.Text;
    DirectoryInfo di = new DirectoryInfo(path);
    if (path != "" && di.Exists)
    {
        //删除文件夹和文件夹下的所有文件
        di.Delete(true);
        MessageBox.Show("成功删除文件夹");
    }
}

private void clsbtn_Click(object sender, EventArgs e)
{
    this.Close();
}
```

8.2 FileStream 文件流类

8.2.1 FileStream 文件流类简介

FileStream 类是以文件为主的 Stream。FileStream 类的操作必须首先实例化一个 FileStream 类对象后才可以使用。FileStream 对象又称文件流对象，为文件的读写操作提供通道。FileStream 类操作的是字节和字节数组，而 Stream 类操作的是字符数据。字符数据易于使用，但是在随机文件访问时，就必须由 FileStream 对象执行。FileStream 对象可以使用 Seek 方法对文件进行随机访问。Seek 允许读取/写入文件任意位置。FileStream 支持同步和异步两种不同操作。

8.2.2 FileStream 文件流类常见属性和方法

FileStream 类中的常用属性如表 8-11 所示。

表 8-11 FileStream 类中的常用属性

属性名称	说明
CanRead	获得一个值，表示当前流是否可读
CanSeek	获得一个值，表示当前流是否可查
CanWrite	获得一个值，表示当前流是否可写
IsAsync	获得一个值，表示当前流是异步还是同步
Length	获得流长度以字节表示
Name	获得传给构造函数的 FileStream 的名称
Position	获取或设置当前流的位置
ReadTimeout	获取或设置一个值，表示流超时前尝试读出时长
WriteTimeout	获取或设置一个值，表示流超时前尝试写入时长

FileStream 类中的常见方法如表 8-12 所示。

表 8-12　FileStream 类的常见方法

方 法 名 称	说　　明
BeginRead	开始异步读操作
BeginWrite	开始异步写操作
Close	关闭当前流，同时释放资源
EndRead	等待挂起的异步读操作完成
EndWrite	结束异步写操作，在 I/O 操作完成前阻止
Read	从流读取字节并写入指定的缓冲区
Seek	设置当前流的位置
Write	从缓冲区读数据到流中
Lock	允许读取并防止其他进程修改 FileStream
Unlock	允许其他进程访问被锁定的文件
ReadByte	读取 1 字节，读取位置升高 1 字节
WriteByte	向流中写入 1 字节

8.2.3 FileStream 文件流类的创建

FileStream 对象创建的方法有多种，可以通过 File 对象中的 Create 方法、Open 方法或者使用 FileStream 对象的构造函数创建 FileStream 对象。以下列出创建 FileStream 对象 3 种方法的代码段。

(1) 使用 File 对象的 Create 方法代码段如下。

```
FileStream fs;
//在C盘根目录下创建一个名为test的文本文件
fs = File.Create(@"c:\test.txt");
```

(2) 使用 File 对象的 Open 方法代码段如下。

```
FileStream fs;
//打开C盘根目录下的test文本文件,如果文件不存在就创建文件,对文件只读.将文件流赋值fs
fs = File.Open(@"c:\test.txt", FileMode.OpenOrCreate, FileAccess.Write);
```

(3) 使用类 FileStream 的构造函数代码段如下。

```
FileStream fs;
//打开C盘根目录下的test文本文件,如果文件不存在就创建文件,对文件只读.将文件流赋值fs
    fs = new FileStream(@"c:\test.txt", FileMode.OpenOrCreate,
FileAccess.Write);
```

以下列出 FileStream 类常用的 3 种构造函数，如表 8-13 所示。

表 8-13　FileStream 类常用的 3 种构造函数

方　　法	说　　明
FileStream(string FilePath, FileMode)	指定的路径和创建模式初始化 FileStream 类的新实例
FileStream(string FilePath, FileMode, FileAccess)	指定的路径、创建模式和读/写权限初始化 FileStream 类的新实例
FileStream(string FilePath, FileMode, FileAccess, FileShare)	指定的路径、创建模式、读/写权限和共享权限创建 FileStream 类的新实例

System.IO 命名空间中常见的枚举类型有 FileMode、FileAccess 和 FileShare，如表 8-14 所示。

表 8-14 System.IO 命名空间中常见的枚举类型

名 称	枚 举 成 员	说 明
FileMode	Append、Create、CreateNew、Open、OpenOrCreate 和 Truncate	指定操作系统打开文件的模式
FileAccess	Read、ReadWrite 和 Write	控制对文件的读访问、写访问或读/写访问的常数
FileShare	Inheritable、None、Read、ReadWrite 和 Write	控制其他 FileStream 对象对同一文件可以具有的访问类型的常数

关于 FileMode、FileAccess、FileShare 这 3 个枚举类型值的含义，分别如表 8-15、表 8-16 和表 8-17 所示。

表 8-15 FileMode 枚举类型值的含义

成 员 名 称	说 明
Append	打开现有文件并查找到文件尾，或创建新文件。FileMode.Append 只能同 FileAccess.Write 一起使用。任何读尝试都将失败并引发 ArgumentException
Create	指定操作系统应创建新文件。如果文件已存在，它将被改写。这要求 FileIOPermissionAccess.Write。System.IO.FileMode.Create 等效于这样的请求：如果文件不存在，则使用 CreateNew；否则使用 Truncate
CreateNew	指定操作系统应创建新文件。此操作需要 FileIOPermissionAccess.Write。如果文件已存在，则将引发 IOException
Open	指定操作系统应打开现有文件。打开文件的能力取决于 FileAccess 所指定的值。如果该文件不存在，则引发 System.IO.FileNotFoundException
OpenOrCreate	指定操作系统应打开文件(如果文件存在)；否则，应创建新文件。如果用 FileAccess.Read 打开文件，则需要 FileIOPermissionAccess.Read。如果文件访问为 FileAccess.Write 或 FileAccess.ReadWrite，则需要 FileIOPermissionAccess.Write。如果文件访问为 FileAccess.Append，则需要 FileIOPermissionAccess.Append
Truncate	指定操作系统应打开现有文件。文件一旦打开，就将被截断为 0 字节大小。此操作需要 FileIOPermissionAccess.Write。试图从使用 Truncate 打开的文件中进行读取将导致异常

表 8-16 FileAccess 枚举类型值的含义

成 员 名 称	说 明
Read	对文件的读访问，可从文件中读取数据
ReadWrite	对文件的读访问和写访问
Write	文件的写访问，可将数据写入文件

表 8-17 FileShare 枚举类型值的含义

成 员 名 称	说 明
Delete	经允许后删除文件
Inheritable	使文件句柄可由子进程继承
None	拒绝共享当前文件。文件关闭前，打开该文件的任何请求都将失败
Read	允许随后打开文件读取。如果未指定此标志，则文件关闭前，任何打开该文件以进行读取的请求都将失败。但是，即使指定了此标志，仍可能需要附加权限才能访问该文件
ReadWrite	允许随后打开文件读取或写入。如果未指定此标志，则文件关闭前，任何打开该文件以进行读取或写入的请求都将失败。但是，即使指定了此标志，仍可能需要附加权限才能够访问该文件
Write	允许随后打开文件写入。如果未指定此标志，则文件关闭前，任何打开该文件以进行写入的请求都将失败。但是，即使指定了此标志，仍可能需要附加权限才能够访问该文件

第 8 章 文件处理技术

   案例学习：文件流 FileStream 综合案例

本实验目标是了解 FileStream 类常见方法的使用。单击"浏览"按钮，选择文本文件，程序自动打开，将文件显示在下面的文本框中。可以对文本进行修改，然后单击"保存"按钮，文件就会被保存。实现的效果图如图 8.7 所示。

图 8.7 FileInfo 类使用演示程序

使用到的控件及控件属性设置如表 8-18 所示。

表 8-18 使用到的控件及控件属性设置

控件类型	控件名	属性设置	作用
TextBox	pathtxt		显示选择文件路径
	contenttxt	Multiline 属性设置为"True"	显示文件内容
Button	button3	Text 属性设置为"浏览"	选择文件
	savebtn	Text 属性设置为"保存"	保存修改文件
	clsbtn	Text 属性设置为"退出"	退出程序
OpenFileDialog	openFileDialog1		弹出文件对话框

- 实验步骤 1：

在 Visual Studio 2008 编程环境下，创建 Windows 窗体应用程序，命名为"FileStream 使用演示"。然后依照图 8.7，从工具箱中拖动所需控件到窗体中进行布局。

- 实验步骤 2：

分别双击各个按钮，进入后台编写代码，代码如下。

```
using System;
using System.Text;
using System.Windows.Forms;
//引用System.IO命名空间
using System.IO;
namespace FileStream使用演示
{
    public partial class Form1 : Form
    {
        public Form1()
```

```csharp
        {
            InitializeComponent();
        }
        private void button3_Click(object sender, EventArgs e)
        {
            //设置文件筛选
            openFileDialog1.Filter = "文本文件|*.txt";
            if (openFileDialog1.ShowDialog()==DialogResult.OK)
            {
                //获得文件选择的文件路径并赋值给pathtxt.Text
                pathtxt.Text = openFileDialog1.FileName;
                //初始化FileStream文件文件流,FileMode设置打开现有文件
                FileStream fs = File.Open(pathtxt.Text, FileMode.Open);
                //创建byte数据,用来接收fs数据
                byte[] bt = new byte[fs.Length];
                //读取数据到bt中
                fs.Read(bt, 0, bt.Length);
                //关闭流
                fs.Close();
                //将bt字节数组中的字节解码为字符串并赋值给content
                string content = Encoding.Default.GetString(bt);
                contenttxt.Text = content;
            }
        }
        private void savebtn_Click(object sender, EventArgs e)
        {
            if (pathtxt.Text!="")
            {
                //初始化FileStream文件文件流,FileMode设置创建文件,文件存在就覆盖
                FileStream fs = File.Open(pathtxt.Text, FileMode.Create);
                //以当前系统编码,将字符编码一个字节序列
                byte[] bt = Encoding.Default.GetBytes(contenttxt.Text);
                //从字节数组写入流中
                fs.Write(bt, 0, bt.Length);
                //关闭流
                fs.Close();
                MessageBox.Show("保存成功");
            }
        }
        private void clsbtn_Click(object sender, EventArgs e)
        {
            this.Close();
        }
    }
}
```

8.3 文本文件的流操作

8.3.1 StreamReader 和 StreamWriter 类简介

在 8.2 节中介绍了使用 FileStream 类读写文件中字节，从而实现对文件的操作。在不需要使用随机文件访问的程序代码中，经常是通过 StreamReader 和 StreamWriter 来实现对文本文件的读取和写入。StreamReader 和 StreamWriter 所操纵的字符数据更加易于使用。以下将对 StreamReader 和 StreamWriter 这两个类进行详细的介绍。

8.3.2 StreamReader 类常见方法

使用 StreamReader 类可以方便地读取文件。StreamReader 类中提供了多种读取和浏览字符数据的方法。StreamReader 类常见的方法如表 8-19 所示。

表 8-19 StreamReader 类常见的方法

方法	描述
Close	关闭 StreamReader 对象
Read	读取流中的下一个字符或下一组字符
ReadBlock	读取流中最多 count 的字符并从 index 开始将该数据写入 buffer
ReadLine	从流中读取一行字符
ReadToEnd	读取流中所有字符从当前位置到末尾读取字符

 案例学习：StreamReader 类使用案例

本实验目标是了解 StreamReader 类常见方法的使用。单击"浏览"按钮，选择文本文件，然后单击"打开"按钮，读取文本显示在文本框中。实现的效果图如图 8.8 所示。

图 8.8 StreamReader 类使用演示程序

使用到的控件及控件属性设置如表 8-20 所示。

表 8-20　使用到的控件及控件属性设置

控件类型	控件名	属性设置	作用
TextBox	pathtxt		显示选择文件路径
	contenttxt	Multiline 属性设置为 "True"	显示文件内容
Button	filebtn	Text 属性设置为 "浏览"	选择文件
	openbtn	Text 属性设置为 "打开"	打开文件
	clsbtn	Text 属性设置为 "关闭"	退出程序
OpenFileDialog	openFileDialog1		弹出文件对话框

- 实验步骤 1：

在 Visual Studio 2008 编程环境下，创建 Windows 窗体应用程序，命名为 "StreamReader 使用演示"。然后依照图 8.8，从工具箱中拖动所需控件到窗体中进行布局。注意要添加 OpenFileDialog 控件。

- 实验步骤 2：

分别双击各个按钮，进入后台编写代码，代码如下。

```csharp
using System.Windows.Forms;
//引用System.IO命名空间
using System.IO;

namespace StreamReader使用演示
{
    public partial class Form1: Form
    {
        public Form1()
        {
            InitializeComponent();
        }
        private void openbtn_Click(object sender, EventArgs e)
        {
            //判断文件是否存在
            if (File.Exists(pathtxt.Text))
            {
                //实例化StreamReader对象
                StreamReader sr = new StreamReader(pathtxt.Text,Encoding.Default);
                //读取文件
                contenttxt.Text = sr.ReadToEnd();
                //关闭流
                sr.Close();
            }
            else
            {
                MessageBox.Show("请选择或输入正确的文件地址！");
            }
        }
```

```
private void filebtn_Click(object sender, EventArgs e)
{
    //设置筛选
    openFileDialog1.Filter = "文本文件|*.txt";
    //判断是否选择文件
    if (openFileDialog1.ShowDialog()==DialogResult.OK)
    {
        //获得文件名并赋值给pathtxt.Text
        pathtxt.Text = openFileDialog1.FileName;
    }
}
private void clsbtn_Click(object sender, EventArgs e)
{
    //关闭程序
    this.Close();
}
```

8.3.3 StreamWriter 类常见属性和方法

使用 StreamWriter 类可以方便地将字符或字符串写入文件。同时 StreamWriter 类也负责转换与处理向 FileStream 对象写入操作。StreamWriter 类常见的属性如表 8-21 所示。

表 8-21 StreamWriter 类常见的属性

属性	描述
Encoding	设置编码格式
Formatprovider	获取格式控制对象
NewLine	获取或设置当前 TextWriter 使用的行结束字符串
BaseStream	获取同后备存储区连接的基础流

StreamWriter 类常见的方法如表 8-22 所示。

表 8-22 StreamWriter 类常见的方法

方法	描述
Close	关闭 StreamWriter 对象
Writer	写入到 StringWriter 的此实例中
WriterLine	写入重载参数指定的某些数据，后跟行结束符
Equals	确定两个 Object 实例是否相等

案例学习：StreamWriter 类使用案例

本实验目标是了解 StreamWriter 类常见方法的使用。单击"浏览"按钮，选择文本文件，然后单击"打开"按钮，读取文本显示在文本框中。修改文件后单击"保存"按钮，保存文件。实现的效果图如图 8.9 所示。

图 8.9　StreamWriter 类使用演示程序

使用到的控件及控件属性设置如表 8-23 所示。

表 8-23　使用到的控件及控件属性设置

控 件 类 型	控 件 名	属 性 设 置	作 用
TextBox	pathtxt		显示选择文件路径
	contenttxt	Multiline 属性设置为 "True"	显示文件内容
Button	filebtn	Text 属性设置为 "浏览"	选择文件
	openbtn	Text 属性设置为 "打开"	打开文件
	savebtn	Text 属性设置为 "保存"	保存修改文件
	clsbtn	Text 属性设置为 "关闭"	退出程序
OpenFileDialog	openFileDialog1		弹出文件对话框

● 实验步骤 1：

在 Visual Studio 2008 编程环境下，创建 Windows 窗体应用程序，命名为 "StreamWriter 使用演示"。然后依照图 8.9，从工具箱中拖动所需控件到窗体中进行布局。

● 实验步骤 2：

分别双击各个按钮，进入后台编写代码，代码如下。

```
using System;
using System.Text;
using System.Windows.Forms;
//引用System.IO命名空间
using System.IO;
namespace StreamWriter使用演示
{
    public partial class Form1: Form
    {
        public Form1()
        {
            InitializeComponent();
        }

        private void openbtn_Click(object sender, EventArgs e)
        {
```

```csharp
        //判断文件是否存在
        if (File.Exists(pathtxt.Text))
        {
            //实例化StreamReader对象
            StreamReader sr = new StreamReader(pathtxt.Text, Encoding.Default);
            //读取文件
            contenttxt.Text = sr.ReadToEnd();
            //关闭流
            sr.Close();
        }
        else
        {
            MessageBox.Show("请选择或输入正确的文件地址！");
        }
    }
    private void filebtn_Click(object sender, EventArgs e)
    {
        //设置筛选
        openFileDialog1.Filter = "文本文件|*.txt";
        //判断是否选择文件
        if (openFileDialog1.ShowDialog() == DialogResult.OK)
        {
            //获得文件名并赋值给pathtxt的Text属性
            pathtxt.Text = openFileDialog1.FileName;
        }
    }
    private void clsbtn_Click(object sender, EventArgs e)
    {
        //关闭程序
        this.Close();
    }
    private void savebtn_Click(object sender, EventArgs e)
    {
        //判断文件是否存在
        if (File.Exists(pathtxt.Text))
        {
            //实例化StreamWriter对象
            StreamWriter sw = new StreamWriter(pathtxt.Text, true, Encoding.Default);
            //写入文件
            sw.WriteLine(contenttxt.Text);
            //关闭流
            sw.Close();
            MessageBox.Show("保存成功！");
```

```
            }
            else
            {
                MessageBox.Show("请正确选择或填写文件名！");
            }
        }
    }
}
```

8.4 读写二进制文件

二进制文件(Binary files)是由 ASCII 及扩展 ASCII 字符中编写的数据或程序指令的文件。计算机文件基本上分为两种：二进制文件和纯文本文件，图形文件及文字处理程序等计算机程序都属于二进制文件。ASCII 则是可以用任何文字处理程序阅读的简单文本文件。任何一种文件不管是 Word 文件、JPG 文件或者 MP3 文件在磁盘上都以二进制的方式进行存储。以下将对二进制文件的操作进行详细的介绍。

8.4.1 二进制文件操作

在读写二进制文件时，需要使用到 BinaryReader 和 BinaryWriter 这两个类，它们派生自 System.Object。可以从流中读取二进制格式或写入离散数据类型。以下将会对 BinaryWriter 和 BinaryReader 类进行详细的介绍。

8.4.2 BinaryReader 类介绍

BinaryReader 类用特定的编码将基元数据类型读作二进制值。BinaryReader 类常见方法如表 8-24 所示。

表 8-24 BinaryReader 类常见方法

方法	描述
Close()	关闭当前阅读器及基础流
Read()	已重载。从基础流中读取字符，并提升流的当前位置
ReadDecimal()	从当前流中读取十进制数值，并将该流的当前位置提升 16 字节
ReadByte()	从当前流中读取下一个字节，并使流的当前位置提升 1 字节
ReadInt16()	从当前流中读取 2 字节有符号整数，并使流的当前位置提升 2 字节
ReadInt32()	从当前流中读取 4 字节有符号整数，并使流的当前位置提升 4 字节
ReadString()	从当前流中读取 1 个字符串。字符串有长度前缀，一次 7 位地被编码为整数

案例学习：BinaryReader 类使用案例

本实验目标是了解 BinaryReader 类常见方法的使用。单击"浏览"按钮，选择文本文件，然后单击"打开"按钮，读取文本显示在文本框中。实现的效果图如图 8.10 所示。

第 8 章 文件处理技术

图 8.10 BinaryReader 类使用演示程序

使用到的控件及控件属性设置如表 8-25 所示。

表 8-25 使用到的控件及控件属性设置

控件类型	控件名	属性设置	作用
TextBox	pathtxt		显示选择文件路径
	contenttxt	Multiline 属性设置为 "True"	显示文件内容
Button	filebtn	Text 属性设置为 "浏览"	选择文件
	openbtn	Text 属性设置为 "打开"	打开文件
	clsbtn	Text 属性设置为 "关闭"	退出程序
OpenFileDialog	openFileDialog1		弹出文件对话框

- 实验步骤 1：

在 Visual Studio 2008 编程环境下，创建 Windows 窗体应用程序，命名为"BinaryReader 使用演示"。然后依照图 8.10，从工具箱中拖动所需控件到窗体中进行布局。注意要添加 OpenFileDialog 控件。

- 实验步骤 2：

分别双击各个按钮，进入后台编写代码，代码如下。

```
using System;
using System.Windows.Forms;
//引用System.IO命名空间
using System.IO;

namespace BinaryWriter使用演示
{
    public partial class Form1: Form
    {
        public Form1()
        {
            InitializeComponent();
        }

        private void filebtn_Click(object sender, EventArgs e)
```

```csharp
        {
            openFileDialog1.Filter = "二进制文件(*.dat)|*.dat";
            if (openFileDialog1.ShowDialog()==DialogResult.OK)
            {
                pathtxt.Text = openFileDialog1.FileName;
            }
        }
        private void openbtn_Click(object sender, EventArgs e)
        {
            if (File.Exists(pathtxt.Text))
            {
                FileStream fs = new FileStream(pathtxt.Text,FileMode.Open,FileAccess.Read);
                //实例化BinaryReader对象
                BinaryReader br = new BinaryReader(fs);
                if (br.PeekChar()!=-1)
                {
                    //读取二进制数据
                    contenttxt.Text = Convert.ToString(br.ReadInt32());
                }
                fs.Close();
                br.Close();
            }
        }
        private void clsbtn_Click(object sender, EventArgs e)
        {
            this.Close();
        }
    }
```

8.4.3 BinaryWriter 类介绍

BinaryWriter 类定义了重载的 Write()方法，来对基层的流写入数据。BinaryWriter 类不单单提供了 Write()方法，还提供了一些成员来获取或设置派生自 Stream 的类型，并提供了随机数据访问操作。

BinaryWriter 类常见方法如表 8-26 所示。

表 8-26 BinaryWriter 类常见方法

方法	描述
Close	关闭 BinaryWriter 和基础流
Seek	设置流中位置
Write	写入流中

第 8 章 文件处理技术

 案例学习：BinaryWriter 类使用案例

本实验目标是了解 BinaryWriter 类常见方法的使用。单击"浏览"按钮，选择文本文件，然后单击"打开"按钮，读取文本显示在文本框中。修改后单击"保存"按钮，保存文件。实现的效果图如图 8.11 所示。

图 8.11 BinaryWriter 类使用演示程序

使用到的控件及控件属性设置如表 8-27 所示。

表 8-27 使用到的控件及控件属性设置

控件类型	控件名	属性设置	作 用
TextBox	pathtxt		显示选择文件路径
	contenttxt	Multiline 属性设置为"True"	显示文件内容
Button	filebtn	Text 属性设置为"浏览"	选择文件
	openbtn	Text 属性设置为"打开"	打开文件
	savebtn	Text 属性设置为"保存"	保存文件
	clsbtn	Text 属性设置为"关闭"	退出程序
OpenFileDialog	openFileDialog1		弹出文件对话框

- 实验步骤 1：

在 Visual Studio 2008 编程环境下，创建 Windows 窗体应用程序，命名为"BinaryWriter 使用演示"。然后依照图 8.11，从工具箱中拖动所需控件到窗体中进行布局。

- 实验步骤 2：

分别双击各个按钮，进入后台编写代码，代码如下。

```
using System;
using System.Windows.Forms;
//引用System.IO命名空间
using System.IO;
namespace BinaryWriter使用演示
{
    public partial class Form1: Form
    {
```

```csharp
        public Form1()
        {
            InitializeComponent();
        }
        private void filebtn_Click(object sender, EventArgs e)
        {
            openFileDialog1.Filter = "二进制文件(*.dat)|*.dat";
            if (openFileDialog1.ShowDialog()==DialogResult.OK)
            {
                pathtxt.Text = openFileDialog1.FileName;
            }
        }
        private void openbtn_Click(object sender, EventArgs e)
        {
            if (File.Exists(pathtxt.Text))
            {
                FileStream fs = new FileStream(pathtxt.Text,FileMode.Open,FileAccess.Read);
                //实例化BinaryReader对象
                BinaryReader br = new BinaryReader(fs);
                if (br.PeekChar()!=-1)
                {
                    //读取二进制数据
                    contenttxt.Text = Convert.ToString(br.ReadInt32());
                }

                fs.Close();
                br.Close();
            }
        }
        private void clsbtn_Click(object sender, EventArgs e)
        {
            this.Close();
        }
        private void savebtn_Click(object sender, EventArgs e)
        {
            if (File.Exists(pathtxt.Text))
            {
                FileStream fs = new FileStream(pathtxt.Text,FileMode.OpenOrCreate,FileAccess.ReadWrite);
                //实例化BinaryWriter对象
                BinaryWriter br = new BinaryWriter(fs);
                //写入数据
                br.Write(contenttxt.Text);
                fs.Close();
```

```
                    br.Close();
                    MessageBox.Show("成功保存!");
                }
                else
                {
                    MessageBox.Show("请正确输入或选择文件名!");
                }
            }
        }
    }
```

本 章 小 结

- File 是静态对象,提供对文件的创建、复制、移动和删除等一系列操作。
- File.Create(文件名)可以创建新的文件,并结合 FileStream 对象来进行读写操作。
- FileStream 和 BinaryReader、BinaryWriter 对象结合起来可对二进制数据进行操作。
- 在 C#中指明文件名的时候,要使用转义字符"\\"。

课 后 习 题

一. 单项选择题。

1. 在( )命名空间中提供了 I/O 操作有关的类。
   A. System.Text   B. System.IO
   C. System.Data   D. System.Linq
2. 在 File 中使用( )方法判断文件是否存在。
   A. Move   B. Delete
   C. GetFiles   D. Exists

二. 填空题。

1. 在使用 I/O 流操作二进制文件时主要使用到 _____ 、_____ 类。
2. FileStream 对文件的操作方式默认是同步,FileStream 支持同步操作还支持_____操作。

三. 编程题。

实现记事本功能的应用程序。
要求:(1) 可以新建和打开文本文件;
　　　(2) 通过按钮可以设置文本格式。
　提示:可以使用 colorDialog 控件设置字体颜色,fontDialog 控件设置字体,contextMenuStrip 控件设置右键选项,openFileDialog,saveFileDialog 控件打开和保存文本文件。

输出结果如图 8.12 所示。

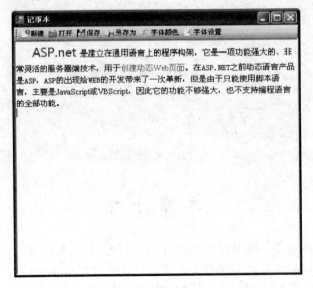

图 8.12　输出结果

第 9 章

Windows 高级控件

本章重点介绍 Windows 应用程序中高级控件的使用，为以后的编程打下坚实的基础。

学习目标

(1) 熟悉 RadioButton 的使用
(2) 熟悉 PictureBox 的使用
(3) 掌握 TabControl 控件使用方法
(4) 熟悉 ProgressBar 控件的使用
(5) 熟悉 ImageList 控件的使用
(6) 熟悉 StatusStrip 控件的使用
(7) 熟悉 Timer 控件的使用
(8) 熟悉 TreeView 控件的使用
(9) 熟悉 ListView 控件的使用
(10) 掌握 Check ListBox 控件的使用

9.1 RadioButton

单选按钮(RadioButton)提供了两个或者多个互斥的选择按钮，通常情况下用来处理用户从多个选项中选择唯一值。RadioButton 控件和一般使用如图 9.1 所示。

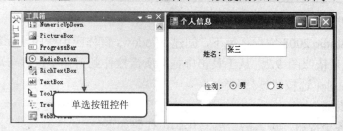

图 9.1 RadioButton 控件和一般使用

RadioButton 的注意事项如下。使用 Panel、Groupbox 等容器控件对 RadioButton 进行分组。RadioButton 中的 Checked 属性值为 "True" 时，RadioButton 被选择。也可以通过 RadioButton 中的 CheckedChanged 事件获得 Checked 是否改变。

案例学习：RadioButton 实践操作

本实验目标是了解 RadioButton 的使用。点选单选按钮，然后单击"提交"按钮，最后通过 MessageBox 弹出选择信息。实现的效果图如图 9.2 所示。

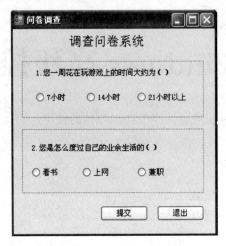

图 9.2 RadioButton 使用演示程序

使用到的控件及控件属性设置如表 9-1 所示。

表 9-1 使用到的控件及控件性设置

控件类型	控件名	属性设置	作用
RadioButton	rb1	Text 属性设置为"7 小时"	获得单选值
	rb2	Text 属性设置为"14 小时"	
	rb3	Text 属性设置为"21 小时以上"	
	rb4	Text 属性设置为"看书"	
	rb5	Text 属性设置为"上网"	
	rb6	Text 属性设置为"兼职"	
Button	subbtn		创建指定文件
	clsbtn		关闭程序
Panel	panel1		对单选按钮进行分组
	panel2		

- 实验步骤 1：

在 Visual Studio 2008 编程环境下，创建 Windows 窗体应用程序，命名为"RadioButton 使用演示"。然后依照图 9.2，从工具箱中拖动所需控件到窗体中进行布局。注意要添加两个 Panel 控件，对单选按钮进行分组。

- 实验步骤 2：

分别双击各个按钮，进入后台编写代码，代码如下。

```
using System;
using System.Windows.Forms;
namespace RadioButton使用演示
{
```

```csharp
public partial class Form1 : Form
{
    public Form1()
    {
        InitializeComponent();
    }
    private string q1 = "", q2 = "";
    private void subbtn_Click(object sender, EventArgs e)
    {
        //通过RadioButton的Checked属性来判断是否被选择
        //true为选择,false为未选择
        if (rb1.Checked==true)
        {
            q1 = rb1.Text;
        }
        else if (rb2.Checked==true)
        {
            q1 = rb2.Text;
        }
        else if(rb3.Checked==true)
        {
            q1 = rb3.Text;
        }
        //未单击"提交"按钮出现错误提示
        if (q1==""&&q2=="")
        {
            MessageBox.Show("请选择后再单击提交!","错误",MessageBoxButtons.OK,MessageBoxIcon.Error);
        }
        else
        {
            string message = string.Format("您的选择是 1.{0} ,2.{1}",q1,q2);
            MessageBox.Show(message,"信息");
        }
    }

    private void clsbtn_Click(object sender, EventArgs e)
    {
        this.Close();
    }
    //通过RadioButton的CheckedChanged确定选择哪个
    private void rb4_CheckedChanged(object sender, EventArgs e)
    {
        q2 = rb4.Text;
    }
```

```
            private void rb5_CheckedChanged(object sender, EventArgs e)
            {
                q2 = rb5.Text;
            }
            private void rb6_CheckedChanged(object sender, EventArgs e)
            {
                q2 = rb6.Text;
            }
        }
    }
```

9.2 PictureBox 控件

图片框(PictureBox)控件用来显示图标、元文件、BMP、JPEG、GIF 或 PNG 文件中的图形。其基本的属性和方法定义如表 9-2 所示。

表 9-2 PictureBox 控件基本的属性和方法定义

PictureBox 控件		描 述
属性	Image	设置显示的图像
	SizeMode	缩放模式 AutoSize、CenterImage、Normal 和 StretchImage。默认值为 Normal
方法	Show	相当于将控件的 Visible 属性设置为 "True" 并显示控件
事件	Click	用户单击控件时将发生该事件

  案例学习：设置 PictureBox 控件的属性

本实验目标是了解 PictureBox 控件的使用。单击 "选择图片" 按钮，选择图片文件，显示在 PictureBox 控件中，然后可以同时选择单选安装设置图片缩放模式。实现的效果图如图 9.3 所示。

图 9.3 PictureBox 控件演示程序

使用到的控件及控件属性设置如表 9-3 所示。

表 9-3 使用到的控件及控件属性设置

控件类型	控件名	属性设置	作用
RadioButton	Norbtn	Text 属性设置为 "Normal"	获得单选值
	Strbtn	Text 属性设置为 "StretchImage"	
	Autbtn	Text 属性设置为 "AutoSize"	
	Cenbtn	Text 属性设置为 "CenterImage"	
	Zoobtn	Text 属性设置为 "Zoom"	
PictureBox	pictureBox1		显示图片
Button	filebtn	Text 属性设置为 "选择图片"	选择图片
	clsbtn	Text 属性设置为 "关闭"	关闭程序
GroupBox	groupBox1		对单选按钮进行分组
OpenFileDialog	openFileDialog1		弹出文件对话框

- 实验步骤 1：

在 Visual Studio 2008 编程环境下，创建 Windows 窗体应用程序，命名为 "PictureBox 使用演示"。然后依照图 9.3，从工具箱中拖动所需控件到窗体中进行布局。

- 实验步骤 2：

分别双击各个按钮，进入后台编写代码，代码如下。

```csharp
using System;
using System.Drawing;
using System.Windows.Forms;
namespace PictureBox使用演示
{
    public partial class Form1: Form
    {
        public Form1()
        {
            InitializeComponent();
        }
        private string filename = "";
        private void filebtn_Click(object sender, EventArgs e)
        {
            openFileDialog1.Filter = "JPG格式图片文件|*.jpg";
            //使用OpenFileDialog获取文件路径
            if (openFileDialog1.ShowDialog()==DialogResult.OK)
            {
                //获得文件路径文件名
                filename = openFileDialog1.FileName;
                //在PictureBox中显示选择的图片
                pictureBox1.Image=Image.FromFile(filename);

            }
        }
        private void Norbtn_CheckedChanged(object sender, EventArgs e)
        {
            //设置PictureBox缩放模式为Normal
```

```
        pictureBox1.SizeMode = PictureBoxSizeMode.Normal;
    }
    private void Strbtn_CheckedChanged(object sender, EventArgs e)
    {
        pictureBox1.SizeMode = PictureBoxSizeMode.StretchImage;
    }
    private void Autbtn_CheckedChanged(object sender, EventArgs e)
    {
        pictureBox1.SizeMode = PictureBoxSizeMode.AutoSize;
    }
    private void Cenbtn_CheckedChanged(object sender, EventArgs e)
    {
        pictureBox1.SizeMode = PictureBoxSizeMode.CenterImage;
    }
    private void Zoobtn_CheckedChanged(object sender, EventArgs e)
    {
        pictureBox1.SizeMode = PictureBoxSizeMode.Zoom;
    }
    private void clsbtn_Click(object sender, EventArgs e)
    {
        this.Close();
    }
}
```

9.3　TabControl 控件

在程序界面的设计过程中,可能需要针对不同的功能对界面进行分页,使得程序更加人性化,更加易用。使用选项卡(TabControl)控件可以创建多个选项卡,并且可以在选项卡中添加子控件,从而达到对窗体的分页功能。TabControl 控件和常见使用如图 9.4 所示。

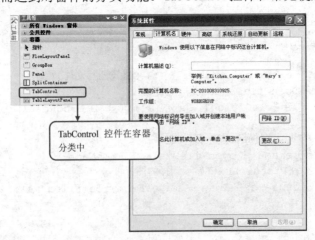

图 9.4　TabControl 控件常见使用

以下列出 TabControl 控件中常用属性,如表 9-4 所示。

表 9-4　TabControl 控件中常用属性

属　　性	说　　明
Multiline	指定是否可以显示多行选项卡。默认值为 False
SelectedIndex	当前所选选项卡页的索引值。默认值为-1
SelectedTab	当前选定的选项卡页
ShowToolTips	指定是否显示该选项卡的工具提示。如果提示，该值应为"True"，必须同时设置某页的 ToolTipText 内容
TabCount	检索 TabControl 控件中选项卡的数目
Alignment	控制标签在标签控件的什么位置显示。默认的位置为控件的顶部
Appearance	控制标签的显示方式。标签可以显示为一般的按钮或带有平面样式
HotTrack	如果这个属性设置为"true"，则当鼠标指针滑过控件上的标签时，其外观就会改变
RowCount	返回当前显示的标签行数
TabPages	获得或设置控件中的 TabPage 对象集合

案例学习：设置 TabControl 控件的属性

本实验目标是了解 TabControl 控件的使用。单击"浏览"按钮，选择图片文件，然后选择"信息"选项卡，查看 PictureBox 中显示图片的详细信息。实现的效果图如图 9.5 所示。

图 9.5　TabControl 控件使用效果

使用到的控件及控件属性设置如表 9-5 所示。

表 9-5　使用到的控件及控件属性设置

控 件 类 型	控 件 名	属 性 设 置	作　　用
TabControl	tabControl1		分页显示
PictureBox	pictureBox1	SizeMode 属性设置为"StretchImage"	显示图片
TextBox	pathtxt		显示文件路径
	Flagstxt		显示属性标志
	pdtxt		显示图片宽度
	pftxt		显示图片像素格式
	hrtxt		显示水平分辨率
	vrtxt		显示垂直分辨率
Button	filebtn	Text 属性设置为"浏览"	打开文件
OpenFileDialog	openFileDialog1		弹出文件对话框

- 实验步骤 1：

在 Visual Studio 2008 编程环境下，创建 Windows 窗体应用程序，命名为"TabControl 使用演示"。然后依照图 9.5，从工具箱中拖动所需控件到窗体中进行布局。

- 实验步骤 2：

设置 TabControl 控件的 TabPages 属性，添加选项卡，如图 9.6 所示。

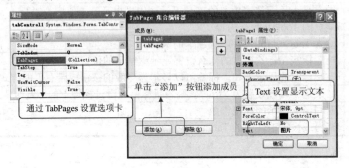

图 9.6 添加选项卡

- 实验步骤 3：

分别双击各个按钮，进入后台编写代码，代码如下。

```csharp
using System;
using System.Drawing;
using System.Windows.Forms;
namespace TabControl使用演示
{
    public partial class Form1: Form
    {
        public Form1()
        {
            InitializeComponent();
        }
        string path = "";
        private void filebtn_Click(object sender, EventArgs e)
        {
            openFileDialog1.Filter = "JPG图片格式|*.jpg";
            if (openFileDialog1.ShowDialog()==DialogResult.OK)
            {
                //获得图片路径
                path = openFileDialog1.FileName;
                //显示图片
                pictureBox1.Image = Image.FromFile(path);
                pathtxt.Text = path;
            }
            //获得图片的信息
            Flagstxt.Text = Image.FromFile(path).Flags.ToString();
            hrtxt.Text = Image.FromFile(path).HorizontalResolution.ToString();
            vrtxt.Text = Image.FromFile(path).VerticalResolution.ToString();
            pftxt.Text = Image.FromFile(path).PixelFormat.ToString();
            pdtxt.Text = Image.FromFile(path).PhysicalDimension.ToString();
```

```
    }
   }
}
```

9.4　ProgressBar 控件

进度条(ProgressBar)控件主要用于以图形方式表示出某种操作的进度或完成的百分比。例如，在 Windows XP 环境下默认的进度条外观是排列在水平条中的一定数目的矩形，以此来表示进度。ProgressBar 控件在需要表现进度的程序中常常被使用到，如进行文件读写、复制、移动和删除操作时程序需要对用户提供操作的完成进度。ProgressBar 控件和常见使用如图 9.7 所示。

图 9.7　Progress Bar 控件和常见使用

ProgressBar 控件基本的属性和方法定义如表 9-6 所示。

表 9-6　ProgressBar 控件基本的属性和方法

ProgressBar 控件		说　明
属性	Maximum	设置 ProgressBar 控件的最大值。默认值为 100
	Minimum	设置 ProgressBar 控件的最小值。默认值为 0
	Step	PerformStep 方法获取以增加进度条的光标位置的值 默认值为 10
	Value	Progress Bar 控件中光标的当前位置。默认值为 0
方法	Increment	按指定的递增值移动进度条的光标位置
	PerformStep	按 Step 属性中指定的值移动进度条的光标位置

　案例学习：Progress Bar 控件的简单使用

本实验目标是了解 ProgressBar 控件的使用。输入最小值和最大值，然后单击"开始"按钮，进度条开始执行，同时显示进度值。实现的效果图如图 9.8 所示。

图 9.8　ProgressBar 控件演示程序

使用到的控件及控件属性设置如表 9-7 所示。

表 9-7 使用到的控件及控件属性设置

控件类型	控件名	属性设置	作 用
ProgressBar	progressBar1		显示进度
Label	showmumlab	BorderStyle 属性设置为"Fixed3D"	设置进度条当前值
TextBox	minimumtxt		设置进度条最小值
	maximumtxt		设置进度条最大值
Button	startbtn		启动进度
	clsbtn		退出程序

- 实验步骤 1：

在 Visual Studio 2008 编程环境下，创建 Windows 窗体应用程序，命名为"ProgressBar 使用演示"。然后依照图 9.8，从工具箱中拖动所需控件到窗体中进行布局。

- 实验步骤 2：

分别双击各个按钮，进入后台编写代码，代码如下。

```
using System;
using System.Windows.Forms;
namespace ProgressBar使用演示
{
    public partial class Form1: Form
    {
        public Form1()
        {
            InitializeComponent();
        }
        private void startbtn_Click(object sender, EventArgs e)
        {
            int min = Convert.ToInt32(minimumtxt.Text);
            int max = Convert.ToInt32(maximumtxt.Text);
            //设置进度条的最小值
            progressBar1.Minimum = min;
            //设置进度条的最大值
            progressBar1.Maximum = max;
            //设置进度条的递增值
            progressBar1.Step = 1;
            for (int i = min; i < max+1; i++)
            {
                //设置按照Step设置的递增值递增
                progressBar1.PerformStep();
                showmumlab.Text = progressBar1.Value.ToString();
            }
        }
        private void clsbtn_Click(object sender, EventArgs e)
        {
            this.Close();
        }
    }
}
```

9.5 ImageList 控件

ImageList 控件主要用于储存用户预定义图片列表资源,不能直接使用 ImageList 控件显示图片,要通过其他控件查看 ImageList 控件中储存的图片,使用 ImageList 控件简化了对于图片的管理。ImageList 控件如图 9.9 所示。

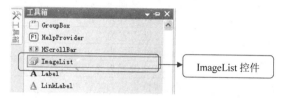

图 9.9 ImageList 控件

ImageList 控件基本的属性和方法定义如表 9-8 所示。

表 9-8 ImageList 控件基本的属性和方法定义

ImageList 控件		描 述
属性	Images	获得或设置图像列表中包含的图像的集合
	ImageSize	该属性表示图像的大小,默认高度和宽度为 16×16,最大大小为 256×256
方法	Draw	该方法用于绘制指定图像
	Add	添加图片
	RemoveAt	移除指定索引图片
	Clear	移除所有图片

案例学习:配置 ImageList 控件的图片列表内容

本实验目标是了解 ImageList 控件的使用。单击"浏览"按钮,选择图片文件。单击"移除"按钮,移除当前显示的图片。单击"清空"按钮,清空所有图片。单击"首页"、"下一页"、"上一页"、"尾页"按钮,完成图片的查看。实现的效果图如图 9.10 所示。

图 9.10 ImageList 控件演示程序

使用到的控件及控件属性设置如表 9-9 所示。

表 9-9 使用到的控件及控件属性设置

控件类型	控件名	属性设置	作用
PictureBox	showimagepic	SizeMode 属性设置为 "StretchImage"	显示图片
TextBox	filenametxt		显示选择的文件路径
Button	openfilebtn	Text 属性设置为 "浏览"	打开文件
	removebtn	Text 属性设置为 "移除"	移除指定图片
	clearbtn	Text 属性设置为 "清空"	清空所有图片
	homebtn	Text 属性设置为 "首页"	显示第一张图片
	pgdnbtb	Text 属性设置为 "下一页"	显示下一张图片
	pgupbtn	Text 属性设置为 "上一页"	显示上一张图片
	lastbtn	Text 属性设置为 "尾页"	显示最后一张图片
ImageList	imageList1		储存打开的图片

- 实验步骤 1：

在 Visual Studio 2008 编程环境下，创建 Windows 窗体应用程序，命名为 "ImageList 使用演示"。然后依照图 9.10，从工具箱中拖动所需控件到窗体中进行布局，使用 PictureBox 显示图片。

- 实验步骤 2：

分别双击各个按钮，进入后台编写代码，代码如下。

```csharp
using System;
using System.Drawing;
using System.Windows.Forms;

namespace ImageList使用演示
{
    public partial class Form1: Form
    {
        public Form1()
        {
            InitializeComponent();
        }
        private int index = 0;
        private void openfilebtn_Click(object sender, EventArgs e)
        {
            //设置允许多选文件
            openFileDialog1.Multiselect = true;
            //设置筛选器
            openFileDialog1.Filter = "JPG图片格式|*.jpg";
            //设置图片大小
            imageList1.ImageSize = new Size(256,256);
            if (openFileDialog1.ShowDialog()==DialogResult.OK)
            {
                //文件路径字符串数组
                string[] filenames = openFileDialog1.FileNames;
```

```csharp
            foreach (string item in filenames)
            {
                //显示文件路径
                filenametxt.Text += item + ";";
                //添加图片到imageList中
                imageList1.Images.Add(Image.FromFile(item));
            }
            //通过索引获得图片,并显示图片
            //Images索引从0开始
            showimagepic.Image = imageList1.Images[0];
        }
    }
    private void pgdnbtb_Click(object sender, EventArgs e)
    {
        //通过Count获得imageList中的图片数量
        if (index+1 == imageList1.Images.Count)
        {
            MessageBox.Show("最后一张了!");
        }
        else
        {
            index++;
            showimagepic.Image = imageList1.Images[index];
        }
    }
    private void pgupbtn_Click(object sender, EventArgs e)
    {
        if (index==0)
        {
            MessageBox.Show("已经是第一张了!");
        }
        else
        {
            index--;
            showimagepic.Image=imageList1.Images[index];
        }
    }
    private void homebtn_Click(object sender, EventArgs e)
    {
        showimagepic.Image = imageList1.Images[0];
    }
    private void lastbtn_Click(object sender, EventArgs e)
    {
        //获得最后一张图片
        showimagepic.Image = imageList1.Images[imageList1.Images.Count - 1];
    }
```

```csharp
        private void removebtn_Click(object sender, EventArgs e)
        {
            //移除指定Index的图片
            imageList1.Images.RemoveAt(index);
        }
        private void clearbtn_Click(object sender, EventArgs e)
        {
            //清空所有图片
            imageList1.Images.Clear();
        }
    }
}
```

9.6　StatusStrip 控件

状态栏(StatusStrip)控件通常位于 Windows 窗体的底部，一般用于显示当前窗体中对象的状态信息，如图 9.11 所示。

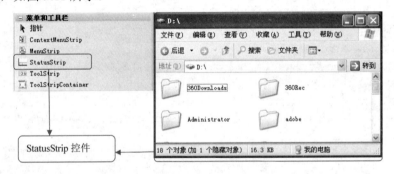

图 9.11　StatusStrip 控件

StatusStrip 控件中可以添加的控件：StatusLabel 控件(添加标签控件)、ProgressBar 控件、DropDownButton 控件(下拉列表控件)以及 SplitButton 控件(分割控件)，如图 9.12 所示。

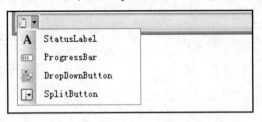

图 9.12　StatusStrip 控件中可以添加的控件

案例学习：用 **StatusStrip** 控件统计文本字数信息

本实验目标是了解 StatusStrip 控件的使用。打开文档时显示当前时间和文本文件的字符数。实现的效果图如图 9.13 所示。

图 9.13 ImageList 控件演示程序

使用到的控件及控件属性设置如表 9-10 所示。

表 9-10 使用到的控件及控件属性设置

控件类型	控件名	属性设置	作用
ToolStrip	toolStrip1	添加按钮	
RichTextBox	richTextBox1		显示文本内容
Button	toolStripButton1		打开文件
	toolStripButton2		新建文件
	toolStripButton3		保存文件
StatusStrip	statusStrip1	添加标签	
Label	toolStripStatusLabel2		显示统计字数
OpenFileDialog	openFileDialog1		弹出文件对话框
SaveFileDialog	saveFileDialog1		保存文件对话框

- 实验步骤 1：

在 Visual Studio 2008 编程环境下，创建 Windows 窗体应用程序，命名为"StatusStrip 使用演示"。然后依照图 9.13，从工具箱中拖动所需控件到窗体中进行布局，使用 RichTextBox 显示文本。主要要添加 OpenFileDialog、SaveFileDialog 控件。

- 实验步骤 2：

分别双击各个按钮，进入后台编写代码，代码如下。

```
using System;
using System.Text;
using System.Windows.Forms;
using System.IO;
namespace StatusStrip使用演示
{
    public partial class Form1: Form
    {
        public Form1()
        {
```

```csharp
            InitializeComponent();
            //显示时间
            toolStripStatusLabel1.Text = "当前日期为:
"+DateTime.Now.ToShortDateString();
        }
        private void toolStripButton1_Click(object sender, EventArgs e)
        {
            openFileDialog1.Filter = "TXT文本文件|*.txt";
            if (openFileDialog1.ShowDialog() == DialogResult.OK)
            {
                FileStream fs = new FileStream(openFileDialog1.FileName, FileMode.Open, FileAccess.Read);
                StreamReader mfs = new StreamReader(fs, Encoding.Default);
                richTextBox1.Text = mfs.ReadToEnd();
                mfs.Close();
            }
        }
        private void toolStripButton2_Click(object sender, EventArgs e)
        {
            richTextBox1.Text = "";
        }
        private void toolStripButton3_Click(object sender, EventArgs e)
        {
            saveFileDialog1.Filter = "TXT文本文件|*.txt";
            if (richTextBox1.Text == "")
            { }
            else
            {
                if (saveFileDialog1.ShowDialog() == DialogResult.OK)
                {
                    FileStream fs = new FileStream(saveFileDialog1.FileName, FileMode.Create, FileAccess.Write);
                    StreamWriter mfs = new StreamWriter(fs, Encoding.Default);
                    mfs.WriteLine(richTextBox1.Text);
                    mfs.Close();
                }
            }
        }
        //获得字符数
        private void richTextBox1_TextChanged(object sender, EventArgs e)
        {
            toolStripStatusLabel2.Text = "字符数:" + richTextBox1.Text.Length;
        }
    }
}
```

9.7　Timer 控件

在 Windows 应用程序的编写过程中，可能需要在一定的时间间隔中去触发一个事件，如编写倒计时器。这时候使用 Timer 控件设置它的 Interval 属性可以轻松地实现这个功能。Timer 控件如图 9.14 所示。

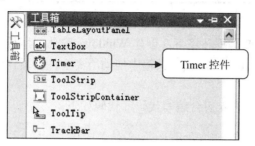

图 9.14　Timer 控件的属性与方法

Timer 控件的应用中主要的属性和事件如表 9-11 所示。

表 9-11　Timer 控件的应用中主要的属性和事件

Timer 控件		描　　述
属性	Enabled	时钟是否可用
	Interval	时钟每间隔多长时间触发一次 Tick 事件，时间间隔单位是毫秒数
事件与方法	Start()	时钟启动
	Stop()	时钟停止
	Tick	每隔 Interval 时间间隔触发一次

案例学习：Timer 控件使用演示

本实验目标是了解 Timer 控件的使用。在文本框中输入倒计时时间，单击"开始"按钮，开始计时。单击"停止"按钮结束倒计时。实现的效果图如图 9.15 所示。

图 9.15　Timer 控件演示程序

使用到的控件及控件属性设置如表 9-12 所示。

表 9-12 使用到的控件及控件属性设置

控件类型	控件名	属性设置	作用
Label	showlab	BorderStyle 属性设置为"Fixed3D"	显示倒计时
TextBox	stxt		设置倒计时时间
Button	startbtn	Text 属性设置为"开始"	启动倒计时
	stopbtn	Text 属性设置为"停止"	停止倒计时
Timer	timer1		间隔时间触发时间

- 实验步骤 1：

在 Visual Studio 2008 编程环境下，创建 Windows 窗体应用程序，命名为"Timer 控件的使用演示"。然后依照图 9.15，从工具箱中拖动所需控件到窗体中进行布局。

- 实验步骤 2：

分别双击各个按钮，进入后台编写代码，代码如下。

```
using System;
using System.Windows.Forms;
namespace Timer控件的使用演示
{
    public partial class Form1: Form
    {
        public Form1()
        {
            InitializeComponent();
            //设置Interval属性
            timer1.Interval = 1000;
        }
        private int s = 0;
        private void startbtn_Click(object sender, EventArgs e)
        {
            if (int.TryParse(stxt.Text,out s))
            {
                //启动Timer
                timer1.Start();
            }
            else
            {
                MessageBox.Show("请输入整型数!");
            }
        }
        private void timer1_Tick(object sender, EventArgs e)
        {
            if (s==-1)
            {
                //停止Timer
                timer1.Stop();
                MessageBox.Show("时间到啦!!!");
```

```
            }
            else
            {
                showlab.Text = s--.ToString();
            }
        }
        private void stopbtn_Click(object sender, EventArgs e)
        {
            timer1.Stop();
            showlab.Text = "00";
        }
    }
}
```

9.8 ListView 控件

列表视图(ListView)控件可以显示带有图标的列表，显示模式有大图标、小图标和数据。Windows 操作系统资源管理器设计就使用到 ListView 控件。ListView 控件和常见使用如图 9.16 所示。

图 9.16 ListView 控件和常见使用

ListView 控件主要的属性和事件如表 9-13 所示。

表 9-13 ListView 控件主要的属性和事件

	ListView 控件	描述
属性	Items	ListView 中的所有项
	MultiSelect	允许选择多个项
	SelectedItems	用户选择的 ListView 行
	Sorting	指定进行排序的方式
	column	详细视图中显示的列信息
事件与方法	Clear()	清空所有项
	GetItemAt()	返回列表视图中位于 x,y 的选项
	Sort()	进行排序；仅限于字母数字类型
	BeginUpdate	开始更新，直到调用 EmdUpdate 为止。当一次插入多个选项使用这个方法很有用，因为它会禁止视图闪烁，并可以大大提高速度
	EndUpdate	结束更新

在 ListView 控件的设置中，最为重要的是 Column 集合和 Column 对象。ListView 控件

的 Columns 属性表示控件中出现的所有列标题的集合,而列标题是 ListView 控件中包含标题文本的一个项。ColumnHeader 对象定义在控件的 View 属性设置为"Details"值时,作为 ListView 控件的一部分将显示类似于表头一样的信息。如果 ListView 控件没有任何列标题,并且 View 属性设置为"Details",则 ListView 控件不显示任何项的信息。

设置完 Column 集合相当于完成了表的表头设计工作(列设计),另外一项重要的工作是设置表的每一行信息(行设计),ListView 控件的设置中与行配置有关的是 Items 项集合和 Items 项对象。ListView 控件的 Items 属性表示包含控件中所有行信息的集合,该集合又包含对每行键值的设置和非键值的设置。Items 属性返回 ListView.ListViewItemCollection,可以用于 ListView 中添加新项、删除项或计算可用项数。

案例学习:ListView 控件的编辑列、组和项

本实验目标是了解 ListView 控件的编辑列、组和项。

- 实验步骤 1:

从工具箱之中拖动一个 ImageList 图片列表控件和一个 ListView 控件,首先给 ListView 添加项,如图 9.17 所示。

图 9.17 ListView 添加项

- 实验步骤 2:

设置 ImageList,选中 ListView 控件,配置其 LargeImageList 和 SmallImageList 的属性分别是 ImageList 控件对象,如图 9.18 所示。

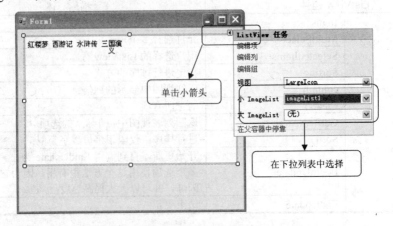

图 9.18 设置当前 ListView 控件 ImageList

- 实验步骤 3：

选中 ListView 控件，通过 Items 属性或者编辑项，编辑 ImageIndex 或者 ImageKey，设置显示图标，如图 9.19 所示。

- 实验步骤 4：

选中 ListView 控件，设置其属性 View 可以设置视图模式，如图 9.20 所示。

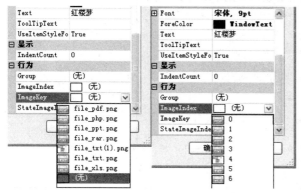

图 9.19　设置 ListView 显示图标　　　　图 9.20　设置 View 属性

- 实验步骤 5：

单击"Columns"，设置 ListView 列，如图 9.21 所示。

图 9.21　设置 ListView 列

- 实验步骤 6：

单击"Groups"，添加 ListView 组，如图 9.22 所示。

图 9.22　设置 ListView 组

案例学习：ListView 使用演示

本实验目标是了解 ListView 控件常见方法的使用。打开文件夹，在 ListView 中显示文件夹下的子文件夹和文件。实现的效果图如图 9.23 所示。

图 9.23　ListView 控件演示程序

使用到的控件及控件属性设置如表 9-14 所示。

表 9-14　使用到的控件及控件属性设置

控件类型	控件名	属性设置	作用
TextBox	textBox1		显示目录路径
GroupBox	groupBox1	Text 属性设置为"View 属性"	
RadioButton	detailsrbtn	Text 属性设置为"Details"	设置 View 属性
	largeiconrbtn	Text 属性设置为"LargeIocn" Checked 属性设置为"True"	
	listrbtn	Text 属性设置为"List"	
	smalliconrbtn	Text 属性设置为"SmallIcon"	
	titlerbtn	Text 属性设置为"Title"	
ListView	listView1		显示文件夹
FolderBrowserDialog	folderBrowserDialog1		弹出文件夹对话框
Button	filebtn	Text 属性设置为"浏览"	打开文件夹
ImageList	Imagelist2	同前一实验中的 imagelist2 控件的属性设置，可自定义	

- 实验步骤 1：

在 Visual Studio 2008 编程环境下，创建 Windows 窗体应用程序，命名为"ListView 使用演示"。然后依照图 9.23，从工具箱中拖动所需控件到窗体中进行布局，使用 ListView 显示文件夹和文本。主要要添加 FolderBrowserDialog 控件。

- 实验步骤 2：

分别双击各个按钮，进入后台编写代码，代码如下。

```
using System;
using System.Windows.Forms;
```

```csharp
using System.IO;
namespace ListView使用演示
{
    public partial class Form1: Form
    {
        public Form1()
        {
            InitializeComponent();
            //创建ListView组
            listView1.Groups.Add(new ListViewGroup("文件夹",
HorizontalAlignment.Left));
            listView1.Groups.Add(new ListViewGroup("文件",
HorizontalAlignment.Left));
        }
        private string path = "";
        private bool group = false;
        private void filebtn_Click(object sender, EventArgs e)
        {

            if (folderBrowserDialog1.ShowDialog()==DialogResult.OK)
            {
                path = folderBrowserDialog1.SelectedPath;
                listviewitems();
            }
        }
        //设置View属性
        private void detailsrbtn_CheckedChanged(object ender, EventArgs e)
        {
            group = false;
            listView1.View = View.Details;
            listviewitems();
        }
        private void largeiconrbtn_CheckedChanged(object sender, EventArgs e)
        {
            group = false;
            listView1.View = View.LargeIcon;
            listviewitems();
        }
        private void listrbtn_CheckedChanged(object sender, EventArgs e)
        {
            group = false;
            listView1.View = View.List;
            listviewitems();
        }
        private void smalliconrbtn_CheckedChanged(object sender, EventArgs e)
        {
            group = true;
            listView1.View = View.SmallIcon;
            listviewitems();
        }
```

```csharp
            private void titlerbtn_CheckedChanged(object sender, EventArgs e)
            {
                group = false;
                listView1.View = View.Tile;
                listviewitems();
            }
            private void listviewitems()
            {
                listView1.Items.Clear();
                string[] s1 = Directory.GetDirectories(path);
                TreeNode[] subnode = new TreeNode[s1.Length];
                int i = 0;
                foreach (string j in s1)
                {
                    //获得不含扩展名的文件名
                    string fileName = System.IO.Path.GetFileNameWithoutExtension(j);
                    subnode[i] = new TreeNode(fileName);
                    subnode[i].Name = j;
                    subnode[i].ImageIndex = 1;
                    subnode[i].SelectedImageIndex = 1;
                    i++;
                    //实例化Directory对象
                    DirectoryInfo dinfo = new DirectoryInfo(j);
                    //创建ListViewItem
                    ListViewItem ditem = new ListViewItem(new string[]
{ dinfo.Name.ToString(), "", dinfo.LastWriteTime.ToString() });
                    ditem.Name = j.ToString();
                    //设置图标
                    ditem.ImageKey = "folder.png";
                    if (group == true)
                    {
                        //添加项到第一个组中
                        listView1.Items.Add(ditem).Group = listView1.Groups[0];
                    }
                    else
                    {
                        //添加项
                        listView1.Items.Add(ditem);
                    }
                }
                string[] s2 = Directory.GetFiles(path);
                foreach (string k in s2)
                {
                    FileInfo info = new FileInfo(k);
                    ListViewItem item = new ListViewItem(new string[] { info.Name,
info.Length.ToString(), info.LastWriteTime.ToString(),
info.Extension.ToString() });
                    if (imageList2.Images.Keys.Contains(Path.GetExtension(k) +
".png") == true)
```

```
                    {
                        item.ImageKey = Path.GetExtension(k) + ".png";
                    }
                    else
                    {
                        item.ImageKey = "unknown.png";
                    }
                    item.Name = k.ToString();
                    if (group == true)
                    {
                        this.listView1.Items.Add(item).Group = listView1.Groups[1];
                    }
                    else
                    {
                        this.listView1.Items.Add(item);
                    }
                }
            }
        }
    }
}
```

9.9 TreeView 控件

TreeView 控件用来显示信息的层次结构，如 Windows 系统中资源管理器的树形目录。TreeView 控件中每一个节点都是一个 Node 对象。每个节点下又可以有子节点，每个 Node 对象都可以包含有文本和图标。TreeView 控件和常见使用如图 9.24 所示。

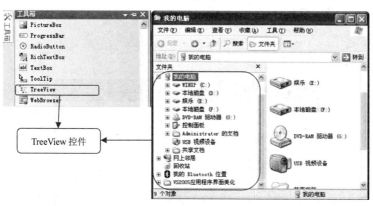

图 9.24 TreeView 控件的应用样式

在 TreeView 控件的使用中，TreeView 控件节点集使用 Nodes 属性来表示，节点集中的节点也可以有自己的 Nodes 属性。对节点可以使用 Add()、Remove()和 RemoveAt()方法添加或移动。

TreeView 控件主要的属性和事件如表 9-15 所示。

表 9-15 TreeView 控件主要的属性和事件

TreeView 控件		描　述
属性	Nodes	TreeView 中的根节点具体内容集合
	ShowLines	是否显示父子节点之间的连接线，默认为"True"
	StateImageList	树型视图用以表示自定义状态的 ImageList 控件
	Scrollable	是否出现滚动条
事件与方法	AfterCheck	选中或取消属性节点时发生
	AfterCollapse	在折叠节点后发生
	AfterExpand	在展开节点后发生
	AfterSelect	更改选中内容后发生
	BeforeCheck	选中或取消树节点复选框时发生
	BeforeCollapse	在折叠节点前发生
	BeforeExpand	在展开节点前发生
	BeforeSelect	更改选中内容前发生

TreeView 控件的操控过程主要包括添加子节点，添加兄弟节点，删除节点，展开和折叠节点等，如表 9-16 所示。

表 9-16 TreeView 控件的操作过程

操　作	语　句
添加子节点	treeView1.SelectedNode.Nodes.Add (node)
添加兄弟节点	treeView1.SelectedNode.Parent.Nodes.Add (node)
删除节点	treeView1.SelectedNode.Remove ()
展开和折叠节点	定位根节点： treeView1.SelectedNode = treeView1.Nodes [0] ; 展开组件中的所有节点： treeView1.SelectedNode.ExpandAll () ;

案例学习：TreeView 使用演示

本实验目标是了解 TreeView 控件的使用。实现添加子节点、父节点，显示选择的节点名。实现的效果图如图 9.25 所示。

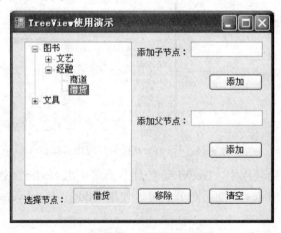

图 9.25 TreeView 控件演示程序

使用到的控件及控件属性设置如表 9-17 所示。

表 9-17 使用到的控件及控件属性设置

控件类型	控件名	属性设置	作用
TreeView	treeView1		显示节点
TextBox	cnodetxt		输入添加的子节点名称
	pnodetxt		输入添加的父节点名称
Label	selectnodelab	BorderStyle 属性设置为 "Fixed3D"	显示选择的节点
Button	addcbtn	Text 属性设置为 "添加"	添加子节点
	addpbtn	Text 属性设置为 "添加"	添加父节点
	delbtn	Text 属性设置为 "移除"	删除选择的节点
	clrbtn	Text 属性设置为 "清空"	清空所有节点

- 实验步骤 1：

在 Visual Studio 2008 编程环境下，创建 Windows 窗体应用程序，命名为 "TreeView 控件使用演示"。然后依照图 9.25，从工具箱中拖动所需控件到窗体中进行布局。

- 实验步骤 2：

分别双击各个按钮，进入后台编写代码，代码如下。

```
using System;
using System.Windows.Forms;
namespace TreeView控件使用演示
{
    public partial class Form1: Form
    {
        public Form1()
        {
            InitializeComponent();
        }
        private void addcbtn_Click(object sender, EventArgs e)
        {
            if (treeView1.SelectedNode != null && cnodetxt.Text != "")
            {
                //创建一个节点对象,并初始化
                TreeNode tmp;
                tmp = new TreeNode(cnodetxt.Text);
                //在TreeView组件中加入子节点
                treeView1.SelectedNode.Nodes.Add(tmp);
                treeView1.SelectedNode = tmp;
                treeView1.ExpandAll();
            }
            else
            {
                MessageBox.Show("请选择节点,并且输入节点名称后点击添加！");
            }
        }
        private void addpbtn_Click(object sender, EventArgs e)
        {
```

```
            if (pnodetxt.Text != "")
            {
                //创建一个节点对象,并初始化
                TreeNode tmp;
                tmp = new TreeNode(pnodetxt.Text);
                //添加根节点
                treeView1.Nodes.Add(tmp);
                treeView1.ExpandAll();
            }
            else
            {
                MessageBox.Show("输入节点名称后点击添加!");
            }
        }
        private void delbtn_Click(object sender, EventArgs e)
        {
            //判断选定的节点是否存在下一级节点
            if (treeView1.SelectedNode.Nodes.Count == 0)
            //删除节点
            {
                treeView1.SelectedNode.Remove();
            }
            else
            {
                MessageBox.Show("请先删除此节点中的子节点!");
            }
        }
        private void clrbtn_Click(object sender, EventArgs e)
        {
            //删除所有节点
            treeView1.Nodes.Clear();
        }
        //选择改变时触发事件
        private void treeView1_AfterSelect(object sender, TreeViewEventArgse)
        {
            //获得选择的节点Text
            selectnodelab.Text = treeView1.SelectedNode.Text;
        }
    }
}
```

9.10 CheckedListBox 可选列表框控件

可选列表框(CheckedListBox)控件类似于 ListBox 和 Checkbox 控件的综合体,允许用户在 ListBox 内有选择的挑选具体内容。CheckedListBox 控件如图 9.26 所示。

第 9 章 Windows 高级控件

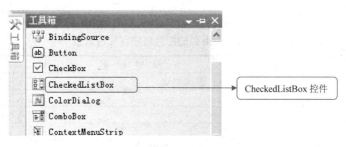

图 9.26 CheckedListBox 控件

CheckedListBox 控件主要的属性和事件如表 9-18 所示。

表 9-18 CheckedListBox 控件主要的属性和事件

CheckedListBox 控件		说 明
属性	Items	描述控件对象中的所有项
	MutiColumn	决定是否可以以多列的形式显示各项。在控件对象的指定高度内无法完全显示所有项时可以分为多列，这种情况下若 MutiColumn 属性值为"False"，则会在控件对象内出现滚动条
	ColumnWidth	当控件对象支持多列时，指定各列所占的宽度
	CheckOnClick	决定是否在第一次勾选某复选框时即改变其状态
	SelectionMode	指示复选框列表控件的可选择性。该属性只有两个可用的值 None 和 One，其中 None 值表示复选框列表中的所有选项都处于不可选状态；One 值则表示复选框列表中的所有选项均可选
	Sorted	表示控件对象中的各项是否按字母的顺序排序显示
	CheckedItems	表示控件对象中选中项的集合，该属性是只读的
	CheckedIndices	表示控件对象中选中索引的集合
事件与方法	SetItemChecked	设置列表中的某个复选框的选中状态
	SetSelected	设置列表中的某个复选框的待选状态

案例学习：CheckedListBox 使用演示

本实验目标是了解 CheckedListBox 控件的使用。输入和选择完信息后单击"提交"按钮，弹出填写信息。实现的效果如图 9.27 所示。

图 9.27 CheckedListBox 控件演示程序

使用到的控件及控件属性设置如表 9-19 所示。

表 9-19　使用到的控件及控件属性设置

控 件 类 型	控 件 名	属 性 设 置	作　　用
CheckedListBox	checkedListBox1	添加项	显示权限
TextBox	nametxt		输入用户名
	pwdtxt		输入密码
	emailtxt		输入邮箱
Button	button1	Text 属性设置为"提交"	提交信息
	button2	Text 属性设置为"退出"	关闭程序

- 实验步骤 1：

在 Visual Studio 2008 编程环境下，创建 Windows 窗体应用程序，命名为"CheckedListBox 控件使用演示"。然后依照图 9.27，从工具箱中拖动所需控件到窗体中进行布局。

- 实验步骤 2：

分别双击各个按钮，进入后台编写代码，代码如下。

```csharp
using System;
using System.Windows.Forms;

namespace CheckedListBox控件使用演示
{
    public partial class Form1: Form
    {
        public Form1()
        {
            InitializeComponent();
        }

        private void button1_Click(object sender, EventArgs e)
        {
            if (nametxt.Text!=""&&pwdtxt.Text!=""&&emailtxt.Text!="")
            {
                string message = string.Format("用户名:{0},密码:{1},邮箱:{2}\n权限：\n",nametxt.Text,pwdtxt.Text,emailtxt.Text);
                //获得选中值
                for (int i = 0; i < checkedListBox1.CheckedItems.Count; i++)
                {
                    message += checkedListBox1.CheckedItems[i].ToString() + "\n";
                }
                MessageBox.Show(message);
            }
        }

        private void button2_Click(object sender, EventArgs e)
        {
            this.Close();
```

        }
    }
}

9.11 NumericUpDown 按钮控件

用户可以通过单击 XLMumericUpDown 按钮的向上和向下的箭头按钮，增大或减小参数值。NumericUpDown 控件如图 9.28 所示。

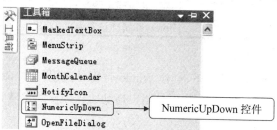

图 9.28 NumericUpDown 控件

NumericUpDown 控件主要的属性如表 9-20 所示。

表 9-20 NumericUpDown 控件主要的属性

属 性	描 述
Increment	递增量，默认为 1
Maximum	最大值，默认为 100
Minmum	最小值，默认为 0
Updownalign	设置微调按钮的位置，Left 或者 Right
InterceptArrowKeys	是否接受上下箭头的控制

 案例学习：XLM 使用演示

本实验目标是了解 NumericUpDown 控件的使用。设置闹钟事件，单击"开始"按钮。实现的效果图如图 9.29 所示。

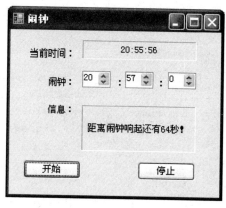

图 9.29 NumericUpDown 控件演示程序

使用到的控件及控件属性设置如表 9-21 所示。

表 9-21 使用到的控件及控件属性设置

控件类型	控件名	属性设置	作用
UumericUpDown	numericUpDown1	Maximum 属性设置为 "24"	设置闹钟小时部分
	numericUpDown2	Maximum 属性设置为 "59"	设置闹钟分钟部分
	numericUpDown3	Maximum 属性设置为 "59"	设置闹钟秒部分
Label	label2		显示当前时间
	meslab		显示闹钟信息
Button	startbtn	Text 属性设置为 "开始"	开始闹钟
	stopbtn	Text 属性设置为 "停止"	停止闹钟
Timer	timer1	Interval 属性设置为 "1000"	指定时间触发时间

- 实验步骤 1：

在 Visual Studio 2008 编程环境下，创建 Windows 窗体应用程序，命名为"NumericUpDown 控件使用演示"。然后依照图 9.29，从工具箱中拖动所需控件到窗体中进行布局。注意要添加 Timer 控件。

- 实验步骤 2：

分别双击各个按钮，进入后台编写代码，代码如下。

```csharp
using System;
using System.Windows.Forms;
namespace NumericUpDown控件使用演示
{
    public partial class Form1: Form
    {
        public Form1()
        {
            InitializeComponent();
            //启动Timer
            timer1.Start();
        }
        private int st = 0;
        private bool m = false;
        private void startbtn_Click(object sender, EventArgs e)
        {
            //获得闹钟时间
            int hour = (int)numericUpDown1.Value - DateTime.Now.Hour;
            int minute = (int)numericUpDown2.Value - DateTime.Now.Minute;
            int second = (int)numericUpDown3.Value - DateTime.Now.Second;
            st = hour * 3600 + minute * 60 + second;
            if (st>0)
            {
                m = true;
            }
            else
```

```
            {
                MessageBox.Show("请设置好时间后在开始!!");
            }
        }
        private void stopbtn_Click(object sender, EventArgs e)
        {
            //停止Timer
            timer1.Stop();
        }

        private void timer1_Tick(object sender, EventArgs e)
        {
            label2.Text = DateTime.Now.ToLongTimeString();
            if (m==true)
            {
                if (st > 0)
                {
                    st--;
                    meslab.Text = string.Format("距离闹钟响起还有{0}秒!", st);
                }
                else
                {
                    m = false;
                    MessageBox.Show("叮叮叮……时间到了!");
                }
            }
        }
    }
}
```

9.12 MonthCalendar 控件

MonthCalendar 控件为用户查看和设置日期信息提供了一个直观的图形界面。可以通过设置显示周数，并且可以自定义界面配色。可以连续选择多个日期。MonthCalendar 控件和常见使用如图 9.30 所示。

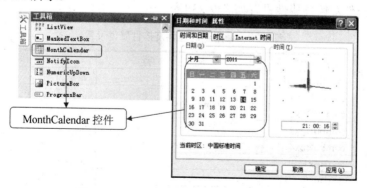

图 9.30 MonthCalendar 控件和常见使用

MonthCalendar 控件主要的属性如表 9-22 所示。

表 9-22　MonthCalendar 控件主要的属性

属　　性	描　　述
Backcolor	月份中显示背景色
SelectionRange	在月历中显示的起始时间范围，Begin 为开始，End 为截至
Minmum	最小值，默认为 0
Showtody	是否显示今天日期
showtodaycircle	是否在今天日期上加红圈
Showweeknumbers	是否左侧显示周数(1～52 周)
Titlebackcolor	日历标题背景色
TitleForcolor	日历标题前景色
Trailingcolor	上下月份颜色

　案例学习：MonthCalendar 使用演示

本实验目标是了解 MonthCalendar 控件的使用。实现的效果图如图 9.31 所示。

图 9.31　MonthCalendar 控件演示程序

使用到的控件及控件属性设置如表 9-23 所示。

表 9-23　使用到的控件及控件属性设置

控件类型	控件名	属性设置	作　用
MonthCalendar	monthCalendar1		显示日期
ComboBox	comboBox1	添加(blue，yellow，green，red，pink，white)项	设置背景颜色
	comboBox2		设置其他日期颜色
	comboBox3		设置日期颜色
	comboBox4	添加(false，true)项	设置是否显示周数
TextBox	textBox1		显示起始日期
	textBox2		显示结束日期
Button	button1	Text 属性设置为"设置"	设置 MonthCalendar 显示属性

- 实验步骤 1：

在 Visual Studio 2008 编程环境下，创建 Windows 窗体应用程序，命名为"MonthCalendar 控件使用演示"。然后依照图 9.31，从工具箱中拖动所需控件到窗体中进行布局。

- 实验步骤 2：

分别双击各个按钮，进入后台编写代码，代码如下。

```
using System;
using System.Collections.Generic;
using System.ComponentModel;
using System.Data;
using System.Drawing;
using System.Linq;
using System.Text;
using System.Windows.Forms;
namespace MonthCalendar控件使用演示
{
    public partial class Form1: Form
    {
        public Form1()
        {
            InitializeComponent();
        }
        private void monthCalendar1_DateChanged(object sender, DateRangeEventArgs e)
        {
            //获得时间间隔
            textBox1.Text = monthCalendar1.SelectionStart.ToShortDateString();
            textBox2.Text = monthCalendar1.SelectionEnd.ToShortDateString();
        }
        private void button1_Click(object sender, EventArgs e)
        {
            //设置标题背景
            monthCalendar1.TitleBackColor = Color.FromName(comboBox1.SelectedItem.ToString());
            //设置其他日期颜色
            monthCalendar1.TrailingForeColor = Color.FromName(comboBox2.SelectedItem.ToString());
            //设置标题颜色
            monthCalendar1.TitleForeColor = Color.FromName(comboBox3.SelectedItem.ToString());
            //设置是否显示周数
```

```
            monthCalendar1.ShowWeekNumbers =
Convert.ToBoolean(comboBox4.SelectedItem.ToString());
        }
    }
}
```

9.13 DataTimePicker 控件

DataTimePicker 控件用于选择日期和时间，与 MonthCalendar 控件不同，DataTimePicker 控件只能够选择一个时间段。DataTimePicker 控件如图 9.32 所示。

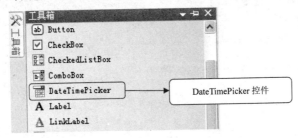

图 9.32 DataTimePicker 控件

DataTimePicker 控件主要的属性如表 9-24 所示。

表 9-24 DataTimePicker 控件主要的属性

属　　性	描　　述
ShowCheckBox	是否在控件中显示复选框，当复选框为选中时，表示未选择任何值
Checked	当 ShowCheckBox 为 True 时候，确定是否勾选复选框
ShowUpDown	改为数字显示框，不再显示月历表
Value	当前的日期(年月日时分秒)

 案例学习：DataTimePicker 使用演示

本实验目标是了解 DataTimePicker 控件的使用。在下拉列表中设置显示格式。实现的效果图如图 9.33 所示。

图 9.33 DataTimePicker 控件演示程序

使用到的控件及控件属性设置如表 9-25 所示。

表 9-25　使用到的控件及控件属性设置

控件类型	控件名	属性设置	作用
DateTimePicker	dateTimePicker1		显示日期
ComboBox	comboBox1	添加("MMMM dd,yyyy – dddd"，"ddd dd MMM yyyy"，"hh:mm:ss dddd MMMM dd, yyyy"，"yyyy-MM-dd " yyyy-MM-dd　HH:mm)项	设置显示日期样式
TextBox	datetxt		显示日期
	yeartxt		显示年份
	monthtxt		显示月份
	daytxt		显示日
Button	button1		应用设置的日期格式

- 实验步骤 1：

在 Visual Studio 2008 编程环境下，创建 Windows 窗体应用程序，命名为"DataTimePicker 使用演示"。然后依照图 9.33，从工具箱中拖动所需控件到窗体中进行布局。

- 实验步骤 2：

分别双击各个按钮，进入后台编写代码，代码如下。

```
using System;
using System.Windows.Forms;
namespace DataTimePicker使用演示
{
    public partial class Form1: Form
    {
        public Form1()
        {
            InitializeComponent();
        }
        private void Form1_Load(object sender, EventArgs e)
        {
            //通过Text属性获得选择的日期
            datetxt.Text = dateTimePicker1.Text;
            //获得选择的年
            yeartxt.Text = dateTimePicker1.Value.Year.ToString();
            //获得选择的月
            monthtxt.Text = dateTimePicker1.Value.Month.ToString();
            //获得选择的日
            daytxt.Text = dateTimePicker1.Value.Day.ToString();
        }
        private void button1_Click(object sender, EventArgs e)
        {
            //使用自定义显示格式
            dateTimePicker1.Format = DateTimePickerFormat.Custom;
            //设置显示格式
            dateTimePicker1.CustomFormat =
```

```
comboBox1.SelectedItem.ToString();
            datetxt.Text = dateTimePicker1.Text;
            yeartxt.Text = dateTimePicker1.Value.Year.ToString();
            monthtxt.Text = dateTimePicker1.Value.Month.ToString();
            daytxt.Text = dateTimePicker1.Value.Day.ToString();
        }
    }
}
```

9.14 为程序添加多媒体功能

通过.NET FrameWork 类库中的第三方 COM 组件，可以快速地编写一个简单的媒体播放器。首先右击"工具箱"，执行"选择项"命令，在弹出的"选择工具箱项"窗口里面选择"COM 组件"选项卡。最后选择 Windows Media Play。如图 9.34 所示为实现 COM 组件添加过程。

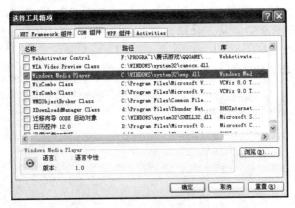

图 9.34 实现 COM 组件添加过程

案例学习：媒体文件播放

本实验目标是了解简单媒体文件播放器的编写。单击"浏览"按钮选择多媒体文件，并进行播放。实现的效果图如图 9.35 所示。

图 9.35 简单媒体文件播放器程序

使用到的控件及控件属性设置如表 9-26 所示。

表 9-26 使用到的控件及控件属性设置

控件类型	控件名	属性设置	作用
AxWindowsMediaPlayer	axWindowsMediaPlayer1		播放多媒体文件
TextBox	textBox1		显示打开文件的路径
Button	button1	Text 属性设置为"浏览"	选择打开的文件
OpenFileDialog	openFileDialog1		弹出文件对话框

- 实验步骤 1：

在 Visual Studio 2008 编程环境下，创建 Windows 窗体应用程序，命名为"Mediaplayer 演示"。然后依照图 9.35，从工具箱中拖动所需控件到窗体中进行布局。要添加 COM 组件。

- 实验步骤 2：

分别双击各个按钮，进入后台编写代码，代码如下。

```csharp
using System;
using System.Collections.Generic;
using System.ComponentModel;
using System.Data;
using System.Drawing;
using System.Linq;
using System.Text;
using System.Windows.Forms;

namespace Mediaplayer演示
{
    public partial class Form1: Form
    {
        public Form1()
        {
            InitializeComponent();
        }
        private void Form1_Load(object sender, EventArgs e)
        {

        }
        private void button1_Click(object sender, EventArgs e)
        {
            if (openFileDialog1.ShowDialog()==DialogResult.OK)
            {
                textBox1.Text = openFileDialog1.FileName;
                //设置文件路径
                axWindowsMediaPlayer1.URL = openFileDialog1.FileName;
            }


        }
    }
}
```

本章小结

- Winform RadioButton 控件允许用户进行设置。
- Winform 的 PictureBox 控件允许用户在窗体上添加和显示位图、元文件、JPEG、GIF 或 PNG 等格式的图形。
- Winform 的 TabControl 控件将类似的功能集中在一起，放在一个对话框或窗口中。
- ProgressBar 控件用于指示操作的进度，并显示排列在水平条中一定数目的矩形，通常通过在程序中设置其 Value 值来显示任务完成的百分比。
- Timer 控件为开发人员提供了一种在指定时刻或指定的周期执行任务的控件。
- Timer 控件的 Interval 属性表示时钟的周期，单位为毫秒。
- ListView 控件用于以特定样式或视图类型显示列表项，其 Items 集合对象提供了对其列表项的操作。
- TreeView 控件用于以节点形式显示文本或数据，这些节点按层次结构顺序排列。
- TreeView 控件的 Nodes 集合对象提供了对树型节点的操作。

课后习题

一．单项选择题。

1．Timer 控件通过(　　)属性来设置时钟周期。
　　A．Interval　　　　　　　　　　B．Enabled
　　C．Modifiers　　　　　　　　　 D．Tag

2．在 TreeView 中使用(　　)方法移除指定的节点。
　　A．Move　　　　　　　　　　　B．Delete
　　C．Remove　　　　　　　　　　D．Add

二．填空题。

1．PictureBox 控件可以用来显示位图、_____、_____、_____或 PNG 等格式的图形。

2．TreeView 控件用于以节点形式显示_____和_____。

三．编程题。

实现资源管理器功能的应用程序。
要求：模拟 Windows 中的资源管理器实现基本功能。

输出结果如图 9.36 所示。

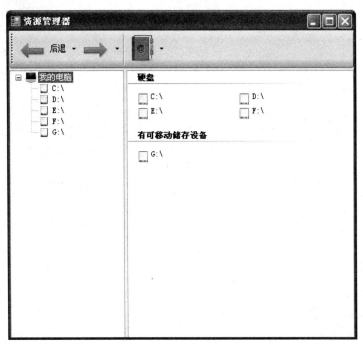

图 9.36　资源管理器结果

第 10 章

ADO.NET 数据库访问技术

本章重点介绍 Windows 应用程序对数据访问所涉及的 System.Data.SqlClient、System.Data.OleDb、System.Data.OracleClient、System.Data.Odbc 命名空间和 Connection、Command、DataReader、DataAdapter、DataSet、DataGridView 等类和控件，以及常用的方法、参数、属性、事件、枚举等。

学习目标

(1) 了解 ADO.NET 结构
(2) 了解 ADO.NET 的组件
(3) 学习使用 ADO.NET 的五大基本对象
(4) 学习针对数据库信息的插入、删除、修改、查询技巧
(5) 学习如何通过 C#程序调用数据库存储过程的技术
(6) 学习并掌握控制 DataGridView 控件的主要操控技术

10.1 ADO.NET 简介

在前面的学习中，知道应用程序可以分为 C/S 结构和 B/S 结构，即客户端服务器结构和浏览器服务器结构。而其中的服务器的主要作用就是用来对所要使用到的大量数据进行存储和管理。这时候我们可能会有这样的疑问，那些大量的数据是如何与使用的客户端或浏览器进行连接和传递数据的呢？在.NET Framework 下可以使用 ADO.NET 提供的公共数据访问类，对关系数据、XML 和应用程序数据访问。

ADO.NET 支持两种数据访问模式：无连接模式和连接模式。无连接模式将用户所需要的数据先下载并封装在客户端电脑内存中，然后就可以像访问数据库一样访问内存中的数据；连接模式必须实时打开与数据源的连接，通过逐一记录进行访问。

ADO.NET 提供了平台互用性和可伸缩的数据访问。ADO.NET 支持多种开发需求，包括创建由应用程序、工具、语言或 Internet 浏览器使用的前端数据库客户端和中间层业务对象。ADO.NET 是以 ActiveX 数据对象(ADO)为基础，以扩展标记语言(Extensible Markup Language，XML)为格式传送和接收数据的。

ADO.NET 中包含 System.Data 命名空间和 ADO.NET 的嵌套空间的命名空间中，以及 System.Xml 中与数据访问相关的类。可以将 ADO.NET 看做应用程序和数据源之间相互连接的

桥梁，如图 10.1 所示。通过 ADO.NET 应用程序可以方便、快捷地访问数据库中的大量数据。

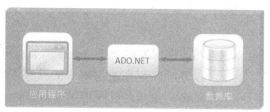

图 10.1　ADO.NET 的基本作用

ADO.NET 的名称起源

ADO.NET 的名称起源于 ADO(ActiveX Data Objects)，这是一个广泛的类组，用于在以往的 Microsoft 技术中访问数据。之所以使用 ADO.NET 名称，是因为 Microsoft 希望表明这是在.NET 编程环境中优先使用的数据访问接口。

如果用户以前用过 Visual Basic 6.0 和 Access 进行开发，就会发现 ADO.NET 实际上是 ADO 的一个升级版本，它针对.NET Framework CLR 进行了专门的设计和优化。

随着.NET Framework 的问世，Microsoft 决定更新其原有的数据库访问模型 ADO，建立新一代的 ADO.NET。ADO.NET 对原始的 ADO 构架进行了几处增强，提供了更优秀的互操作性和性能。假如用户已经熟悉 ADO，就会发现 ADO.NET 的对象模型与 ADO 稍有不同。最起码 RecordSet 类型不复存在——Microsoft 创建了 DataAdapter 和 DataSet 类来支持断开式数据访问和操作，从而提供了更强的扩展性，因为用户不再需要一直保持与数据库的连接。(ADO 虽然提供了断开式的 RecordSet，但程序员平常很少用到它们)。因此，用户的应用程序可以消耗更少的资源。使用 ADO.NET 的连接池机制，数据库连接可以供不同的应用程序重用，因而不需要持续连接和断开数据库(这是一种浪费时间的操作)。

尽管 ADO.NET 从 ADO 导出其名称，但是二者实际上差别很大。按其体系结构来说，ADO.NET 实际上更类似于 OLE DB。虽然 ADO.NET 的作用与 ADO 相同，但是 ADO.NET 中的类、属性和方法与 ADO 中的类属性和方法却有很大的不同。

10.1.1　ADO.NET 的主要对象

ADO.NET 对象模型如图 10.2 所示。

从图 10.2ADO.NET 对象模型中，可以看到 ADO.NET 主要是由 5 个组件组成的，其中 Connection 对象、Command 对象、DataAdapter 对象以及 DataReader 对象负责建立联机和数据操作的部分称为数据操作组件。数据操作组件主要作用是当做 DataSet 对象以及数据源之间的桥梁，负责将数据源中的数据取出后植入 DataSet 对象中，以及将数据存回数据源的工作。下面分别对 ADO.NET 的五大基本对象模型进行说明。

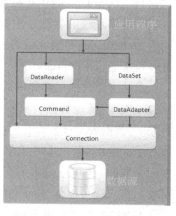

图 10.2　ADO.NET 对象模型

1) Connection 对象

Connection 对象主要是开启程序和数据库之间的联结。没有利用联结对象将数据库打开，是无法从数据库中取得数据的。这个物件在 ADO.NET 的最底层，用户可以自己产生这个对象，或是由其他的对象自动产生。

2) Command 对象

Command 对象主要可以用来对数据库发出一些指令。例如，可以对数据库下达查询、新增、修改、删除数据等指令，以及呼叫存在数据库中的预存程序等。这个对象架构在 Connection 对象上，也就是 Command 对象是通过联结到数据源的。

3) DataAdapter 对象

DataAdapter 对象主要是在数据源以及 DataSet 之间执行数据传输的工作，它可以通过 Command 对象下达命令后，并将取得的数据放入 DataSet 对象中。这个对象是架构在 Command 对象上，并提供了许多配合 DataSet 使用的功能。

4) DataSet 对象

DataSet 对象可以视为一个暂存区(Cache)，可以把从数据库中所查询到的数据保留起来，甚至可以将整个数据库显示出来。DataSet 的能力不只是可以储存多个 Table 而已，还可以通过它取得一些如主键等的数据表结构，并可以记录数据表间的关联。DataSet 对象可以说是 ADO.NET 中重量级的对象，它架构在 DataAdapter 对象上,本身不具备和数据源沟通的能力；也就是说用户是将 DataAdapter 对象当做 DataSet 对象以及数据源间传输数据的桥梁。

5) DataReader 对象

当用户只需要循序地读取数据而不需要其他操作时，可以使用 DataReader 对象。DataReader 对象只是一次一笔向下循序地读取数据源中的数据，而且这些数据是只读的，并不允许作其他的操作。因为 DataReader 在读取数据的时候限制了每次只读取一笔，而且只能只读，所以使用起来不但节省资源而且效率很好。使用 DataReader 对象除了效率较好之外，因为不用把数据全部传回，故可以降低网络的负载。

10.1.2 ADO.NET 对象的关系

ADO.NET 通过 Connection 对象建立与物理数据源的连接。Command 和 DataAdapter 对象利用这个 Connection 对象发送命令信号给数据源，这个命令信号可能是 SQL 语句，也可能是存储过程的名称，由数据源执行完成。如果命令信号要求返回数据，客户端就可以利用 DataReader 或者 DataSet 对象访问得到的数据。如果命令信号是其他操作，客户端就可以直接通过 Command 甚至 Connection 对象完成操作。

本地缓存数据集部分包括 DataSet 对象，DataSet 对象在本地相当于一个小型数据库，因此 DataSet 对象由数据表及表关系组成，所以 DataSet 对象包含 DataTable 对象和 DataRelation 对象，而数据表又包含行和列以及约束等结构,所以 DataTable 对象包含 DataRow、DataColumn 和 Constraint 对象。本地缓存数据集部分可以用来临时存储本地数据，这些数据可以是从数据库获取的，也可以是本地产生的，还可以是被修改的数据。借助 DataRelation 和 Constraint 对象，客户端可以像访问关系型数据那样访问本地缓存数据集。

ADO.NET 中应用 XML 支持 DataSet 对象，这是由于 XML 主要关注的是关系和分层的结构化数据。DataSet 的内容可以以 XML 文档的形式写出，也可以将 XML 文档的内容读入到 DataSet 中。

10.2　ADO.NET 的对象的使用

在本节中将详细地对 ADO.NET 中的 Connection 对象、Command 对象、DataAdapter 对象、DataReader 对象以及 DataSet 对象进行介绍，并通过与 SQL Server 数据库连接，对以上对象进行实例演示。

10.2.1　Connection 对象

Connection 连接对象用来建立与数据库的连接，同时对数据库连接和事务进行管理。不同的数据提供程序对应着不同的 Connection 对象，如表 10-1 所示。

表 10-1　Connection 对象

数据提供程序	命 名 空 间	Connection 类
SQL 数据提供程序	System.Data.SqlClient	SqlConnection
OLE DB 数据提供程序	System.Data.OleDb	OleDbConnection
Oracle 数据提供程序	System.Data.OracleClient	OracleConnection
ODBC 数据提供程序	System.Data.Odbc	OdbcConnection

Connection 对象最常用的属性有 ConnectionString 和 State。其中 ConnectionString 属性用来获取或设置用于打开 SQL Server 数据库的字符串；State 属性用来判断数据库的连接状态。

连接字符串的定义如下所示。

```
Server=数据库服务器名;database=数据库名;uid=用户名;pwd=密码
//或者
Data Source=数据库服务器名;Initial Catalog=数据库名;User ID=用户名;Pwd=密码
```

State 属性值为 ConnectionState 枚举值。ConnectionState 枚举值及描述如表 10-2 所示。

表 10-2　ConnectionState 枚举值及描述

枚 举 值	描　　述
Broken	与数据源连接中断
Closed	连接关闭状态
Connecting	连接状态中
Executing	连接对象执行命令中
Fetching	连接对象检索数据中
Open	连接打开状态

Connection 对象最常用的方法有 Open()、Close() 和 Dispose()。其中 Open() 方法用来打开数据库连接。Close() 和 Dispose() 都是关闭数据库连接的方法，它们的区别是 Dispose() 方法关闭连接的同时清理连接所占用的资源。使用演示代码段如下。

```
SqlConnection connection =
newSqlConnection("server=.;database=student;uid=sa; pwd=")
connection.Open();
Console.WriteLine("ServerVersion: {0}", connection.ServerVersion);
Console.WriteLine("State: {0}", connection.State);
Connction.Close();
```

小知识

(1) SQL Client 方式的连接字符串如下。

"Data Source=127.0.0.1;Persist Security Info=False;Initial Catalog=MyDB;Integrated Security=true"

Data Source 数据库服务器要对应具体的数据库服务器的 IP 或者名称。Persist Security Info 关键字,从连接中获得涉及安全性的信息(包括用户标识和密码)。Initial Catalog 关键字可以与 database 关键字互换,用来指定需要连接的数据库服务器中具体某一数据库,等号后面就要对应具体的数据库,本例中就是 MyDB。Integrated Security 关键字表示是否使用 Windows 身份验证(通常称为集成安全性)连接到服务器数据库上。使用"User ID=*****;Password=*****;"来指定用户名和密码。

(2) OLE DB 方式的连接字符串如下。

"Provider=SQLOLEDB;Data Source=127.0.0.1;Persist Security Info=False;
Initial Catalog=MyDB;Integrated Security=SSPI"

"Provider"关键字用来指定哪一类数据源,其他关键字用法与 SQL Client 方式相同。

(3) ODBC 方式的连接字符串如下。

"Driver={SQL Server};Server=127.0.0.1;Database=MyDB;Trusted_Connection=Yes;UID=Administrator"

Driver 关键字用来指定哪一类数据源,其他关键字用法与 SQL Client 方式相似,区别就是 Trusted_Connection、UID 与 Integrated Security、User ID,关键字虽然不同,但是用法相同。

在填写数据库服务器时,如果填写本地数据库服务器地址可以使用 "(local)"、".."、"127.0.0.1"、数据库名。

案例学习:通过编写代码来连接数据库的连接实验

本实验目标是了解 Connection 连接对象的使用。填写数据库名,单击"连接"按钮,连接到本地数据库服务器中的数据库,最后通过 Label 控件显示连接信息。实现的效果图如图 10.3 所示。

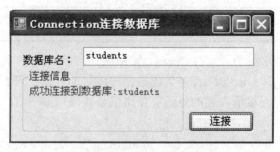

图 10.3 Connection 对象使用演示程序

使用到的控件及控件属性设置如表 10-3 所示。

表 10-3 使用到的控件及控件属性设置

控件类型	控件名	属性设置	作用
TextBox	databasetxt		输入数据库名
Label	messaglab	ForeColor 属性设置为"Red"	显示连接信息
Button	linkbtn	Text 属性设置为"连接"	连接数据库

- 实验步骤 1：

在 Visual Studio 2008 编程环境下，创建 Windows 窗体应用程序，命名为"Connection 使用演示"。然后依照图 10.3，从工具箱中拖动所需控件到窗体中进行布局。

- 实验步骤 2：

分别双击各个按钮，进入后台编写代码，代码如下。

```csharp
using System;
using System.Data;
using System.Windows.Forms;
//引入System.Data.SqlClient命名空间
using System.Data.SqlClient;
namespace Connection使用演示
{
    public partial class Form1: Form
    {
        public Form1()
        {
            InitializeComponent();
        }
        private void linkbtn_Click(object sender, EventArgs e)
        {
            if (databasetxt.Text!="")
            {
                //创建数据库连接字符串
                string connstr =
string.Format("server=.;database={0};uid=sa;pwd=", databasetxt.Text.Trim());
                //创建连接对象
                SqlConnection conn = new SqlConnection(connstr);
                //打开连接
                conn.Open();
                //判断连接状态
                if (conn.State==ConnectionState.Open)
                {
                    messaglab.Text = string.Format("成功连接到数据库:{0}",
databasetxt.Text);
                }
                //关闭连接
                conn.Close();
```

```
            }
            else
            {
                messaglab.Text = "请填写要连接的数据库名称！";
            }
        }
    }
}
```

10.2.2 Command 对象

当使用 Connection 对象与数据库连接建立以后，使用 Command 命令对象数据库发送查询、添加、删除、更新、修改数据的 SQL 语句或者存储过程名称。

不同的数据提供程序对应着不同的 Command 对象，如表 10-4 所示。

表 10-4 Command 对象

数据提供程序	命名空间	Command 类
SQL 数据提供程序	System.Data.SqlClient	SqlCommand
OLE DB 数据提供程序	System.Data.OleDb	OleDbCommand
Oracle 数据提供程序	System.Data.OracleClient	OracleCommand
ODBC 数据提供程序	System.Data.Odbc	OdbcCommand

SqlCommand 对象的创建演示，代码段如下所示。

```
    SqlConnection conn = new SqlConnection();
    conn.ConnectionString = "Data Source=(local);Initial Catalog=student;User ID=sa";
    conn.Open();
    string sqlstring = "insert into student(sno,sname) values(3390220,'张三')";
    SqlCommand comm = new SqlCommand(sqlstring, conn);
    comm.Clone();
```

在对象创建过程中，将 SQL 语句作为参数传递给 SqlCommand 类的构造函数，这样命令对象 Command 就可以用来访问数据了。构造函数还有 3 种类型的重载，如表 10-5 所示。

表 10-5 SqlCommand 类的重载函数

名 称	说 明
SqlCommand()	初始化 SqlCommand 类的新实例
SqlCommand(String)	用查询文本初始化 SqlCommand 类的新实例
SqlCommand(String, SqlConnection)	初始化具有查询文本和 SqlConnection 的 SqlCommand 类的新实例
SqlCommand(String, SqlConnection, SqlTransaction)	使用查询文本、一个 SqlConnection 以及 SqlTransaction 来初始化 SqlCommand 类的新实例

Command 对象常用的属性有 CommandText、CommandType 和 Connection。属性介绍如表 10-6 所示。

表 10-6 Command 对象常用属性

属 性 名	描 述
CommandText 属性	获取或设置说要执行的 SQL 语句或存储过程
CommandType 属性	获取或设置命令类型，属性值为 CommandType 的枚举值，枚举值有 StaredProcedure 表示存储过程名、TableDirect 表示表名、Text 表示 SQL 文本命令
Connection 属性	获取或设置 Command 对象使用的 Connection 对象

Command 对象常用的方法有 ExecuteNonQuery()、ExecuteReader()和 ExecuteScalar()。方法介绍如表 10-7 所示。

表 10-7 Command 对象常用的方法

方 法 名	描 述
ExecuteNonQuery()方法	连接执行 Transact-SQL 语句并返回受影响的行数
ExecuteReader()方法	将 CommandText 所设置的命令信息发送到数据库,并生成一个 SqlDataReader 对象
ExecuteScalar()方法	执行查询，并返回查询所返回的结果集中第 1 行的第 1 列,忽略其他列或行

案例学习：通过编写代码来设置 Command 对象实验

本实验目标是了解 Command 连接对象的使用。连接数据库填写"students"，单击"显示"按钮，连接到本地数据库服务器中的"students"数据库。实现的效果图如图 10.4 所示。

图 10.4 Command 对象使用演示程序

使用到的控件及控件属性设置如表 10-8 所示。

表 10-8 使用到的控件及控件属性设置

控件类型	控 件 名	属 性 设 置	作 用
TextBox	databasetxt		输入数据库名
	StuIdtxt		输入学号
	nametxt		输入姓名
	agetxt		输入年龄
	sidtxt	ReadOnly 属性设置为"True"	显示学号
	snametxt		显示姓名
	sagetxt		显示年龄

续表

控件类型	控件名	属性设置	作用
Label	stunumlab	BorderStyle 设置为"Fixed3D"	显示连接信息
Button	addbtn	Text 属性设置为"添加"	添加学生信息
	showbtn	Text 属性设置为"显示"	连接数据库读取信息
ListBox	stulist		显示所有学生信息

- 实验步骤 1：

在 Visual Studio 2008 编程环境下，创建 Windows 窗体应用程序，命名为"Command 使用演示"。然后依照图 10.4，从工具箱中拖动所需控件到窗体中进行布局。

- 实验步骤 2：

分别双击各个按钮，进入后台编写代码，代码如下。

```csharp
using System;
using System.Data;
using System.Windows.Forms;
//引入System.Data.SqlClient命名空间
using System.Data.SqlClient;
namespace Command使用演示
{
    public partial class Form1: Form
    {
        SqlConnection conn;
        string connstr = "";
        public Form1()
        {
            InitializeComponent();
        }
        private void Form1_Load(object sender, EventArgs e)
        {
            //设置连接字符串
            connstr = string.Format("server=.;database={0};uid=sa;pwd=", databasetxt.Text.Trim());
        }
        private void showbtn_Click(object sender, EventArgs e)
        {
            //创建连接对象
            conn = new SqlConnection(connstr);
            conn.Open();
            SqlCommand comm = new SqlCommand();
            comm.Connection = conn;
            //创建命名对象
            comm.CommandText = "select StuName from student";
            comm.CommandType = CommandType.Text;
            stunumlab.Text = comm.ExecuteScalar().ToString();
            SqlDataReader sdr = comm.ExecuteReader();
            while (sdr.Read())
            {
                stulist.Items.Add(sdr[0].ToString());
```

```csharp
            }
            conn.Dispose();
        }
        private void stulist_SelectedIndexChanged(object sender, EventArgs e)
        {
            conn = new SqlConnection(connstr);
            string name = stulist.SelectedItem.ToString();
            conn.Open();
            SqlCommand comm = new SqlCommand();
            comm.Connection = conn;
            comm.CommandText = string .Format("select * from student where StuName='{0}'",name);
            comm.CommandType = CommandType.Text;
            SqlDataReader sdr = comm.ExecuteReader();
            while (sdr.Read())
            {
                sidtxt.Text = sdr[0].ToString();
                snametxt.Text = sdr[1].ToString();
                sagetxt.Text = sdr[2].ToString();
            }

            conn.Dispose();
        }
        private void addbtn_Click(object sender, EventArgs e)
        {

            conn = new SqlConnection(connstr);
            conn.Open();
            if (StuIdtxt.Text!=""&&nametxt.Text!=""&&agetxt.Text!="")
            {
                SqlCommand comm = new SqlCommand();
                comm.Connection = conn;
                comm.CommandText = string.Format("Insert Into student(StuId,StuName,StuAge) Values ({0},'{1}',{2})",
                    StuIdtxt.Text.Trim(), nametxt.Text.Trim(), agetxt.Text.Trim());
                comm.CommandType = CommandType.Text;
                if (comm.ExecuteNonQuery() > 0)
                {
                    messagelab.Text = "成功添加学生信息!";
                }
                else
                {
                    messagelab.Text = "添加学生信息失败!";
                }
            }
            else
            {
                messagelab.Text = "请填写信息后添加!";
            }
```

```
            conn.Dispose();
        }
    }
}
```

10.2.3 DataReader 对象

DataReader 对象客户端应用程序需要数据源提供数据时,发送查询命令到数据源。由数据源进行查询处理,返回给客户端一个只读、只进的记录集。利用 DataReader 对象提供的读取器对象,提供的是只读向前的游标。每读一个数据就向下一条记录转移,直至记录集末尾,并且得到的数据是只读的,不能修改。整个获取数据过程需要客户端应用程序与数据源之间保持永久连接。.NET 提供程序及其 DataReader 类,如表 10-9 所示。

表 10-9 .NET 提供程序及其 DataReader 类

数据提供程序	命 名 空 间	DataAdapter 类
SQL 数据提供程序	System.Data.SqlClient	SqlDataReader
OLE DB 数据提供程序	System.Data.OleDb	OleDbDataReader
Oracle 数据提供程序	System.Data.OracleClient	OracleDataReader
ODBC 数据提供程序	System.Data.Odbc	OdbcDataReader

在后面的内容中,主要以 SqlDataReader 对象为例。DataReader 对象常用属性如表 10-10 所示。DataReader 对象常用方法如表 10-11 所示。

表 10-10 DataReader 对象常用属性

属 性 名	说　　明
HasRows	是否返回了结果

表 10-11 DataReader 对象常用方法

方 法 名	说　　明
Read()	前进到下一行记录
Close()	关闭 DataReader 对象

 案例学习:DataReader 对象实验

本实验目标是了解 DataReader 对象的使用。填写查找的学生姓名,单击"查找"按钮,连接到本地数据库服务器中的"students"数据库,查找是否有这个学生,并给出提示信息。实现的效果图如图 10.5 所示。

图 10.5 DataReader 对象使用演示程序

使用到的控件及控件属性设置如表 10-12 所示。

表 10-12　使用到的控件及控件属性设置

控件类型	控件名	属性设置	作用
TextBox	textBox1		输入要查询的学生姓名
Label	label2	Font 属性中 Size 设置为 "20"	查询返回信息
Button	button1	Text 属性设置为 "查找"	连接数据库查找信息

- 实验步骤 1：

在 Visual Studio 2008 编程环境下，创建 Windows 窗体应用程序，命名为 "DataReader 使用演示"。然后依照图 10.5，从工具箱中拖动所需控件到窗体中进行布局。

- 实验步骤 2：

分别双击各个按钮，进入后台编写代码，代码如下。

```csharp
using System;
using System.Windows.Forms;
using System.Data.SqlClient;
namespace DataReader使用演示
{
    public partial class Form1: Form
    {
        public Form1()
        {
            InitializeComponent();
        }
        private void button1_Click(object sender, EventArgs e)
        {
            string queryString = string.Format("SELECT * FROM student where StuName='{0}'",textBox1.Text);
            using (SqlConnection connection = new SqlConnection("server=.;database=students;uid=sa;pwd="))
            {
                SqlCommand command = new SqlCommand(queryString, connection);
                connection.Open();
                SqlDataReader reader = command.ExecuteReader();
                //访问数据前,调用Read()方法
                reader.Read();
                //使用HasRows属性判断是否有数据
                if (reader.HasRows)
                {
                    label2.Text = "该名学生存在!";
                }
                else
                {
                    label2.Text = "该名学生不存在!";
                }
                reader.Close();
```

```
        }
      }
    }
  }
```

10.2.4 DataAdapter 对象

DataAdapter 数据适配器用于在数据源和数据集之间交换数据。可以用生活案例进行模拟，如图 10.6 所示。

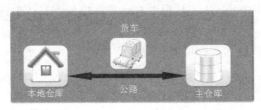

图 10.6　DataAdapter 对象的生活案例模拟

DataAdapter 数据适配器就像货车，可以将数据从数据库这个主仓库运输到 DataSet 数据集本地仓库，也可以把数据从数据库这个 DataSet 数据集这个临时仓库运输到主仓库。但是在现实中仓库中的货物被运走了，这个货物也就没有了。但数据库中的数据传输到客户端时，数据库中的数据不会消失。DataAdapter 对象表示一组数据命令和一个数据库连接，用于填充 DataSet 对象和更新数据源。但应用程序需要处理数据库中数据时，应用程序与数据源建立连接。使用 DataAdapter 对象向数据源发送数据命令请求，DataAdapter 对象执行 Fill()方法，数据库的数据就会填充到本地的 DataSet 对象。数据和数据结构填充到 DataSet 对象，可以将 DataSet 数据集看做脱机数据库，应用程序操作的数据直接从 DataSet 数据集中获取。本地的 DataSet 数据集与数据源之间不需要一直处于连接状态，只有应用程序需要将数据回传给数据源时，再次建立连接。由 DataAdapter 对象再次向数据源发送数据命令请求，执行 DataAdapter 对象的 Update()方法来完成"更新"数据库中的数据。完成"更新"后，连接再次断开。DataAdapter 对象如表 10-13 所示。

表 10-13　DataAdapter 对象

数据提供程序	命 名 空 间	DataAdapter 类
SQL 数据提供程序	System.Data.SqlClient	SqlDataAdapter
OLE DB 数据提供程序	System.Data.OleDb	OleDbDataAdapter
Oracle 数据提供程序	System.Data.OracleClient	OracleDataAdapter
ODBC 数据提供程序	System.Data.Odbc	OdbcDataAdapter

DataAdapter 适配器对象中常用到的属性，如表 10-14 所示。

表 10-14　DataAdapter 适配器对象中常用到的属性

属 性 名	描 述
AcceptChangesDuringFill	决定在把行复制到 DataTable 中时对行所做的修改是否可以接受
TableMappings	容纳一个集合，该集合提供返回行和数据集之间的主映射

DataAdapter 适配器对象中常用到的方法，如表 10-15 所示。

表 10-15　DataAdapter 适配器对象中常用到的方法

方　　法	说　　明
Fill()	用于添加或刷新数据集，以便使数据集与数据源匹配
FillSchema()	用于在数据集中添加 DataTable，以便与数据源的结构匹配
Update()	将 DataSet 里面的数值存储到数据库服务器上

1. DataAdapter 对象填充和更新数据集

使用 DataAdapter 对象填充数据集语法声明如下。

```
SqlDataAdapter 对象名=new SqlDataAdapter(SQL语句,数据库连接);
DataAdapter对象.Fill(数据集对象, "数据表名称");
```

保存 DataSet 中数据变化的数据语法声明如下。

```
DataAdapter对象.Update(数据集对象, "数据表名称");
```

这里只是应用最简单的一个 Update()表，通过 SqlCommandBuilder 对象来自动生成更新需要的相关命令，不用手动逐个写入，简化了操作。

2. SqlCommandBuilder 对象

SqlCommandBuilder 对象自动生成针对单个表的命令，用于将对 DataSet 所做的更改与关联的 SQL Server 数据库的更改相协调。基于适配器 SqlDataAdapter 的 SELECT 语句使用 SqlCommandBuilder 对象自动在数据适配器 SqlDataAdapter 中创建其他命令。

利用 SqlCommandBuilder 对象能够自动生成 INSERT 命令；UPDATE 命令；DELETE 命令。应用 SqlCommandBuilder 对象的语法如下。

```
SqlCommandBuilder 对象名=new SqlCommandBuilder(DataAdapter对象);
```

　案例学习：DataAdapter 对象使用

本实验目标是了解 DataAdapter 对象的使用。选择数据行，通过下面的文本框进行修改。实现的效果图如图 10.7 所示。

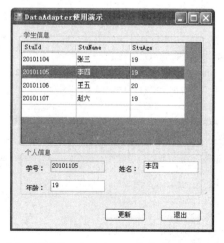

图 10.7　DataAdapter 对象使用演示程序

使用到的控件及控件属性设置如表 10-16 所示。

表 10-16　使用到的控件及控件属性设置

控件类型	控件名	属性设置	作用
DataGridView	dataGridView1	SelectionMode 属性设置为"FullRowSelect"	显示所有学生信息
TextBox	idtxt	ReadOnly 属性设置为"True"	显示学号
	nametxt		显示姓名
	agetxt		显示年龄
Button	updatebtn	Text 属性设置为"更新"	更新数据
	clsbtn	Text 属性设置为"退出"	关闭程序

- 实验步骤 1：

在 Visual Stddio 2008 编程环境下，创建 Windows 窗体应用程序，命名为"DataAdapter 使用演示"。然后依照图 10.7，从工具箱中拖动所需控件到窗体中进行布局。添加 DataGrid View 控件后，设置 SelectionMode 属性为 FullRowSelect。

- 实验步骤 2：

分别双击各个按钮，进入后台编写代码，代码如下。

```csharp
using System;
using System.Data;
using System.Windows.Forms;
//引用System.Data.SqlClient命名空间
using System.Data.SqlClient;
namespace DataAdapter使用演示
{
    public partial class Form1: Form
    {
        public Form1()
        {
            InitializeComponent();
        }
        SqlConnection conn;
        SqlDataAdapter sda;
        DataSet ds;
        private void Form1_Load(object sender, EventArgs e)
        {
            conn = new SqlConnection();
            conn.ConnectionString = "server=.;database=students;uid=sa;pwd=";
            SqlCommand cmd = new SqlCommand();
            cmd.Connection = conn;
            cmd.CommandText = "select * from student";
            cmd.CommandType = CommandType.Text;
            //实例化SqlDataAdapter对象sda
            sda = new SqlDataAdapter();
            //设置SelectCommand属性
            sda.SelectCommand = cmd;
            //实例化DataSet对象ds
            ds = new DataSet();
            //填充数据集
```

```csharp
            sda.Fill(ds, "student");
            //设置dataGridView数据源
            dataGridView1.DataSource = ds.Tables[0];
        }
        private void updatebtn_Click(object sender, EventArgs e)
        {
            //创建DataTable
            DataTable dt = ds.Tables[0];
            //设置表结构
            sda.FillSchema(dt, SchemaType.Mapped);
            //创建行
            DataRow dr = dt.Rows.Find(idtxt.Text);
            dr[1] = nametxt.Text.Trim();
            dr[2] = agetxt.Text.Trim();
            //自动生成表单命令
            SqlCommandBuilder cmdbu = new SqlCommandBuilder(sda);
            //向数据库更新数据
            sda.Update(dt);
        }
//单击单元格任意部分发生变化后触发数据
        private void dataGridView1_CellClick(object sender,
DataGridViewCellEventArgs e)
        {
            //获得选中行中的值
            idtxt.Text = dataGridView1.SelectedCells[0].Value.ToString();
            nametxt.Text = dataGridView1.SelectedCells[1].Value.ToString();
            agetxt.Text = dataGridView1.SelectedCells[2].Value.ToString();
        }
        private void clsbtn_Click(object sender, EventArgs e)
        {
            this.Close();
        }
    }
}
```

10.2.5 DataSet 对象

DataSet 数据集对象无需与数据库直接交互，需要使用的数据记录被缓存在内存中。DataSet 数据集的数据结构可以包含数据表、数据列、约束以及表之间的关系。因此可以将 DataSet 数据集看做本地内存中的数据库。DataSet 数据集中的表结构和数据是来自数据库、XML 文件还可以通过代码直接向表中增加。

1. DataSet 的结构、常用属性及方法

DataSet 对象由数据表及表关系组成，所以 DataSet 对象包含 DataTable 对象集合 Tables 和 DataRelation 对象集合 Relations。而每个数据表又包含行和列以及约束等结构，所以 DataTable 对象包含 DataRow 对象集合 Rows、DataColumn 对象集合 Columns 和 Constraint 对象集合 Constraints。DataSet 对象的层次结构如图 10.8 所示。

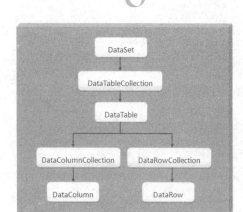

图 10.8　DataSet 对象的层次结构

DataSet 层次结构中的类说明如表 10-17 所示。

表 10-17　DataSet 层次结构中的类说明

类	说　　明
DataTableCollection	包含特定数据集的所有 DataTable 对象
DataTable	表示数据集中的一个表
DataColumnCollection	表示 DataTable 对象的结构
DataRowCollection	表示 DataTable 对象中的实际数据行
DataColumn	表示 DataTable 对象中列的结构
DataRow	表示 DataTable 对象中的一个数据行

DataSet 对象常用属性如表 10-18 所示。

表 10-18　DataSet 对象常用属性

属　性　名	说　　明
DataSetName	用于获取或设置当前数据集的名称
Tables	用于检索数据集中包含的表集合

DataSet 对象常用方法如表 10-19 所示。

表 10-19　DataSet 对象常用方法

方　法　名	说　　明
Clear()	清除数据集中包含的所有表的所有行
HasChanges()	返回一个布尔值，指示数据集是否已更改

2. DataTable、DataColumn 和 DataRow 对象

以下对 DataTable、DataColumn 和 DataRow 对象进行详细的介绍。

1) DataTable 对象

DataTable 对象是内存中的一个数据表，主要由 DataRow 对象和 DataColumn 对象组成。DataTable 对象是组成 DataSet 对象的主要组件，因为 DataSet 对象可以接收由 DataAdapter 对象执行 SQL 指令后所取得的数据，这些数据是 DataTable 对象的格式，所以 DataSet 对象也需要许多 DataTable 对象来储存数据，并可利用 DataRows 集合对象中的 Add 方法加入新的数据。DataTable 类属于 System.Data 命名空间，因此要想使用 DataTable 对象必须引用

System.Data 命名空间。DataTable 对象常用属性如表 10-20 所示。

表 10-20 DataTable 对象常用属性

属 性 名	说　　明
Columns	表示列的集合或 DataTable 包含的 DataColumn
Constraints	表示特定 DataTable 的约束集合
DataSet	表示 DataTable 所属的数据集
PrimaryKey	表示作为 DataTable 主键的字段或 DataColumn
Rows	表示行的集合或 DataTable 包含的 DataRow
HasChanges	返回一个布尔值，指示数据集是否已更改

DataTable 对象常用的方法如表 10-21 所示。

表 10-21 DataTable 对象常用的方法

方 法 名	说　　明
AcceptChanges()	提交对该表所做的所有修改
NewRow()	添加新的 DataRow

DataTable 对象常用的事件如表 10-22 所示。

表 10-22 DataTable 对象常用事件

事 件 名	说　　明
ColumnChanged	修改该列中的值时激发该事件
RowChanged	成功编辑行后激发该事件
RowDeleted	成功删除行时激发该事件

DataTable 构造函数有多种重载方式，DataTable 的实例化，主要有两种常用方法，代码段示例如下。

```
DataTable objStudentTable = new DataTable("Students");
//或者
DataSet studentDS = new DataSet();
DataTable objStudentTable = studentDS.Tables.Add("Students");
```

2) DataColumn 对象

DataColumn 对象表示 DataTable 中列的结构，它的集合即为 DataTable 对象中的 Columns 属性，是数据表的基本组成单位。在 Columns 属性中含对 DataColumn 对象的引用。DataColumn 对象常用的属性如表 10-23 所示。

表 10-23 DataColumn 对象常用的属性

属 性 名	说　　明
AllowDBNull	表示一个值，指示对于该表中的行，此列是否允许 null 值
ColumnName	表示指定 DataColumn 的名称
DataType	表示指定 DataColumn 对象中存储的数据类型
DefaultValue	表示新建行时该列的默认值
Table	表示 DataColumn 所属的 DataTable 的名称
Unique	表示 DataColumn 的值是否必须是唯一的

DataColumn 对象创建 DataTable 对象的数据结构，代码段如下。

```
        DataTable StudentTable = new DataTable("Students");
        DataColumn StudentNumber = StudentTable.Columns.Add("StudentNo ",
typeof(Int32));
        StudentNumber.AllowDBNull = false;
        StudentNumber.DefaultValue = 25;
        StudentTable.Columns.Add("StudentName", typeof(Int32));
        StudentTable.Columns.Add("StudentMarks", typeof(Double));
```

3) DataRow 对象

DataRow 对象表示 DataTable 中行的结构。DataRow 对象常用的属性如表 10-24 所示。

表 10-24 DataRow 对象常用的属性

属 性 名	说 明
Item	表示 DataRow 的指定列中存储的值
RowState	表示行的当前状态
Table	表示用于创建 DataRow 的 DataTable 的名称

DataRow 对象常用的方法如表 10-25 所示。

表 10-25 DataRow 对象常用的方法

方 法 名	说 明
AcceptChanges()	用于提交自上次调用了 AcceptChanges() 之后对该行所做的所有修改
Delete()	用于删除 DataRow
RejectChanges()	用于拒绝自上次调用了 AcceptChanges() 之后对 DataRow 所做的所有修改

3. 定义 Datatable 的主键的方法

数据库表中主键是对应记录的唯一标识，同样 DataTable 也可以设置相应主键。设置单个列为 DataTable 的主键，代码段如下。

```
    StudentTable.PrimaryKey=newDataColumn[]{StudentTable.Columns["StudentID"]}
    //设置"StudentID"为 StudentTable 表的主键
```

为 DataTable 对象设置复合主键，代码段如下。

```
    objStudentTable.PrimaryKey = newDataColumn[]{objStudentTable.Columns
["StudentNo"], objStudentTable.Columns["StudentName"]};
    //设置"StudentNo"和"StudentName"为 StudentTable 表的主键
```

小知识

上面的代码示例中 StudentTable 是 DataTable 对象的引用名，DataTable 对象还有个表名，如 Student。前面在讲 DataTable 实例化时，提到将表名字符串作为参数传给构造函数，这个字符串传给 DataTable 对象的 TableName 属性，而 TableName 属性就是前面所指的表名。DataTable 对象引用名和表名不能混为一谈，DataTable 对象引用名是从对象角度去考虑数据表，编程中用的较多，而表名是从数据库角度考虑，设计中用的较多。

同样道理，DataColumn 对象、DataSet 对象也存在同样的情况，请读者使用时留意。

案例学习：DataSet 综合使用演示

本实验目标是了解 DataSet 综合使用演示。选择数据行，通过下面的文本框进行修改。实现的效果图如图 10.9 所示。

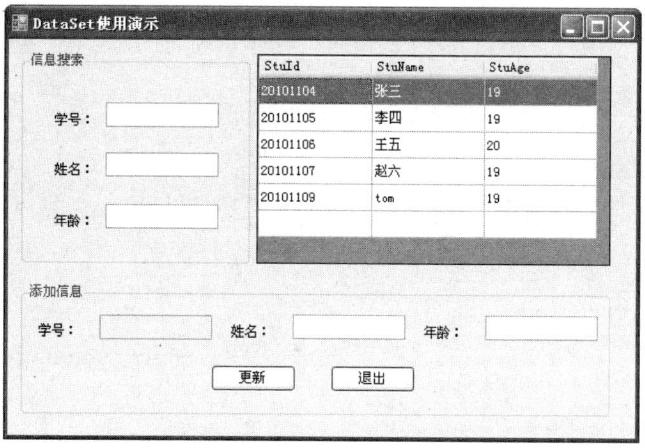

图 10.9 DataSet 综合使用演示程序

使用到的控件及控件属性设置如表 10-26 所示。

表 10-26 使用到的控件及控件属性设置

控件类型	控件名	属性设置	作用
DataGridView	dataGridView1		显示所有学生信息
TextBox	stuidtxt		输入要查询的学号
	stunametxt		输入要查询的姓名
	stuagetxt		输入要查询的年龄
	idtxt	ReadOnly 属性设置为"True"	显示学号
	nametxt		显示姓名
	agetxt		显示年龄
Button	upbtn	Text 属性设置为"更新"	更新数据
	clstxt	Text 属性设置为"退出"	关闭程序

- 实验步骤 1：

在 Visual Studio 2008 编程环境下，创建 Windows 窗体应用程序，命名为"DataSet 使用演示"。然后依照图 10.9，从工具箱中拖动所需控件到窗体中进行布局。添加 DataGridView 控件后，设置 SelectionMode 属性为 FullRowSelect。

- 实验步骤 2：

分别双击各个按钮，进入后台编写代码，代码如下。

```
using System;
using System.Data;
using System.Windows.Forms;
using System.Data.SqlClient;

namespace DataSet使用演示
```

```csharp
{
    public partial class Form1: Form
    {
        public Form1()
        {
            InitializeComponent();
        }

        private void stuidtxt_TextChanged(object sender, EventArgs e)
        {
            string txt = stuidtxt.Text.Trim();
            string sqlStr = string.Format("select StuId,StuName,StuAge from student where StuId like '{0}%'", txt);
            cv(txt, sqlStr);
        }

        private void stunametxt_TextChanged(object sender, EventArgs e)
        {
            string txt = stunametxt.Text.Trim();
            string sqlStr = string.Format("select StuId,StuName,StuAge from student where StuName like '{0}%'", txt);
            cv(txt, sqlStr);
        }

        private void stuagetxt_TextChanged(object sender, EventArgs e)
        {
            string txt = stuagetxt.Text.Trim();
            string sqlStr = string.Format("select StuId,StuName,StuAge from student where StuAge like '{0}%'", txt);
            cv(txt, sqlStr);
        }

        private void Form1_Load(object sender, EventArgs e)
        {
            dv();
        }

        private void dataGridView1_CellClick(object sender, DataGridViewCellEventArgs e)
        {
            //获得选中行中的值
            idtxt.Text = dataGridView1.SelectedCells[0].Value.ToString();
            nametxt.Text = dataGridView1.SelectedCells[1].Value.ToString();
            agetxt.Text = dataGridView1.SelectedCells[2].Value.ToString();
        }

        private void dv()
        {
            string sqlStr = ("select StuId,StuName,StuAge from student ");
            SqlCommand cmd = new SqlCommand(sqlStr, DBhepler.connection);
            SqlDataAdapter da = new SqlDataAdapter(cmd);
```

```csharp
            DataSet ds = new DataSet();
            da.Fill(ds);
            dataGridView1.DataSource = ds.Tables[0];
        }
        private void cv(string txt, string sqlStr)
        {
            if (txt == null)
            {
                dv();
            }
            else
            {
                SqlCommand cmd = new SqlCommand(sqlStr, DBhepler.connection);
                SqlDataAdapter da = new SqlDataAdapter(cmd);
                DataSet ds = new DataSet();
                da.Fill(ds);
                dataGridView1.DataSource = ds.Tables[0];
            }
        }
        private void upbtn_Click(object sender, EventArgs e)
        {
            if (idtxt.Text!="")
            {
                string sqlStr = ("select * from student ");
                SqlCommand cmd = new SqlCommand(sqlStr, DBhepler.connection);
                SqlDataAdapter da = new SqlDataAdapter(cmd);
                DataSet ds = new DataSet();
                da.Fill(ds);
                //创建DataTable
                DataTable dt = ds.Tables[0];
                //设置表结构
                da.FillSchema(dt, SchemaType.Mapped);
                //创建行
                DataRow dr = dt.Rows.Find(idtxt.Text);
                dr[1] = nametxt.Text.Trim();
                dr[2] = agetxt.Text.Trim();
                //自动生成表单命令
                SqlCommandBuilder cmdbu = new SqlCommandBuilder(da);
                //向数据库更新数据
                da.Update(dt);
            }
            else
            {
                string insert_sql = string .Format("insert into student(StuName,StuAge) values('{0}','{1}')"
                    ,nametxt.Text.Trim(),agetxt.Text.Trim());
                SqlCommand cmd = new SqlCommand(insert_sql,
```

```
DBhepler.connection);
            DBhepler.connection.Open();
            cmd.ExecuteNonQuery();
            DBhepler.connection.Close();
            dv();
        }
    }
    private void clstxt_Click(object sender, EventArgs e)
    {
        this.Close();
    }
}
public class DBhepler
{
    private static string connstring =
"server=.;database=students;uid=sa;pwd=";
    public static SqlConnection connection = new
SqlConnection(connstring);
    }
}
```

10.3 DataGridView 控件

10.3.1 DataGridView 控件概述

DataGridView 控件支持大量自定义和细致的格式设置、灵活的大小调整和选择、更好的性能以及更丰富的事件模型，给用户提供一种强大而灵活的以表格形式显示数据的方式。可以使用 DataGridView 控件来显示少量数据的只读视图，也可以对其进行缩放以显示特大数据集的可编辑视图。

DataGridView 控件通过与数据源进行相互绑定，将数据源的元素映射到图形界面组件，使组件可以自动使用这些数据。例如，在前面的学习中已经使用到了 DataGridView 控件通过后台代码的方式进行数据源的绑定。DataGridView 控件绑定过程可以在窗体设计阶段通过设置 DataGridView 控件的 DataSource、DataMember 等属性完成，也可以在程序中对其绑定编码直至运行时完成绑定。进行数据绑定的 DataGridView 控件与数据源有相同的数据列。程序运行后，数据源中被填充了数据，DataGridView 控件就会立即显示数据源中的数据。此外，DataGridView 控件还支持编辑功能，当某数据记录需要修改时，可以在 DataGridView 控件中直接修改数据，数据源中的数据也会得到相应的修改。

1. DataGridView 控件的使用

1) DataGridView 控件的属性

DataGridView 控件常用的属性如表 10-27 所示。

表 10-27　DataGridView 控件常用的属性

属 性 名	说　　明
AllowUserToAddRows	获取或设置一个值，该值指示是否向用户显示添加行的选项
AllowUserToDeleteRows	获取或设置一个值，该值指示是否允许用户从 DataGridView 中删除行
AllowUserToOrderColumns	获取或设置一个值，该值指示是否允许通过手动对列重新定位
AllowUserToResizeColumns	获取或设置一个值，该值指示用户是否可以调整列的大小
AllowUserToResizeRows	获取或设置一个值，该值指示用户是否可以调整行的大小
DataSource	获取或设置 DataGridView 所显示数据的数据源
Columns	获取一个包含控件中所有列的集合

2）为 DataGridView 控件绑定数据

可以与 DataGridView 控件进行绑定的数据源包括 DataSet；DataView；DataTable；数组；列表。进行数据绑定的方法有 3 种：

直接用 DataView 对象或 DataTable 对象为 DataGridView 控件的 DataSource 属性进行赋值，代码示例如下。

```
DataGridView1.DataSource = DataSet1.Tables[0]
```

用 DataSet 对象为 DataGridView 控件的 DataSource 属性进行赋值，用 DataSet 对象中的 DataTable 对象为 DataGridView 控件的 DataMember 属性赋值，代码示例如下。

```
DataGridView1.DataSource = DataSet1;
DataGridView1.DataMember = "Titles";
```

调用 DataGridView 控件的 SetDataBinding()方法，将 DataSet 对象及 DataSet 对象中的 DataTable 对象作为第一、第二参数传递给方法完成数据绑定，代码示例如下。

```
DataGridView1.SetDataBinding(DataSet1, "Titles");
```

案例学习：DataGridView 控件通过可视化界面绑定数据

本实验目标是了解通过可视化界面绑定数据。实现的效果图如图 10.10 所示。

● 实验步骤 1：

在 Visual Studio 2008 编程环境下，创建 Windows 窗体应用程序，命名为"通过可视化界面绑定数据"。然后依照图 10.10，从工具箱中拖动所需控件到窗体中进行布局。

● 实验步骤 2：

打开 DataGridView "属性"面板，如图 10.11 所示选择"DataSource"属性，添加数据源。

图 10.10　可视化界面绑定数据程序

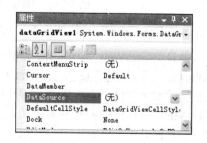

图 10.11　DataSource 属性

- 实验步骤 3：

弹出"数据源配置向导"对话框，选择"数据库"，单击"下一步"按钮，弹出"选择数据源"对话框，如图 10.12 所示，然后选择"Microsoft SQL Server"选项，单击"继续"按钮。

- 实验步骤 4：

弹出"添加连接"对话框，输入服务器名，然后选择数据库，单击"测试连接"按钮。测试连接成功后单击"确定"按钮，如图 10.13 所示。

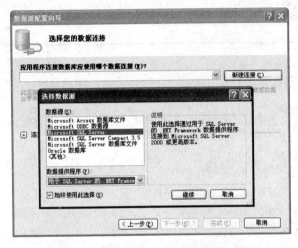
图 10.12　DataGridView 控件选择数据源

图 10.13　DataGridView 控件添加连接

- 实验步骤 5：

选择数据库对象，完成数据绑定，如图 10.14 所示。

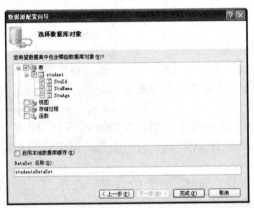
图 10.14　DataGridView 控件选择数据库对象

2. 通过 DataGridView 控件插入、更新和删除记录

使用 DataGridView 控件修改数据，主要是用到了 DataTable 的 ImportRow 方法和 DataAdapter 对象的 Update 方法。DataGridView 控件内的数据作了任何修改，与其绑定的数据集里的数据也同时被修改。所以也要通过调用 DataAdapter.Update()方法来实现 DataGridView 控件内的被更新数据的回传和保存工作。DataAdapter.Update()方法又是相应的通过执行 InsertCommand、UpdateCommand、DeleteCommand 这几个命令对象，并通过 SqlParameter 对象集合传递修改后的行数据给数据库的。

案例学习:通过 DataGridView 控件更新记录

本实验目标是了解 DataGridView 综合使用演示。选择数据行,通过下面的文本框进行修改。实现的效果图如图 10.15 所示。

图 10.15　DataGridView 控件更新记录演示程序

使用到的控件及控件属性设置如表 10-28 所示。

表 10-28　使用到的控件及控件属性设置

控件类型	控件名	属性设置	作用
DataGridView	dataGridView1		显示所有学生信息
Button	updatabtn	Text 属性设置为"更新"	更新数据
	clsbtn	Text 属性设置为"退出"	关闭程序

- 实验步骤 1:

在 Visual Studio 2008 编程环境下,创建 Windows 窗体应用程序,命名为"DataGridView 控件更新记录"。然后依照图 10.15,从工具箱中拖动所需控件到窗体中进行布局。

- 实验步骤 2:

分别双击各个按钮,进入后台编写代码,代码如下。

```
using System;
using System.Data;
using System.Windows.Forms;
using System.Data.SqlClient;

namespace DataGridView控件更新记录
{
    public partial class Form1 : Form
    {
        public Form1()
        {
            InitializeComponent();
        }
        private void Form1_Load(object sender, EventArgs e)
        {
            sdata();
```

```csharp
        }
        int index = 0;          //记录行索引
        SqlDataAdapter sda;//声明一个SqlDataAdapter变量
        private DataTable dbconn(string strSql)//建立一个DataTable类型的方法
        {
            this.sda = new SqlDataAdapter(strSql, DBhepler.connection);//实例化SqlDataAdapter对象
            DataTable dtSelect = new DataTable();        //实例化DataTable对象
            this.sda.Fill(dtSelect);         //Fill方法填充DataTable对象
            return dtSelect;                             //返回DataTable对象
        }
        private void updatabtn_Click(object sender, EventArgs e)
        {
            if (Up())                        //判断dbUpdate方法返回的值是否为true
            {
                MessageBox.Show("更新成功!");            //弹出提示
            }
            sdata();
        }
        private bool Up()                                //创建更新方法
        {
            string strSql = "select * from student";  //声明SQL语句
            DataTable Updt = new DataTable();            //实例化DataTable
            Updt = this.dbconn(strSql);                  //调用dbconn方法
            Updt.Rows.Clear();                           //调用Clear方法
            DataTable dtShow = new DataTable();          //实例化DataTable
            dtShow = (DataTable)this.dataGridView1.DataSource;
            Updt.ImportRow(dtShow.Rows[index]);//使用ImportRow方法复制dtShow中的值
            try
            {
                SqlCommandBuilder CommandBuiler;       //声明SqlCommandBuilder变量
                CommandBuiler = new SqlCommandBuilder(this.sda);
                this.sda.Update(Updt);                 //调用Update方法更新数据
            }
            catch (Exception ex)
            {
                MessageBox.Show(ex.Message.ToString());//出现异常弹出提示
                return false;
            }
            Updt.AcceptChanges();                        //提交更改
            return true;
        }
        private void dataGridView1_CellClick(object sender, DataGridViewCellEventArgs e)
        {
```

```
            index = e.RowIndex;                              //记录当前行号
        }
        private void sdata()
        {
            //实例化SqlDataAdapter对象
            SqlDataAdapter sda = new SqlDataAdapter("select * from student",
DBhepler.connection);
            DataSet ds = new DataSet();                //实例化DataSet对象
            sda.Fill(ds);                              //使用SqlDataAdapter对
象的Fill方法填充DataSet
            dataGridView1.DataSource = ds.Tables[0];//设置dataGridView1控件的
数据源
            dataGridView1.RowHeadersVisible = false;//禁止显示行标题
            dataGridView1.Columns[0].ReadOnly = true;//将控件设置为只读
        }

        private void clsbtn_Click(object sender, EventArgs e)
        {
            this.Close();
        }
    }
    //数据库连接类
    public class DBhepler
    {
        private static string connstring =
"server=.;database=students;uid=sa;pwd=";
        public static SqlConnection connection = new
SqlConnection(connstring);
    }
}
```

10.3.2 DataGridView 控件与存储过程

存储过程是将常用的或很复杂的数据库操作,通过预先编写好的 SQL 语句并用一个指定的名称存储起来,这样的 SQL 语句被称为存储过程。存储过程被定义好后,只需调用 execute,就可以自动运行预先设好的 SQL 语句进行数据库操作。

- 存储过程的主要优点体现在:维护方便;重用性;分工的明确化;预编译提高效率;对于需要多次访问数据的复杂操作。
- 存储过程的主要缺点体现在:交互性差;不够灵活;过分依赖数据库端;商业逻辑层与数据库在一起,不易移植。

案例学习:DataGridView 控件通过存储过程插入数据

本实验目标是了解存储过程的使用。通过文本框输入数据,单击"添加"按钮,后台代码使用存储过程添加数据。实现的效果图如图 10.16 所示。

图 10.16　存储过程使用演示程序

使用到的控件及控件属性设置如表 10-29 表所示。

表 10-29　使用到的控件及控件属性设置

控件类型	控件名	属性设置	作用
DataGridView	dataGridView1		显示所有学生信息
TextBox	nametxt		输入要添加的姓名
	agetxt		输入要添加的年龄
Button	addbtn	Text 属性设置为"添加"	添加信息
	clsbtn	Text 属性设置为"退出"	关闭程序

- 实验步骤 1：

在 Visual Studio 2008 编程环境下，创建 Windows 窗体应用程序，命名为"存储过程的使用"。然后依照图 10.16，从工具箱中拖动所需控件到窗体中进行布局。

- 实验步骤 2：

分别双击各个按钮，进入后台编写代码，代码如下。

```
using System;
using System.Data;
using System.Windows.Forms;
//引用命名控件System.Data.SqlClient
using System.Data.SqlClient;

//create PROCEDURE InsertStudent
//@name varchar(20),
//@age int
//as
//insert into student(StuName,StuAge) values (@name,@age)

namespace 存储过程的使用
{
    public partial class Form1: Form
    {
        public Form1()
        {
            InitializeComponent();
        }
        private void Form1_Load(object sender, EventArgs e)
        {
```

```csharp
        data();
    }
    private void addbtn_Click(object sender, EventArgs e)
    {
        if (nametxt.Text != "" && agetxt.Text != "")
        {
            SqlCommand cmd = new SqlCommand();
            cmd.Connection = DBh.connection;
            cmd.CommandText = "InsertStudent";
            //设置命令类型为存储过程
            cmd.CommandType = CommandType.StoredProcedure;
            //创建Command对象参数
            IDataParameter[] parameters ={
                        new SqlParameter("@name",SqlDbType.VarChar,20),
                        new SqlParameter("@age",SqlDbType.Int),
                        };
            //参数赋值
            parameters[0].Value = nametxt.Text.Trim();
            parameters[1].Value = agetxt.Text.Trim();
            cmd.Parameters.Add(parameters[0]);
            cmd.Parameters.Add(parameters[1]);
            DBh.connection.Open();
            int count = Convert.ToInt32(cmd.ExecuteNonQuery());
            DBh.connection.Close();
            if (count > 0)
            {
                MessageBox.Show("插入成功！");
            }
            else
            {
                MessageBox.Show("插入失败！");
            }
        }
        data();
    }
    //显示数据的方法
    private void data()
    {
        string sqlstr = "select * from student";
        SqlCommand cmd = new SqlCommand(sqlstr, DBh.connection);
        SqlDataAdapter da = new SqlDataAdapter();
        da.SelectCommand = cmd;
        DataSet ds = new DataSet();
        da.Fill(ds);
        dataGridView1.DataSource = ds.Tables[0];
    }
```

```
            private void clsbtn_Click(object sender, EventArgs e)
            {
                this.Close();
            }
        }
        //数据库连接类
        public class DBh
        {
            private static string connstring =
@"server=.;database=students;uid=sa;pwd=";
            public static SqlConnection connection = new
SqlConnection(connstring);
        }
    }
```

本 章 小 结

- 在 DataSet 对象内表示的数据是数据库的部分或全部的断开式内存副本。
- DataAdapter 对象用来填充数据集和用来更新数据集到数据库,这样方便了数据库和数据集之间的交互。
- 类型化数据集对象是 DataSet 类的派生类的实例,这些类都基于 XML 结构。
- DataTable 表示一个内存数据表,而 DataColumn 表示 DataTable 中列的结构。
- DataReader 对象提供只进、只读和连接式数据访问,并要求使用专用的数据连接
- DataReader 对象提供检索强类型化数据的方法。
- 在数据库编程中使用数据绑定控件时,DataGridView 控件是 Visual Studio .NET 中提供的最通用、最强大和最灵活的控件。
- DataGridView 控件以表的形式显示数据,并根据需要支持数据编辑功能,如插入、更新、删除、排序和分页。
- 使用 DataSource 属性为 DataGridView 的控件设置一个有效的数据源。
- 调用 Update()方法来执行相应的插入、更新和删除操作时,将执行 DataAdapter 的 InsertCommand、UpdateCommand 和 DeleteCommand 属性。
- 定制 DataGridView 界面。

课 后 习 题

一．单项选择题。

1．DataTable 中(　　)表示为列的结构。
   A．DataColumn   B．DataRow
   C．Columns   D．Rows

2．下面哪个方法能够执行 T-SQL 语句，并返回受影响行数？（　　）。
　　A．ExecuteScalar()　　　　　　　　B．ExecuteNonQuery()
　　C．ExecuteReader()　　　　　　　　D．FillSchema()

二．填空题。

1．调用 Update()方法来执行相应的插入、更新和删除操作时，将执行 DataAdapter 的_____、_____和_____属性。

2．DataSet 对象内表示的数据是数据库的部分或全部的_____式内存副本。

三．编程题。

1．编写一个简单的超市库存管理系统。能够查看库存信息和录入库存信息。
2．使用存储过程实现数据访问功能。程序运行效果如图 10.17 所示。

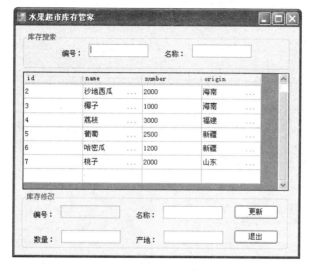

图 10.17　程序运行

参 考 文 献

[1] 李继攀，等．程序天下：Visual C# 2008 开发技术实例详解．北京：电子工业出版社，2008．

[2] 李容，等．完全手册：Visual C# 2008 开发技术详解．北京：电子工业出版社，2008．

[3] 王石．精通 Visual C# 2005——语言基础、数据库系统开发、Web 开发．北京：人民邮电出版社，2007．

[4] ［美］Karli Watson，David Espinosa．Visual C#入门经典．杨浩，译．北京：清华大学出版社，2002．

[5] ［英］John Sharp．Visual C#2005 从入门到精通．周靖，译．北京：清华大学出版社，2006．

北京大学出版社本科计算机系列实用规划教材

序号	标准书号	书名	主编	定价	序号	标准书号	书名	主编	定价
1	7-301-10511-5	离散数学	段禅伦	28	42	7-301-14504-3	C++面向对象与Visual C++程序设计案例教程	黄贤英	35
2	7-301-10457-X	线性代数	陈付贵	20	43	7-301-14506-7	Photoshop CS3 案例教程	李建芳	34
3	7-301-10510-X	概率论与数理统计	陈荣江	26	44	7-301-14510-4	C++程序设计基础案例教程	于永彦	33
4	7-301-10503-0	Visual Basic 程序设计	闵联营	22	45	7-301-14942-3	ASP .NET 网络应用案例教程 (C# .NET 版)	张登辉	33
5	7-301-10456-9	多媒体技术及其应用	张正兰	30	46	7-301-12377-5	计算机硬件技术基础	石磊	26
6	7-301-10466-8	C++程序设计	刘天印	33	47	7-301-15208-9	计算机组成原理	娄国焕	24
7	7-301-10467-5	C++程序设计实验指导与习题解答	李兰	20	48	7-301-15463-2	网页设计与制作案例教程	房爱莲	36
8	7-301-10505-4	Visual C++程序设计教程与上机指导	高志伟	25	49	7-301-04852-8	线性代数	姚喜妍	22
9	7-301-10462-0	XML 实用教程	丁跃潮	26	50	7-301-15461-8	计算机网络技术	陈代武	33
10	7-301-10463-7	计算机网络系统集成	斯桃枝	22	51	7-301-15697-1	计算机辅助设计二次开发案例教程	谢安俊	26
11	7-301-10465-1	单片机原理及应用教程	范立南	30	52	7-301-15740-4	Visual C# 程序开发案例教程	韩朝阳	30
12	7-5038-4421-3	ASP .NET 网络编程实用教程(C#版)	崔良海	31	53	7-301-16597-3	Visual C++程序设计实用案例教程	于永彦	32
13	7-5038-4427-2	C 语言程序设计	赵建锋	25	54	7-301-16850-9	Java 程序设计案例教程	胡巧多	32
14	7-5038-4420-5	Delphi 程序设计基础教程	张世明	37	55	7-301-16842-4	数据库原理与应用(SQL Server 版)	毛一梅	36
15	7-5038-4417-5	SQL Server 数据库设计与管理	姜力	31	56	7-301-16910-0	计算机网络技术基础与应用	马秀峰	33
16	7-5038-4424-9	大学计算机基础	贾丽娟	34	57	7-301-15063-4	计算机网络基础与应用	刘远生	32
17	7-5038-4430-0	计算机科学与技术导论	王昆仑	30	58	7-301-15250-8	汇编语言程序设计	张光长	28
18	7-5038-4418-3	计算机网络应用实例教程	魏峥	25	59	7-301-15064-1	网络安全技术	骆耀祖	30
19	7-5038-4415-9	面向对象程序设计	冷英男	28	60	7-301-15584-4	数据结构与算法	佟伟光	32
20	7-5038-4429-4	软件工程	赵春刚	22	61	7-301-17087-8	操作系统实用教程	范立南	36
21	7-5038-4431-0	数据结构(C++版)	秦锋	28	62	7-301-16631-4	Visual Basic 2008 程序设计教程	隋晓红	34
22	7-5038-4423-2	微机应用基础	吕晓燕	33	63	7-301-17537-8	C 语言基础案例教程	汪新民	31
23	7-5038-4426-4	微型计算机原理与接口技术	刘彦文	26	64	7-301-17397-8	C++程序设计基础教程	郜亚辉	30
24	7-5038-4425-6	办公自动化教程	钱俊	30	65	7-301-17578-1	图论算法理论、实现及应用	王桂平	54
25	7-5038-4419-1	Java 语言程序设计实用教程	董迎红	33	66	7-301-17964-2	PHP 动态网页设计与制作案例教程	房爱莲	42
26	7-5038-4428-0	计算机图形技术	龚声蓉	28	67	7-301-18514-8	多媒体开发与编程	于永彦	35
27	7-301-11501-5	计算机软件技术基础	高巍	25	68	7-301-18538-4	实用计算方法	徐亚平	24
28	7-301-11500-8	计算机组装与维护实用教程	崔明远	33	69	7-301-18539-1	Visual FoxPro 数据库设计案例教程	谭红杨	35
29	7-301-12174-0	Visual FoxPro 实用教程	马秀峰	29	70	7-301-19313-6	Java 程序设计案例教程与实训	董迎红	45
30	7-301-11500-8	管理信息系统实用教程	杨月江	27	71	7-301-19389-1	Visual FoxPro 实用教程与上机指导(第2版)	马秀峰	40
31	7-301-11445-2	Photoshop CS 实用教程	张瑾	28	72	7-301-19435-5	计算方法	尹景本	28
32	7-301-12378-2	ASP .NET 课程设计指导	潘志红	35	73	7-301-19388-4	Java 程序设计教程	张剑飞	35
33	7-301-12394-2	C# .NET 课程设计指导	龚自霞	32	74	7-301-19386-0	计算机图形技术(第2版)	许承东	44
34	7-301-13259-3	VisualBasic .NET 课程设计指导	潘志红	30	75	7-301-15689-6	Photoshop CS5 案例教程(第2版)	李建芳	39
35	7-301-12371-X	网络工程实用教程	汪新民	34	76	7-301-18395-3	概率论与数理统计	姚喜妍	29
36	7-301-14132-8	J2EE 课程设计指导	王立丰	32	77	7-301-19980-0	3ds Max 2011 案例教程	李建芳	44
37	7-301-13585-3	计算机专业英语	张勇	30	78	7-301-20052-0	数据结构与算法应用实践教程	李文书	36
38	7-301-13684-3	单片机原理及应用	王新颖	25	79	7-301-12375-1	汇编语言程序设计	张宝剑	36
39	7-301-14505-0	Visual C++程序设计案例教程	张荣梅	30	80	7-301-20523-5	Visual C++程序设计教程与上机指导(第2版)	牛江川	40
40	7-301-14259-2	多媒体技术应用案例教程	李建	30	81	7-301-20630-0	C#程序开发案例教程	李挥剑	39
41	7-301-14503-6	ASP .NET 动态网页设计案例教程(Visual Basic .NET 版)	江红	35					

北京大学出版社电气信息类教材书目(已出版)
欢迎选订

序号	标准书号	书名	主编	定价	序号	标准书号	书名	主编	定价
1	7-301-10759-1	DSP技术及应用	吴冬梅	26	38	7-5038-4400-3	工厂供配电	王玉华	34
2	7-301-10760-7	单片机原理与应用技术	魏立峰	25	39	7-5038-4410-2	控制系统仿真	郑恩让	26
3	7-301-10765-2	电工学	蒋 中	29	40	7-5038-4398-3	数字电子技术	李 元	27
4	7-301-19183-5	电工与电子技术(上册)(第2版)	吴舒辞	30	41	7-5038-4412-6	现代控制理论	刘永信	22
5	7-301-19229-0	电工与电子技术(下册)(第2版)	徐卓农	32	42	7-5038-4401-0	自动化仪表	齐志才	27
6	7-301-10699-0	电子工艺实习	周春阳	19	43	7-5038-4408-9	自动化专业英语	李国厚	32
7	7-301-10744-7	电子工艺学教程	张立毅	32	44	7-5038-4406-5	集散控制系统	刘翠玲	25
8	7-301-10915-6	电子线路CAD	吕建平	34	45	7-301-19174-3	传感器基础(第2版)	赵玉刚	30
9	7-301-10764-1	数据通信技术教程	吴延海	29	46	7-5038-4396-9	自动控制原理	潘 丰	32
10	7-301-18784-5	数字信号处理(第2版)	阎 毅	32	47	7-301-10512-2	现代控制理论基础(国家级十一五规划教材)	侯媛彬	20
11	7-301-18889-7	现代交换技术(第2版)	姚 军	36	48	7-301-11151-2	电路基础学习指导与典型题解	公茂法	32
12	7-301-10761-4	信号与系统	华 容	33	49	7-301-12326-3	过程控制与自动化仪表	张井岗	36
13	7-301-10762-5	信息与通信工程专业英语	韩定定	24	50	7-301-12327-0	计算机控制系统	徐文尚	28
14	7-301-10757-7	自动控制原理	袁德成	29	51	7-5038-4414-0	微机原理及接口技术	赵志诚	38
15	7-301-16520-1	高频电子线路(第2版)	宋树祥	35	52	7-301-10465-1	单片机原理及应用教程	范立南	30
16	7-301-11507-7	微机原理与接口技术	陈光军	34	53	7-5038-4426-4	微型计算机原理与接口技术	刘彦文	26
17	7-301-11442-1	MATLAB基础及其应用教程	周开利	24	54	7-301-12562-5	嵌入式基础实践教程	杨 刚	30
18	7-301-11508-4	计算机网络	郭银景	31	55	7-301-12530-4	嵌入式ARM系统原理与实例开发	杨宗德	25
19	7-301-12178-8	通信原理	隋晓红	32	56	7-301-13676-8	单片机原理与应用及C51程序设计	唐 颖	30
20	7-301-12175-7	电子系统综合设计	郭 勇	25	57	7-301-13577-8	电力电子技术及应用	张润和	38
21	7-301-11503-9	EDA技术基础	赵明富	22	58	7-301-12393-5	电磁场与电磁波	王善进	25
22	7-301-12176-4	数字图像处理	曹茂永	23	59	7-301-12179-5	电路分析	王艳红	38
23	7-301-12177-1	现代通信系统	李白萍	27	60	7-301-12380-5	电子测量与传感技术	杨 雷	35
24	7-301-12340-9	模拟电子技术	陆秀令	28	61	7-301-14461-9	高电压技术	马永翔	28
25	7-301-13121-3	模拟电子技术实验教程	谭海曙	24	62	7-301-14472-5	生物医学数据分析及其MATLAB实现	尚志刚	25
26	7-301-11502-2	移动通信	郭俊强	22	63	7-301-14460-2	电力系统分析	曹 娜	35
27	7-301-11504-6	数字电子技术	梅开乡	30	64	7-301-14459-6	DSP技术与应用基础	俞一彪	34
28	7-301-18860-6	运筹学(第2版)	吴亚丽	28	65	7-301-14994-2	综合布线系统基础教程	吴达金	24
29	7-5038-4407-2	传感器与检测技术	祝诗平	30	66	7-301-15168-6	信号处理MATLAB实验教程	李 杰	20
30	7-5038-4413-3	单片机原理及应用	刘 刚	24	67	7-301-15440-3	电工电子实验教程	魏 伟	26
31	7-5038-4409-6	电机与拖动	杨天明	27	68	7-301-15445-8	检测与控制实验教程	魏 伟	24
32	7-5038-4411-9	电力电子技术	樊立萍	25	69	7-301-04595-4	电路与模拟电子技术	张绪光	35
33	7-5038-4399-0	电力市场原理与实践	邹 斌	24	70	7-301-15458-8	信号、系统与控制理论(上、下册)	邱德润	70
34	7-5038-4405-8	电力系统继电保护	马永翔	27	71	7-301-15786-2	通信网的信令系统	张云麟	24
35	7-5038-4397-6	电力系统自动化	孟祥忠	25	72	7-301-16493-8	发电厂变电所电气部分	马永翔	35
36	7-5038-4404-1	电气控制技术	韩顺杰	22	73	7-301-16076-3	数字信号处理	王震宇	32
37	7-5038-4403-4	电器与PLC控制技术	陈志新	38	74	7-301-16931-5	微机原理及接口技术	肖洪兵	32

序号	标准书号	书名	主编	定价	序号	标准书号	书名	主编	定价
75	7-301-16932-2	数字电子技术	刘金华	30	91	7-301-18260-4	控制电机与特种电机及其控制系统	孙冠群	42
76	7-301-16933-9	自动控制原理	丁 红	32	92	7-301-18493-6	电工技术	张 莉	26
77	7-301-17540-8	单片机原理及应用教程	周广兴	40	93	7-301-18496-7	现代电子系统设计教程	宋晓梅	36
78	7-301-17614-6	微机原理及接口技术实验指导书	李干林	22	94	7-301-18672-5	太阳能电池原理与应用	靳瑞敏	25
79	7-301-12379-9	光纤通信	卢志茂	28	95	7-301-18314-4	通信电子线路及仿真设计	王鲜芳	29
80	7-301-17382-4	离散信息论基础	范九伦	25	96	7-301-19175-0	单片机原理与接口技术	李 升	46
81	7-301-17677-1	新能源与分布式发电技术	朱永强	32	97	7-301-19320-4	移动通信	刘维超	39
82	7-301-17683-2	光纤通信	李丽君	26	98	7-301-19447-8	电气信息类专业英语	缪志农	40
83	7-301-17700-6	模拟电子技术	张绪光	36	99	7-301-19451-5	嵌入式系统设计及应用	邢吉生	44
84	7-301-17318-3	ARM 嵌入式系统基础与开发教程	丁文龙	36	100	7-301-19452-2	电子信息类专业 MATLAB 实验教程	李明明	42
85	7-301-17797-6	PLC 原理及应用	缪志农	26	101	7-301-16914-8	物理光学理论与应用	宋贵才	32
86	7-301-17986-4	数字信号处理	王玉德	32	102	7-301-16598-0	综合布线系统管理教程	吴达金	39
87	7-301-18131-7	集散控制系统	周荣富	36	103	7-301-20394-1	物联网基础与应用	李蔚田	44
88	7-301-18285-7	电子线路 CAD	周荣富	41	104	7-301-20339-2	数字图像处理	李云红	36
89	7-301-16739-7	MATLAB 基础及应用	李国朝	39	105	7-301-20340-8	信号与系统	李云红	29
90	7-301-18352-6	信息论与编码	隋晓红	24					

请登录 www.pup6.cn 免费下载本系列教材的电子书(PDF 版)、电子课件和相关教学资源。
欢迎免费索取样书,并欢迎到北京大学出版社来出版您的著作,可在 www.pup6.cn 在线申请样书和进行选题登记,也可下载相关表格填写后发到我们的邮箱,我们将及时与您取得联系并做好全方位的服务。
联系方式:010-62750667,pup6_czq@163.com,szheng_pup6@163.com,linzhangbo@126.com,欢迎来电来信咨询。